HISTOIRE NATURELLE

DES

COLÉOPTÈRES

DE FRANCE

PAR

E. MULSANT

Sous-Bibliothécaire de la ville de Lyon,
Professeur d'histoire naturelle au Lycée,
Correspondant du Ministre de l'instruction publique, etc.

ET

CL. REY

Membre des Sociétés Linéenne et d'Agriculture de Lyon, etc.

GIBBICOLLES

PARIS

DEYROLLE, NATURALISTE

RUE DE LA MONNAIE, 19

NOVEMBRE 1868

COLÉOPTÈRES

DE FRANCE

LYON — IMPRIMERIE PITRAT AINÉ, RUE GENTIL, 4

HISTOIRE NATURELLE

DES

COLÉOPTÈRES

DE FRANCE

PAR

E. MULSANT

Sous-Bibliothécaire de la ville de Lyon.
Professeur d'histoire naturelle au Lycée,
Correspondant du Ministre de l'instruction publique, etc.

ET

GL. REY

Membre des Sociétés Linéenne et d'Agriculture de Lyon, etc.

GIBBICOLLES

PARIS

DEYROLLE, NATURALISTE

RUE DE LA MONNAIE, 19

—

NOVEMBRE 1868

A MONSIEUR

LE DOCTEUR SICHEL

DOCTEUR EN MÉDECINE, CHIRURGIE ET PHILOSOPHIE ;

LICENCIÉ ÈS-LETTRES ; MÉDECIN ET CHIRURGIEN-OCULISTE ;

PRÉSIDENT PERPÉTUEL DU CONGRÈS INTERNATIONAL D'OPHTHALMOLOGIE,

PRÉSIDENT HONORAIRE DE LA SOCIÉTÉ MÉDICALE ALLEMANDE DE PARIS,

ANCIEN PRÉSIDENT DES SOCIÉTÉS ENTOMOLOGIQUE DE FRANCE ET MÉDICO-PRATIQUE

DE PARIS ;

MEMBRE DE LA SOCIÉTÉ LINNÉENE DE LYON

ET DE DIVERSES AUTRES ACADÉMIES OU SOCIÉTÉS SAVANTES :

OFFICIER DE LA LÉGION D'HONNEUR,

COMMANDEUR DE DIVERS ORDRES ÉTRANGERS.

Monsieur,

Nous laissons à d'autres le soin de vous glorifier de vos travaux ophthalmologiques, qui vous ont placé aux premiers rangs des oculistes de nos jours. Mais vous avez produit en Entomologie des œuvres d'un mérite supérieur ; vos études sur les Hyménoptères, dont personne en Europe ne connaît peut-être aussi bien les mœurs et les habitudes, seraient suffisants pour justifier l'hommage que nous osons vous adresser de ces modestes pages, si les liens d'amitié qui nous unissent depuis longtemps ne nous portaient aussi à vous les offrir comme un témoignage des sentiments affectueux avec lesquels,

Nous avons l'honneur d'être,

Vos dévoués

E. MULSANT ET CL. REY.

Lyon, le 8 septembre 1868.

TABLEAU MÉTHODIQUE

DE LA

TRIBU DES GIBBICOLLES

Première famille. PTINIENS.

1ʳᵉ BRANCHE. HÉDOBIAIRES.

Genre *Hedobia*. LATREILLE.

pubescens, FABRICIUS.

Genre *Ptinomorphus*. M. et R.

imperialis, LINNÉ.
regalis, DUFTSCHMIDT.
angustatus, BRISOUT.

2ᵐᵉ BRANCHE. PTINAIRES.

1ᵉʳ Rameau. PTINATES.

Genre *Ptinus*. LINNÉ.

S.-genre *Eutaphrus*. M. et R.

irroratus, KIESENWETTER.
loboderus, (SCHAUM).
alpinus, BOIELDIEU.
Reichei, BOIELDIEU.
quadridens, CHEVROLAT.
nitidus, STURM.

S.-genre *Gynopterus*. M. et R.

germanus, FABRICIUS.
variegatus, ROSSI.
sexpunctatus, PANZER.
Aubei, BOIELDIEU.
dubius, STURM.

S.-genre *Heteroplus*. M. et R.

pusillus, STURM.

S.-genre *Ptinus* vrais.

italicus, ARAGONA.
rufipes, FABRICIUS.
ornatus, MULLER.
lepidus, VILLA.
Spitzyi, VILLA.
fur, LINNÉ.
bicinctus, STURM.
latro, FABRICIUS.
brunneus, DUFTSCHMIDT.
testaceus, OLIVIER.
perplexus, M. et R.
pilosus, MULLER.
subpilosus, STURM.

S.-genre *Cyphoderes*. M. et R.

raptor, STURM.
bidens, OLIVIER.

Genre *Eurostus*. M. et R.

submetallicus, FAIRMAIRE.
frigidus, BOIELDIEU.

Genre *Niptus*. BOIELDIEU.

hololeucus, FALDERMAN.

Genre *Epauloecus*. M. et R.

crenatus, FABRICIUS.

2ᵐᵉ Rameau. TIPNATES.

Genre *Tipnus*. JAC. DU VAL.

exiguus, BOIELDIEU

S.-genre *Sphaericus*. WOLLASTON.

gibboïdes. BOIELDIEU.

Deuxième famille. GIBBIENS.

Genre *Mezium*. CURTIS.

affine, BOIELDIEU.
sulcatum, FABRICIUS.

Genre *Gibbium*. SCOPOLI.

scotias, FABRICIUS.

TRIBU

DES

GIBBICOLLES

Caractères. *Corps* allongé, oblong ou subovalaire. *Tête* assez grosse , crticale ou infléchie, non visible vue de dessus ; plus ou moins fortement ngagée dans le prothorax ; un peu moins large, aussi large , mais jamais eaucoup plus large que celui-ci. *Épistome* soudé au front. *Joues* très-éveloppées, trapéziformes ou irrégulières. *Labre* corné, transverse. *Mandi-ules* robustes, subtrigones, plus ou moins arquées ou coudées en dehors ; rminées par une pointe simple ; armées d'une dent à leur tranche interne. *âchoires* bilobées, avec les lobes densement ciliés à leur sommet. *Palpes axillaires* de quatre articles, *les labiaux* de trois : le dernier, le plus long tous, suballongé ou oblong, jamais très-renflé. *Paraglosses* indistinctes. *inguette* petite, carrée ou subélargie en avant, densement ciliée au som-et. *Menton* corné, grand, subtriangulaire ou subogival.

Yeux de grandeur variable suivant les genres, subarrondis, entiers.

Antennes assez longues, généralement filiformes ou subfiliformes ; onze articles (1) ; insérées sur le front, ordinairement dans une fossette us ou moins profonde ; à premier article plus ou moins épaissi, presque ujours plus grand que le suivant.

Prothorax plus étroit que les élytres, très-obliquement coupé d'avant arrière à son bord antérieur ; parfois capuchonné en avant ; sans bords

---

(1) Une espèce des l'es Canaries, déjà signalée par Jacquelin du Val, n'offre que uf articles aux antennes, et ceux-ci sont plus allongés. C'est une exception unique remarquab'e.

latéraux distincts ou à côtés rétrécis et réfléchis en dessous ; ordinairement avec des saillies ou des gibbosités sur le dos.

Écusson généralement bien apparent, parfois nul.

Élytres recouvrant toujours tout l'abdomen, de forme diverse. *Ailes* plus ou moins développées, souvent nulles.

Prosternum court. *Mésosternum* à lame médiane plus ou moins saillante. *Épisternums et épimères du médipectus* assez grands, transversalement obliques. *Métasternum* assez développé, rarement petit. *Épisternums du postpectus* d'une assez belle grandeur, quelquefois enveloppés par les élytres. *Épimères du postpectus* nulles.

Hanches antérieures et intermédiaires ordinairement subovalaires ou subarrondies, plus ou moins saillantes, plus ou moins rapprochées entre elles : *les postérieures* souvent transverses, plus ou moins écartées l'une de l'autre, généralement creusées au-dessous des cuisses.

Ventre composé de cinq arceaux apparents : le premier plus ou moins étranglé de chaque côté par la partie interne des hanches postérieures : le dernier toujours semilunaire ou en hémicycle.

Pieds allongés, généralement assez grêles : *les postérieurs* plus développés que *les intermédiaires*, et ceux-ci un peu plus que *les antérieurs*. *Cuisses* implantées bout à bout sur les trochanters : *les intermédiaires* faiblement, *les postérieures* plus ou moins sensiblement recourbées en dedans. *Tibias* armés le plus souvent de deux petits éperons au bout de leur tranche inférieure. *Tarses* de cinq articles, dont le premier plus grand (1) que les suivants. *Ongles* simples, en forme de crochets.

Obs. Les saillies et les gibbosités que présente le dessus du prothorax de la plupart des espèces de cette tribu sont remarquables. Nous lui avons imposé la dénomination de *Gibbicolles*.

Ce sont de petits insectes qui fréquentent pour la plupart les lieux couverts, tels que nos habitations et surtout nos greniers, et les abris qu'offrent les ruines, les vieux lierres, les vieux fagots, les vieilles écorces, les troncs caverneux et même les rameaux touffus de nos arbres, où ils vivent de matières animales desséchées. Si de telles mœurs ne suffisent pas pour les distinguer de nos *Térédiles* avec lesquels quelques auteurs les avaient réunis, ils s'en distinguent d'ailleurs par leur forme moins parallèle et

---

(1) Les tarses sont hétéromères dans l'un des sexes de l'espèce des îles Canaries, dont nous avons parlé dans la note précédente.

noins cylindrique, par la structure et l'insertion des antennes et par la longueur des pieds. Mais, comme la nature n'a pas procédé par des sauts
brusques, elle semble avoir désigné le genre *Hedobia* pour lier nos *Gibbi-*
colles aux *Térédiles* et principalement au genre *Anobium* dont, par excep-
ion, il a non-seulement les habitudes lignivores, mais encore des protu-
bérances analogues sur le prothorax et à peu près le même mode d'insertion
les antennes. Mais celles-ci, dans le genre *Hedobia*, ne sont ni dentées en
cie, du moins d'une manière sensible, comme dans les *Xylétinides*, ni terminées par trois articles beaucoup plus grands, comme chez nos *Anobides*
t nos *Dorcatomiens*.

ÉTUDE DES PARTIES EXTÉRIEURES DU CORPS

La forme du corps dans nos *Gibbicolles* est en général assez variable. Elle
st ou suballongée, ou ovalaire, ou même subarrondie, et souvent bien dif-
rente du ♂ à la ♀ . Sa consistance est toujours plus ou moins cornée.
a surface, ordinairement ponctuée, pubescente ou sétosellée ou subécail-
use, est quelquefois, surtout dans les *Gibbiens*, tout à fait lisse et
labre.

La tête, assez grosse, n'est jamais beaucoup plus large que la partie an-
rieure du prothorax, ni jamais beaucoup plus étroite. Affectant toujours
ne position verticale ou infléchie, elle est plus ou moins fortement en-
agée dans le prothorax, de manière qu'elle n'est pas apparente vue de
essus. Sa surface est le plus souvent rugueuse, pubescente ou subécail-
use.

Le front, plus ou moins déprimé ou subdéprimé, est large supérieure-
ent, mais souvent étranglé entre les antennes où il présente un intervalle
us ou moins rétréci, parfois plan et assez sensible, d'autrefois, comme
ez *les Ptines* et *les Eurostes*, très-étroit et réduit à une lame tranchante
ui sert à lier sa partie postérieure à sa partie antérieure ou région de
pistome, et alors celle-ci forme une espèce de demi-disque transverse,
an, tronqué ou largement échancré en avant, quelquefois relevé et sail-
nt à son bord postérieur qui masque un peu les cavités antennaires
mme cela se voit dans le genre *Mezium*. En tous cas, l'épistome est soudé
t front et sans suture transversale visible. Ce dernier est souvent marqué
r sa ligne médiane d'un léger sillon canaliculé, rarement prolongé sur
ntervalle interantennaire.

Les joues sont plus ou moins développées, tantôt transverses comme dans *les Hédobies* et *les Ptinomorphes*, tantôt irrégulières comme dans *les Ptines*, tantôt subtriangulaires comme dans *les Eurostes* et les *Épaulèques*, tantôt elliptiques et verticales comme dans *les Mézies*, tantôt enfin liées aux tempes avec lesquelles elles ne forment qu'une seule et grande pièce, ainsi qu'on peut l'observer chez *les Gibbies*.

Le labre, qui est généralement petit, se montre quelquefois assez grand chez *les Niptes* et chez *les Gibbiens*. Il est toujours corné, plus ou moins transverse, plus ou moins largement tronqué ou même subéchancré en avant, mais très-rarement arrondi à son bord antérieur qui est plus ou moins densement et brièvement cilié.

Les mandibules, robustes et subtrigones, sont plus ou moins arrondies ou même quelquefois assez brusquement coudées en dehors. Toujours plus ou moins saillantes, elles se terminent en pointe simple et plus ou moins prononcée ; mais elles offrent sur leur tranche interne une dent ordinairement assez forte, située à peu près vers le milieu de celle-ci et parfois un peu plus rapprochée de l'extrémité. Leur base est toujours rugueuse et ciliée en dessus, avec la dernière moitié lisse et glabre ; et, très-rarement, la partie rugueuse est séparée de la partie lisse par une fine ligne élevée ou arête suboblique (*genre Epaulœcus*).

Les mâchoires présentent deux lobes distincts, situés l'un au-dessous de l'autre, densement ciliés à leur sommet interne, souvent inégaux avec l'externe plus petit.

Les palpes maxillaires sont assez allongés et composés de quatre articles bien distincts. Ils sont subfiliformes, avec le dernier article le plus grand de tous, mais un peu ou à peine plus épais. Celui-ci est le plus souvent en ovale-oblong acuminé ; cependant, dans les genres *Hedobia* et *Ptinomorphus*, il est plus ou moins allongé et plus ou moins tronqué au bout, mais jamais d'une manière bien large et bien nette. Le premier, parfois peu distinct, est néanmoins quelquefois très-visible chez *les Ptines* où il paraît assez développé, plus ou moins grêle, subarqué, un peu plus long que le suivant. Les deuxième et troisième sont assez courts et ordinairement subégaux, le deuxième néanmoins quelquefois un peu plus long que le troisième.

Les palpes labiaux sont beaucoup moins allongés ou même assez petits, et ils affectent dans leur ensemble la même forme que les précédents, bien qu'ils offrent un article de moins. Leur dernier article suit les mêmes modifications que le dernier des maxillaires ; et les deux premiers ne présenent rien de particulier, ils sont même assez courts, avec le premier cependant un peu moins que le deuxième.

Le menton, de consistance cornée, est grand, de forme subtriangulaire u subogivale, avec son sommet toujours entier, parfois subarrondi ou ubtronqué.

La languette est petite, parfois submembraneuse, carrée ou subélargie n avant, densement ciliée à son bord antérieur avec celui-ci entier ou uelquefois (*Ptinus*) échancré.

Les paraglosses sont nulles ou indistinctes.

Les yeux nous ont semblé offrir une plus grande importance que tous s organes que nous venons de décrire, d'abord par leur situation, ensuite ar leurs proportions relatives. Plus ou moins développés et assez saillants ans les premiers genres, ils sont petits ou même très-petits, subdéprimés u déprimés dans les derniers et surtout chez les *Gibbiens*. Placés sur les ôtés de la tête dans tous les autres genres, ils sont par exception, dans le enre *Gibbium*, rapprochés sur le milieu du front, positivement au-dessus es insertions des antennes, et, par suite de cette disposition, ils s'éloignent écessairement du bord antérieur du prothorax, tandis que la plupart du mps ils sont situés près de celui-ci auquel ils touchent souvent. Leurs cettes sont rarement assez grossières, quelquefois plus ou moins obsotes. Quant à leur forme, ils ne varient guère; ils sont généralement valaires ou subarrondis, quoique présentant parfois quelque partie de leur ourtour un peu aplatie.

Les antennes jouent un grand rôle, surtout quant à leur mode d'inrtion, pour la séparation des genres et même des grandes divisions. Inrées entre les yeux ou sur le niveau antérieur de ceux-ci dans la famille es *Pliniens*, elles sont implantées bien au-dessous de celui-ci dans celle es *Gibbiens*. Séparées à leur base par un intervalle large et plan dans la ranche des *Hédobiaires*, elles sont dans *les Ptinaires* très-rapprochées à ur naissance où elles offrent un espace plus ou moins étroit ou même éduit à une lame tranchante. Dans ceux-là elles sortent d'une fossette à eine sensible, dans ceux-ci d'une fossette bien prononcée, plus ou moins rande, plus ou moins prolongée latéralement sur les joues en forme de ger sillon, ce qui leur permet de pouvoir s'infléchir en avant, quand insecte, à l'approche d'un danger, contrefait l'état de mort. Mais dans le enre *Mezium*, loin de s'abaisser en avant, où le bord de la région de l'éistome, relevé postérieurement, leur oppose un obstacle, elles sont forcées e se tenir constamment redressées en arrière. Plus ou moins allongées , pubescentes ou tomenteuses , elles sont dans leur ensemble filiformes ou subfiliformes chez les *Ptiniens*, subatténuées à leur extrémité chez les *Gibbiens*. Quelquefois, mais très-rarement, elles sont un peu épaissies vers leur sommet dans certains genres (*Epaulœcus*, *Tipnus*) de la première de ces deux familles. Quant aux détails de leurs diverses parties, elles présentent onze articles, à l'exception cependant d'un genre exotique (*Nitpus*) qui n'en compte que neuf. Le premier est toujours plus épais et plus grand que le deuxième, si ce n'est dans le genre *Gibbium* où celui-ci est à peine moins long ou presque aussi long que l'article précédent, et même un peu plus large à son sommet. Le deuxième, plus ou moins obliquement implanté sur le précédent, est généralement plus court que le troisième ; celui-ci et les suivants varient de longueur et de forme, non-seulement suivant les genres, mais encore suivant les espèces ou même souvent d'un sexe à l'autre ; mais dans tous les cas, le dernier est toujours plus long que le pénultième.

Le prothorax, de forme diverse, est toujours plus étroit que les élytres. Il n'est jamais allongé ni fortement transverse. Ce qui le distingue principalement, ce sont les bosses ou éminences que présente sa surface, et ces saillies, de forme et de grandeur variées, se font souvent remarquer par un fascicule de poils qui les surmonte. Généralement dans les *Ptinaires*, il est globuleux à sa partie antérieure et fortement étranglé et sillonné ou transversalement déprimé au devant de sa base ; et dans les genres où il n'offre pas cette conformation, les éminences dorsales deviennent ordinairement nulles ou obsolètes. Son bord antérieur est très-obliquement coupé d'avant en arrière de manière que le milieu de ce même bord , plus ou moins largement arrondi, parfois un peu relevé en capuchon au-dessus du niveau du vertex, voile plus ou moins la tête qui, par ce fait, n'est jamais visible, vue de dessus. Ses côtés n'offrent point d'arête ou de rebord qui sépare la région dorsale ou *pronotum* des *propleures* ou *replis* latéraux du segment prothoracique ; et ceux-ci sont alors réfléchis et rétrécis en forme de languette généralement assez étroite, quelquefois largement arrondie ou obtusément tronquée comme dans le genre *Eurostus*. Sa base, bissinueusement tronquée chez les *Hédobiaires*, subarrondie ou subtronquée chez les *Ptinaires*, se montre distinctement bissinuée chez les *Mézies*, et subangulaire dans son milieu chez les *Gibbies*. Sa surface, rugueusement granulée et pubescente, est enduite et comme encroûtée dans le genre *Mezium* d'un épais duvet écailleux ; mais elle est tout à fait lisse et glabre dans le genre *Gibbium*. Il offre souvent à sa base un étroit rebord qui paraît plus ou moins doublé sur les côtés dans la partie réfléchie, et au sommet un rebord ordinairement plus large et en forme de bourrelet souvent frangé.

L'écusson, assez développé dans certains genres, est très-petit ou ponctiforme dans les *Epaulèques*, nul ou indistinct dans les genres suivants (*Tipnus*, *Mezium* et *Gibbium*). Sa forme est assez variable, mais assez insignifiante pour servir de différences génériques. Il est tantôt subcarré ou trapéziforme, tantôt subogival ou subsemicirculaire, tantôt transverse ; mais, dans tous les cas, il est presque toujours voilé par un duvet plus ou moins épais qui empêche de bien apprécier sa texture et sa configuration.

Les élytres, sensiblement plus larges que le prothorax, se rétrécissent antérieurement dans les *Gibbies*, au point de ne paraître pas plus larges à leur base que la base du prothorax. Elles sont très-variables dans leur forme. Plus ou moins allongées ou oblongues, plus ou moins parallèles sur leurs côtés tantôt dans les deux sexes, tantôt dans les ♂ seulement, elles sont plus ou moins ovalaires ou subarrondies chez les ♀ de certaines espèces et dans les deux sexes de certaines autres. Parfois légèrement, d'autrefois plus ou moins fortement convexes, elles recouvrent toujours entièrement l'abdomen, et même dans plusieurs ♀ et dans les deux sexes de quelques genres (*Eurostus*, *Niptus*, *Epaulœcus*, *Tipnus*), elles l'enveloppent plus ou moins fortement sur les côtés, et ce caractère se fait surtout remarquer d'une manière exagérée dans les *Gibbiens* où elles se réfléchissent en dessous latéralement et postérieurement au point de refouler toutes les parties de la page inférieure du corps alors réduite à une faible surface. En dessus elles sont parfois rugueuses ou tomenteuses, souvent sérialement ponctuées et sétosellées, quelquefois (*Mezium*, *Gibbium*) tout à fait lisses et plus ou moins glabres. Le plus souvent libres, elles sont parfois soudées dans les espèces aptères.

Les épaules, plus ou moins saillantes, plus ou moins arrondies en dehors, débordent souvent sensiblement les angles postérieurs du prothorax ; mais dans quelques genres (*Niptus*, *Epaulœcus*) et dans les ♀ de certains *Ptinus vrais*, elles sont plus ou moins effacées et se déjettent en arrière dès les angles précités. Dans *les Eurostes* leur calus se prolonge assez distinctement en arrière en forme de côte.

Les ailes sont assez développées dans quelques espèces, tout à fait nulles ou rudimentaires et impropres au vol dans *les Gibbiens* et dans les derniers genres des *Ptiniens* (*Eurostus*, *Niptus*, *Epaulœcus*, *Tipnus*) ainsi que dans les ♀ à élytres ovalaires des *Ptinus vrais*. Néanmoins les insectes pourvus de ces organes en font rarement usage, à l'exception des *Ptinomorphes*.

Le dessous du corps est plus ou moins pointillé et souvent recouvert d'une pubescence assez serrée. Dans *les Gibbiens*, il est réduit, comme nous l'avons dit, à une faible surface, et alors les diverses parties qui le composent sont comme ramassées et rassemblées les unes contre les autres.

Le prosternum, ordinairement peu développé au devant des hanches antérieures, est toujours plus ou moins déprimé ou même quelquefois subexcavé pour recevoir la tête à l'état d'inflexion. Sa lame médiane, tantôt enfouie, tantôt plus ou moins saillante, est souvent rétrécie en pointe ou en angle aigu rarement mousse (*Gibbium*), d'autrefois subparallèle ou sublinéaire.

Le mésosternum, plus ou moins resserré entre les hanches antérieures et les intermédiaires, offre peu de développement ; et sa lame médiane présente à peu près les mêmes modifications que celle du prosternum, si ce n'est qu'elle est proportionnellement moins étroite, un peu moins aiguë ou même assez largement tronquée au sommet.

Le métasternum est d'un assez grand secours pour caractériser les genres et même souvent pour différencier les sexes. Grand dans les *Hédobiaires* et dans les ♂ des *Ptines*, il devient court dans plusieurs ♀ de ce dernier genre et les *Tipnes*, et même très-court chez *les Eurostes, les Niptes* et *les Epaulèques*, chez lesquels souvent il est à peine aussi développé que le premier arceau ventral. Toujours un peu avancé en angle mousse entre les hanches intermédiaires, quelquefois il se prolonge faiblement entre les postérieures en angle très-ouvert et fendu au sommet ; d'autrefois subtransversalement coupé à son bord apical, il est légèrement et triangulairement entaillé au milieu de celui-ci entre les hanches postérieures ; ou bien, quand celles-ci sont très-distantes, il se montre largement et faiblement échancré sur l'intervalle qui sépare ces dernières. Sa surface, ordinairement plus convexe chez les ♂, est souvent plus ou moins déprimée ; et sa ligne médiane est généralement creusée d'un sillon canaliculé, toujours plus profond et plus constant chez les ♂, quelquefois obsolète ou nul chez les ♀, chez lesquelles, par une seule exception, il est remplacé par deux fossettes.

Les pièces latérales du *pectus* ne sont pas toutes apparentes. Ainsi, par exemple, les propleures ou replis du prothorax en se réfléchissant et se prolongeant en dessous refoulent les *épisternums* et les *épimères de l'antépectus* qui deviennent insignifiants ou peu distincts. Il n'en est pas de même des mêmes pièces dans le *médipectus,* où *l'épisternum* et *l'épimère* sont plus ou moins développés, triangulaires ou en forme d'onglet transversalement oblique : celui-là à sommet en dehors, celle-ci à sommet en dedans. En outre, cette dernière dans les *Mézies* semble affecter une position longitudinale. *L'épisternum du postpectus* ou *postépisternum* est une assez grande pièce rétrécie en arrière en forme de coin ou d'onglet, ou même assez étroite et subparallèle chez les espèces où les élytres se réfléchissent fortement en dessous, et finissant par devenir insignifiante dans le genre *Gibbium*. Quant à *l'épimère postérieure*, elle est constamment nulle ou indistincte.

Les *hanches* n'offrent pas beaucoup de différences dans leur structure ; mais *les postérieures* varient sensiblement dans leur écartement réciproque. D'abord, il est bien entendu que celles-ci sont plus ou moins rapprochées des intermédiaires, suivant que le métasternum se montre plus ou moins développé dans son diamètre antéro-postérieur. *Les antérieures et intermédiaires* sont plus ou moins saillantes, tantôt ovalaire-oblongues, tantôt subovalaires ou même courtes ou subglobuleuses ; elles sont généralement assez rapprochées ou peu écartées l'une de l'autre. Il n'en est pas ainsi des *postérieures* qui diffèrent des précédentes non-seulement dans leur insertion, mais encore dans leur forme. Elles sont médiocrement distantes dans les premiers genres, mais, dans les derniers et dans les ♀ des *Ptines* à élytres ovalaires, elles s'écartent de plus en plus l'une de l'autre, et il est à remarquer que, dans le premier cas, elles sont transverses et déprimées, et que, dans le second, elles deviennent naturellement plus courtes, attendu qu'elles sont plus reculées contre le bord réfléchi des élytres, au point que dans les genres *Eurostus*, *Niptus*, *Epaulœcus* et *Tipnus*, refoulées plus ou moins sur les côtés du corps, elles affectent forcément une forme courte, saillante, conique ou subglobuleuse. Chez les *Hédobiaires* elles offrent une lame supérieure réduite à un liseré très-étroit. Souvent, surtout chez les *Ptinaires*, elles sont creusées en dessous pour recevoir les cuisses postérieures à l'état de retrait.

Les parties du *ventre* ne doivent pas être négligées. Il offre toujours cinq arceaux bien apparents, et très-rarement (*Hedobia*) le rudiment d'un sixième. Le premier, plus ou moins resserré de chaque côté par la partie interne des hanches postérieures, s'avance entre celles-ci en forme de lame plus ou moins large et plus ou moins angulaire, mais souvent subarrondie ou largement tronquée au sommet. Les trois premiers sont généralement assez grands, le quatrième est court ou même très-court dans les *Ptinaires*, et le dernier toujours grand ou assez grand. Dans les *Gibbiens* les deuxième à quatrième ou même les premier à quatrième sont courts, avec le dernier en compensation beaucoup plus développé et parfois presque aussi grand que tous les précédents réunis. Souvent les troisième et quatrième sont plus ou moins sinués ou recourbés en arrière vers les côtés de leur bord postérieur, tandis que les précédents sont assez régulièrement arqués sur celui-ci, sauf quelques rares exceptions où les deux premiers sont légèrement sinués sur le milieu de leur bord apical. Le pénultième ou même les deux derniers arceaux, généralement semblables dans les deux sexes, présentent rarement sur leur milieu un ombilic sétifère chez la ♀ seulement, ce qui constitue une exception remarquable dans la tribu qui nous occupe.

Les pieds se font distinguer par leur longueur, avec *les postérieurs* toujours plus développés que *les intermédiaires* et ceux-ci que *les antérieurs* dans toutes leurs parties. Ils sont généralement plus ou moins grêles à quelques exceptions près, et toujours recouverts d'une pubescence plus ou moins serrée ou même écailleuse. *Les trochanters*, toujours bien prononcés, présentent chez *les Gibbiens* des proportions démesurées, au point d'atteindre dans les pieds postérieurs *des Gibbies* presque la longueur des cuisses : *les antérieurs et intermédiaires* sont assez courts, obconiques ; *les postérieurs* un peu plus grands, obconico-subovalaires ou même allongés comme nous venons de le voir dans les genres *Mexium et Gibbium.*

Les cuisses débordent toujours notablement les côtés du corps, et comme souvent, dans la gradation, les genoux s'élèvent au niveau de la page supérieure ou même plus haut que celle-ci sans pourtant s'écarter beaucoup des côtés, elles sont forcées, pour ainsi dire, de se recourber en dedans sur leur face interne. Souvent assez grêles, elles sont généralement plus ou moins renflées, quelquefois graduellement dès leur base, d'autrefois plus ou moins brusquement vers leur milieu ou après celui-ci. Le plus souvent recourbées vers le sommet de leur tranche inférieure, elles sont plus ou moins rainurées en dessous vers leur extrémité pour faciliter l'inflexion des tibias. Elles sont toujours insérées bout à bout au sommet des trochanters, ce qui leur donne une grande liberté de mouvement dans tous les sens, ces trochanters étant eux-mêmes attachés aux hanches par un point ou une noix très-restreinte.

Les tibias, plus ou moins grêles, parfois (*Hedobia, Eurostus*) assez robustes, sont au moins aussi longs ou souvent plus longs que les cuisses ; mais néanmoins les antérieurs et intermédiaires *des Mézies* paraissent proportionnellement moins développés que dans les autres genres. Ils sont rarement linéaires, mais le plus souvent subélargis vers leur extrémité, ordinairement d'une manière graduée dès leur base, quelquefois assez subitement dès leur milieu seulement. Généralement, ils sont un peu obliquement coupés au bout. Leur tranche supérieure, le plus souvent ciliée, parfois densement frangée, est souvent sillonnée à son sommet pour recevoir les tarses quand ceux-ci se redressent en arrière. Ils sont la plupart du temps armés au bout de leur tranche interne de deux petits *éperons*, rarement obsolètes, souvent-égaux, parfois très-inégaux (*s. g. Heteroplus*) surtout dans les intermédiaires et postérieurs. Quant à leur forme, ils sont généralement étroits à leur base, rarement subparallèles, le plus souvent droits, avec les intermédiaires et surtout les postérieurs plus ou moins recourbés en dedans sur leur face interne et un peu en arrière sur leur tranche supérieure. Par une exception unique les postérieurs des *Gibbies* sont recourbés en dessous.

Les tarses sont très-variables dans leur forme et même dans leur développement. Parfois épais et déprimés, comme dans *les Hédobiaires*, ils sont un peu subélargis vers leur extrémité, d'autrefois plus ou moins grêles et subcomprimés comme dans la plupart des *Ptinaires*, ils sont ou sublinéaires ou subatténués vers leur sommet. Leurs articles sont au nombre de cinq, à l'exception d'une seule espèce exotique (*Nitpus Gonospermi. J. D.*) qui est hétéromère, c'est-à-dire qui n'offre que quatre articles aux postérieurs, mais dans un des sexes seulement. Le premier est toujours le plus long de tous ou même quelquefois allongé et aussi long que les trois suivants réunis, avec ceux-ci obconiques ou triangulaires et parfois même oblongs ou suballongés surtout dans les postérieurs, mais presque toujours graduellement plus courts. Le dernier, aussi long que les deux précédents réunis, est épais et transversalement et subangulairement dilaté dans *les Hédobiaires*, au lieu qu'il est allongé et plus ou moins étroit presque partout ailleurs.

Les ongles sont grêles, arqués, souvent bien distincts et assez saillants, d'autrefois, comme dans les genres *Hedobia et Ptinomorphus*, ils sont en partie masqués par la dilatation transversale du dernier article qu'ils débordent à peine sur les côtés, car ils sont insérés vers le sommet du milieu de ce dernier, dont ils suivent et embrassent de près les bords latéraux par leur courbure.

VIE ÉVOLUTIVE

Goëdart, en 1700, dans le tome II de ses *Métamorphoses naturelles*, a, le premier, dit quelques mots de l'histoire du *Ptinus fur*, dont il a donné une figure médiocre, comme la plupart de celles de cette époque.

De Géer, dans le quatrième volume de ses *Mémoires*, a donné la description et la figure de cet insecte, et des détails sur ses habitudes et ses transformations.

Latreille a reproduit, dans son *Histoire naturelle des Insectes*, les observations du Réaumur suédois.

Mcinecke, dans ses *Observations entomologiques*, publiées en 1774, dans le troisième cahier du *Naturforscher*, a rappelé les dégâts commis dans les collections par ces mêmes insectes.

Goeze, dans ses *Matériaux pour l'histoire des Ptinus*, insérés en 1776 dans le huitième cahier du *Naturforscher* (*le Naturaliste*), a rappelé quelques particularités relatives à la vie de la larve du même Coléoptère.

Audouin, dans le tome V (1836) de la *Société entomologique de France*, a donné une description abrégée de cette larve et de nouveaux renseignements sur les matières qu'elle attaque.

Bouché, dans son *Histoire naturelle des Insectes*, publiée en 1834, a décrit la larve du *Ptinus imperialis*.

Enfin Erichson, dans les *Archives de Wiegmann*, a donné le caractère général des larves des *Ptiniores*, travail reproduit par MM. Chapuis et Candèze, dans leur *Catalogue des Larves des Coléoptères*, publié en 1853.

Le célèbre naturaliste de Berlin réunissait dans ses *Ptiniores* nos *Térédiles* et nos *Gibbicolles*, dont nous avons cru devoir faire deux tribus distinctes.

La description suivante donnera une idée des caractères généraux des larves de ceux qui nous occupent.

Larve allongée demi-cylindrique, arquée.

Tête jaunâtre, cornée, arrondie, peu convexe en dessus, offrant la bouche dirigée en bas.

Épistome transverse, peu développé dans le sens de la longueur.

Labre de la largeur de l'épistome.

Mandibules courtes, cornées, brunes, obtusément dentées, dépassant à peine le labre dans son état de repos.

Mâchoires coriaces ou charnues, à un lobe cilié à son bord interne.

Palpes maxillaires peu allongés, de trois articles.

Lèvre à menton et à languette charnus : celle-ci semi-circulaire.

Palpes labiaux courts, de deux articles.

Ocelles nuls ou peu distincts.

Antennes insérées près de la base des mandibules.

Corps d'un blanc jaunâtre, hérissé de poils, formé de douze segments charnus, dont trois thoraciques et neuf abdominaux ; le dernier, terminé par une fente ovale longitudinale.

Pattes au nombre de trois paires, situées sous les segments thoraciques ; formées d'une hanche, d'un trochanter et d'une cuisse un peu longs, d'une jambe épineuse plus forte et d'un tarse unguiforme.

Stigmates au nombre de neuf paires : la première, située sur les limites des pro et mésothorax : les autres, sur les côtés des huit premiers segments de l'abdomen.

Ces larves destinées à détruire les matières végétales vieillies ou les restes des animaux desséchés, ne s'attachent pas toutes à la même nourriture et se rencontrent par conséquent dans des circonstances très-différentes.

Plusieurs se cachent dans les bois empilés, dans les souches ou dans les troncs cariés dont elles hâtent la ruine, en y pratiquant des galeries dans lesquelles s'infiltreront plus tard les eaux pluviales. D'autres rongent les rameaux de ces lierres qui couvrent d'un rideau de verdure les murailles des châteaux du moyen âge que les guerres et le temps ont réduits en ruine. Quelques-unes attaquent nos substances alimentaires les plus précieuses, telles que les farines de nos céréales. Un certain nombre s'abritent sous les mousses ou les lichens parasites de nos grands végétaux, pour profiter des dépouilles laissées dans ces lieux obscurs par des larves ou des nymphes qui y cachaient auparavant leur existence.

M. le docteur Girard, au rapport de M. Boieldieu, en a trouvé sortant des galles d'une espèce de cynips. MM. Brisout de Barneville et Lespès en ont vu, comme nous, faisant leur profit des peaux desséchées abandonnées dans leur nid par divers hyménoptères fouisseurs. Plusieurs rivalisent avec les larves des Anobies pour perforer les feuillets des parchemins et des vieux livres abandonnés à la poussière de nos archives ou de nos bibliothèques. Enfin quelques autres plus nuisibles s'introduisent dans nos herbiers et dans nos collections et s'efforcent de réduire en poussière ces richesses précieuses ; cependant elles s'y trouvent moins communément et par conséquent nous causent moins de dommages que les larves des Térédiles.

Malgré les précautions prises par ces êtres vermiformes pour se livrer en sûreté à leur industrie, la nature leur a suscité divers ennemis chargés de mettre des limites à leurs ravages. Ainsi, divers parasites pupivores (1) déposent dans leur corps des graines vivantes qui seront plus tard la cause de leur mort.

Quand le moment est venu pour les larves de nos Gibbicolles de passer à leur second état, elles unissent, à l'aide d'une matière gluante ou soyeuse, la poussière des débris formés par elles, ou elles se construisent une coque oblongue dans laquelle elles passent à l'état de nymphe.

Les larves qui s'étaient creusé dans le bois des retraites plus ou moins profondes, ont la précaution de se rapprocher des orifices de ces cavités pour n'avoir point d'obstacle à en sortir quand sera venu le moment de leur résurrection.

Une quinzaine de jours ou même moins leur suffit souvent pour donner le temps à leurs divers organes d'acquérir la consistance nécessaire ; l'insecte rejette alors ses derniers voiles et se montre sous sa forme parfaite.

MOEURS ET HABITUDES DES INSECTES PARFAITS.

A leur arrivée dans la période nouvelle qui doit être le couronnement de leur existence précédente, nos Gibbicolles, contrairement à une foule d'autres Coléoptères, ont des destinées peu différentes de celles de leur premier âge. Parias obscurs, dans ce monde d'insectes où la plupart, après avoir rejeté leurs derniers langes, sont appelés à faire la cour aux fleurs et à s'enivrer de leurs sucs emmiellés, ils continuent à demander leur nourriture aux aliments grossiers dont la nature leur avait confié la destruction, dans la première phase de leur vie.

On les trouve donc encore cachés sous les écorces flétries des arbres penchant vers leur déclin, dans les tas de fagots entassés dans les bois, sous les mousses étendues comme un tapis de verdure, sous l'ombrage protecteur des arbres de nos forêts, dans les réduits les plus sombres de nos habitations, parmi les herbiers, fruits de tant de recherches et de tant de peines, et quelquefois même dans nos collections d'animaux desséchés, que

(1) L'*Hemistales areator* et quelques autres.

notre négligence ou notre incurie semble abandonner à leurs goûts désastreux.

Chargés par la nature, sur cette terre où tout doit se renouveler sans cesse, de réduire en poussière les végétaux privés de vie ou arrivés aux termes d'une vieillesse inutile, de faire disparaître les dépouilles de divers êtres tombés dans le domaine de la mort, de détruire certaines substances ou préparations tirées du règne organique, ils s'acquittent de leur mission avec un zèle infatigable.

Ils portent même leurs outrages dans l'asile des tombeaux. On a trouvé dans les sépulcres de Thèbes et de quelques autres villes de l'ancienne Égypte, sous les bandelettes des momies, et près de ces restes embaumés , des vases placés sans doute par une pieuse pensée, dont des Gibbies avaient complétement détruit l'espèce de matière résineuse dont ils avaient été remplis.

Semblables aux êtres malfaisants qui se plaisent à rôder dans les ténèbres, pour nous ravir et nous dérober quelques-unes de nos richesses, nos Gibbicolles vont sans cesse furetant à la faveur des ombres pour y découvrir les objets capables d'exciter leur convoitise. Aussi plusieurs n'ont-ils pas reçu en vain les surnoms de Voleur, de Larron et autres semblables, dont ils ont été qualifiés.

Les espèces les plus nuisibles fuient plus particulièrement, comme les Lémures, l'éclat du grand jour. On ne les voit jamais se montrer à nos yeux dans les lieux où le soleil brille de toute sa splendeur ; à peine se hasardent-elles à errer dans les environs de leur retraite, quand le temps est assombri par d'épais nuages, ou quand elles vivent dans des grottes n'offrant qu'une clarté douteuse analogue à celle du dernier crépuscule.

La démarche de ces insectes, malgré la longueur assez grande de leurs pieds, est lente comme celle des Bradypes, incertaine comme si leurs pas étaient mal assurés. Ils semblent agités de crainte comme tous les êtres malfaisants qui redoutent d'être pris en flagrant délit.

Les Hédobies se hasardent à voler à la clarté douteuse du crépuscule du soir ; les Ptines, quoique pourvus des organes du vol, en font rarement usage. Au moindre bruit, à la moindre apparence de danger, ils se laissent choir comme s'ils étaient frappés d'une mort subite. Leurs pieds se trouvent tout à coup repliés sous le corps, de manière à laisser les genoux faire saillie sur les côtés de celui-ci, et à présenter les tarses ramassés ; leurs antennes sont infléchies, mais non cachées dans des rainures, comme celles des *Anobies*. Dans cette attitude, fidèles images d'un corps privé de vie, ils attendent avec résignation l'arrêt du destin. Si le danger s'éloigne et disparaît, ils redressent les filets articulés dont leur tête est parée, tirent leurs pieds de leur léthargie momentanée, et se remettent à poursuivre leurs recherches.

Nos Gibbicolles sont disséminés sur toutes les parties de la France ; quelques-uns, toutefois, craignent de s'éloigner de nos provinces du Midi, pour lesquelles le soleil réserve des rayons plus tièdes ou plus chauds.

Les espèces les plus nuisibles ou les plus amies des ombres ont reçu un manteau d'une couleur assez obscure pour cacher leurs démarches et nous les faire découvrir avec moins de facilité : le noir, le brun, le fauve ou le roux, constituent ordinairement le fond de leur costume ; parfois, seulements leur robe, d'une uniformité moins monotone, offre-t-elle quelques tache, d'un blanc poudreux, paraissant constituées par des sortes de petites écailles. Celles, comme les Hédobies, destinées à mener dans les champs une existence moins cachée, une vie moins fixée au sol, présentent souvent des teintes moins tristes.

L'apparition de ces insectes semble, comme celle des fleurs, se succéder durant le règne des beaux jours.

Ceux de nos Gibbicolles, auxquels les froids de l'automne ne permettent pas d'accomplir les actes destinés à assurer la perpétuité de leur espèce, passent l'hiver dans un sommeil léthargique. Si, dans cette triste saison, surviennent par hasard des journées d'une tiédeur anormale, on les voit momentanément sortir de leur repos, comme ces chauves-souris qui s'aventurent à parcourir les airs, vers les quatre heures de la soirée.

Les vents attiédis du printemps viennent leur rendre une activité plus vive, mais dont la durée ne saurait être bien longue. Dès qu'ils ont accompli le but de leur création, ils terminent leur vie obscure, mais dans laquelle ils ont peut-être compté plus de jours heureux que ces hommes séduits par de fausses illusions, qui cherchent le bonheur dans la satisfaction de leurs vains désirs, dans les rêves de l'ambition ou dans la trompeuse poursuite des honneurs.

HISTORIQUE

Il nous reste à retracer les phases qu'a subies la classification de ces insectes.

1761. — Linné, dans sa seconde édition de sa *Fauna suecica* plaça parmi ses *Cerambyx*, la seule espèce de nos insectes connue de lui.

1762. — Geoffroy, dans le tome Ier de son *Histoire abrégée des Insectes* donna à nos *Gibbicolles* le nom de *Bruchus*, appliqué par les anciens à un insecte qui dévorait les plantes.

1763. — Scopoli, dans son *Entomologia carniolica*, plaça parmi ses *Buprestis* la seule espèce indiquée dans cet ouvrage.

1767. — Linné, dans la douzième édition de son *Systema naturæ*, établit une regrettable confusion en donnant aux *Bruchus* de l'entomologiste de Paris le nom de *Ptinus*, que l'autorité de ce maître illustre a fait adopter.

Ce genre *Ptinus* comprit dans l'ouvrage de Linné les *Byrrhus* (Vrillettes) et les *Bruchus* de Geoffroy.

1774. — De Geer, dans le tome IV de ses *Mémoires pour servir à l'histoire des Insectes*, marcha sur les pas de son illustre compatriote.

1775. — *Fabricius*, dans son *Systema entomologiæ*, sépara, à l'exemple de Geoffroy, nos Térédiles des Gibbicolles, mais au lieu de conserver aux premiers le nom de *Byrrhus*, donné par le naturaliste de Paris, il créa pour eux la dénomination d'*Anobium* et plaça les autres dans le genre *Ptinus*.

1777. — Scopoli, dans son *Introduction à l'Histoire naturelle*, sépara, sous le nom de *Gibbium*, l'une des espèces de Ptines de Fabricius, que son corps globuliforme distingue facilement des autres.

1778. — Paul Czempinski, à qui le travail précédent était sans doute inconnu, constitua, avec le même insecte, une coupe générique sous le nom de *Scotias*, dans une dissertation publiée à Vienne sur les *Genres de tout le règne animal*.

Tous les écrivains de la fin du dix-huitième siècle, Müller, Schrank, Laicharting, Gmelin, de Villers, Rossi, Olivier, Panzer, etc., suivirent, selon leurs tendances, les idées de Geoffroy, de Linné ou de Fabricius.

1795. — Latreille, dans son *Précis des caractères génériques des Insectes*, unit, dans sa dix-septième famille, les Vrillettes (*Anobium*) et les *Ptinus* de Linné, restreints dans les limites indiquées par Fabricius.

C'était un premier essai, faible imitatif encore du beau travail de Jussieu sur les plantes.

Kugelann, Paykull, Illiger et les autres auteurs étrangers continuèrent à marcher dans la voie systématique de Fabricius, au lieu de chercher à entrer dans la route des méthodes naturelles qui rendent aujourd'hui des services incontestables aux sciences.

1800. — Dans le tableau de la classification des insectes adjoint au premier volume de l'*Anatomie* de Cuvier, M. Duméril composa sa famille des Perce-bois, des Vrillettes, Panaches (Ptilins), Ptines, Taupins, Melasis et Richards ; il leur donna pour caractères :

> Tarses de cinq articles, antennes filiformes, élytres dures.

1801. — Fabricius, dans son dernier ouvrage sur les Coléoptères, dans son *Systema Eleutheratorum*, n'apporta aucune modification à ses travaux précédents ; il comprit tous nos Gibbicolles dans son genre *Ptinus*. Il observa néanmoins que l'insecte dont Scopoli avait fait un *Gibbium* devait peut-être, en raison de ses élytres soudées, constituer un genre particulier.

1804. — Latreille, dans son *Histoire naturelle des Crustacés et des Insectes*, ouvrage dans lequel il révélait cet esprit supérieur qui a élevé son nom si haut dans les fastes de l'entomologie, admit avec raison cette coupe nouvelle, dans sa famille des *Ptiniores*, la huitième des Coléoptères. Celle-ci eut pour caractères :

> Tarses de cinq articles, quatre palpes, antennes filiformes ou terminées par trois articles plus allongés et un peu plus gros. Tête arrondie, presque globuleuse, s'enfonçant dans le corselet ; celui-ci renflé.

1806. — Duméril, dans sa *Zoologie analytique*, modifia sa famille des Perce-bois. Il en retrancha les Taupins et les Richards, et y ajouta les genres Tille et Lymexylon.

Les Insectes dont il la composa eurent pour caractères :

> Coléoptères pentamérés, à élytres dures, couvrant tout le ventre ; à antennes filiformes ; à corps arrondi, allongé, convexe.

1806. — Latreille, dans le t. Ier de son *Genera*, fit faire un pas utile à la science, en comprenant dans sa famille des PTINIORES les Coléoptères qui constituent nos tribus des GIBBICOLLES et des TÉRÉDILES, en montrant ainsi les liens étroits qui unissent ces Insectes.

1808. — Gyllenhal, cet illustre entomologiste, l'une des gloires de la Suède, adopta cette manière de voir dans ses *Insecta Suecica*.

1809. — Latreille ne changea rien à ces dispositions ni dans ses *Considérations sur l'ordre naturel des animaux*, ni dans la 1re édition du *Règne animal* de Cuvier (1817), où les *Ptiniores* formèrent la sixième tribu de sa famille des SERRICORNES.

1817. — Lamarck composa sa famille des PTINIENS des mêmes éléments, soit dans son *Extrait du cours de Zoologie* (1813), soit dans le t. IV de ses *Animaux sans vertèbres* (1817).

1821. — Le comte Dejean, dans la 1re édition de son *Catalogue*, engloba les Ptiniores de Latreille dans ses Térédiles, comprenant les *Cébrionites*, les *Ptiniores*, les *Lime-bois* et les *Clairons*, de l'illustre professeur de Paris.

1825-29. — Latreille maintint ses Ptiniores dans les limites précédentes, soit dans ses *Familles naturelles*, soit dans la seconde édition (1829) du *Règne animal* de Cuvier.

1828. — Un an avant la publication de ce dernier ouvrage, Curtis dans le t. V de son *Entomologie britannique (British Entomology)*, avait détaché une espèce des Ptinus des auteurs, pour en constituer le genre *Mezium*.

1830. — Stephens, à l'exemple de son compatriote, dédaignant la méthode tarsienne de Geoffroy, qui jusqu'alors avait servi de guide aux naturalistes français, donna à la famille des Ptinides de Leach et de Latreille des limites plus étendues que chez ces auteurs. Il y comprit les genres *Xyletinus*, *Ptilinus*, *Mezium*, *Gibbium*, *Dorcatoma*, *Ochina*, *Choragus*, *Anobium* et *Cis*.

1837. — Sturm, dans la part. V de la *Faune d'Allemagne (Deutschlands Fauna)*, publia les caractères du genre *Hedobia*, formé également aux dépens des *Ptinus* de Fabricius, coupe indiquée déjà depuis longtemps (1821) dans les catalogues de Dejean et de Dahl.

1840. — M. Castelnau, dans son *Histoire naturelle des Insectes*, donna à ses Ptiniores les limites indiquées par Latreille.

1845. — M. Blanchard, dans son *Histoire naturelle des Insectes*, adopta les mêmes idées; les Ptinides composèrent la quatrième famille de sa tribu des Clériens.

1845. — Jusqu'alors, la plupart des entomologistes avaient suivi les vues de notre illustre professeur de Paris, sur le cadre dans lequel devaient être circonscrits nos *Gibbicolles*, lorsque M. L. Redtenbacher, dans ses *Genres de la Faune d'Allemagne (Die Gattungen der deutschen Kæfer-Fauna)* les restreignit aux *Hedobia*, *Gibbium* et *Ptinus*, c'est-à-dire aux insectes dont cette dernière coupe était la représentation dans les ouvrages de Fabricius.

Il les divisa de la manière suivante :

a Avant dernier article des tarses bilobé.　　　　　　　　*Hedobia.*
aa Tous les articles des tarses simples.
　　b Aptères ; élytres ovoïdes, comme insufflées et transparentes,
　　　　bossues à la suture.　　　　　　　　　　　　　　*Gibbium.*
　　bb Ailés ; élytres ni transparentes, ni bossues.　　　　*Ptinus.*

1849. — Stephens, dans son *Manuel*, sentit la nécessité d'élaguer de ses PTINIDES les genres *Cis* et *Choragus*, qui s'y trouvaient évidemment déplacés. Il restreignit donc ces insectes dans les bornes indiquées par Leach, en 1815, dans l'*Encyclopédie d'Édimbourg*, et, plus antérieurement, par Latreille.

1856. — M. Boieldieu, en publiant la monographie des PTINIORES, dans le t. IV de la 3ᵉ série des *Annales de la Société entomologique de France*, restreignit, à l'exemple de M. Redtenbacher, cette famille dans les limites qu'elle doit avoir, et distribua de la manière suivante les insectes qui la composent.

A Élytres pubescentes, non comprimées latéralement.
　B Corselet rétréci en forme de cou postérieurement.
　　C Premier article des palpes maxillaires petit et droit ; le
　　　quatrième tronqué au sommet.　　　　　　　　　　*Hedobia.*
　　CC Premier article recourbé ; le quatrième en pointe aiguë.
　　　D Dent du menton en pointe aiguë ; labre arrondi, presque
　　　　tronqué.　　　　　　　　　　　　　　　　　　*Ptinus.*
　　　DD Dent du menton arrondie au sommet ; labre largement
　　　　échancré.　　　　　　　　　　　　　　　　　*Niptus.*
　BB Corselet non rétréci en forme de cou postérieurement.　*Trigonogenius.*
AA Élytres lisses et brillantes, comprimées latéralement.
　　　E Corselet pubescent et écailleux.　　　　　　　　*Mezium.*
　　　EE Corselet lisse et brillant.　　　　　　　　　　*Gibbium.*

Cet entomologiste enrichissait ainsi la famille des Ptinides de deux genres nouveaux.

1857. — M. Lacordaire, dans le IVᵉ vol. de son *Genera*, a cru devoir, à l'exemple de Latreille, renfermer dans la même famille les *Anobium* et les *Ptinus* de Fabricius. Il les divisa en deux tribus, comme suit :

A Antennes insérées au front.　　　　　　　　　　　　PTINIDES.
A Antennes insérées au bord antérieur des yeux.　　　　ANOBIDES.

Les premiers, les seuls dont nous ayons à nous occuper, furent répartis dans les genres suivants :

A Élytres de forme variable, ponctuées et pubescentes.
  b Articles 3-4 des tarses transversaux, spongieux en dessous.   *Hedobia.*
  bb Articles 3-4 des tarses cylindriques, villeux.
    c Prothorax plus ou moins étranglé en arrière.   *Ptinus.*
    cc Prothorax non rétréci en arrière.   *Trigonogenius.*
AA Élytres ampullaires, très-lisses et très-glabres.
    d Prothorax pubescent, ne continuant pas la courbe des
      élytres.   *Mezium.*
    dd Prothorax glabre, continuant la courbe des élytres.   *Gibbium.*

La monographie de M. Boieldieu n'était pas entièrement publiée quand l'illustre doyen de la Faculté des sciences de Liége faisait paraître son travail. Il n'a donc pas parlé du genre *Niptus*, dont l'auteur n'avait pas encore complétement exposé les caractères.

1858. — M. L. Redtenbacher, dans la seconde édition de sa *Fauna austriaca*, admit toutes les coupes nouvelles établies par M. Boieldieu, et distribua ses Ptinides de la manière suivante :

a Écusson apparent.
  b Avant-dernier article des tarses bilobé.   *Hedobia.*
  bb Articles des tarses tous simples.
    c Labre entier, menton avec une dent aiguë dans le milieu.   *Ptinus.*
    cc Labre échancré, dent du menton obtuse, élytres bal-
      lonnées.   *Niptus.*
aa Écusson nul ou indistinct.
    d Antennes à peine aussi longues que la moitié du corps ;
      celui-ci entièrement recouvert d'un duvet épais.   *Trigonogenius.*
    dd Antennes presque aussi longues que le corps, celui-ci
      glabre.
      e Prothorax sans impressions.   *Gibbium.*
      ee Prothorax avec trois sillons profonds séparés par un
        bourrelet.   *Mezium.*

1860. — Jacquelin du Val, dans le 2e cahier de ses *Glanures entomologiques*, détacha des Ptines, sous le nom générique de *Tipnus*, un insecte à l'aide duquel M. Wollaston, dans ses *Insecta maderensia*, avait déjà constitué, en 1854, un sous-genre sous le nom de *Sphœricus*.

Le même auteur parisien, en variant de nouveau l'ordre des lettres du mot *Ptinus*, indiqua, dans ces mêmes *Glanures*, sous la dénomination assez rude de *Nitpus*, une autre coupe, ayant pour type un insecte des îles Canaries.

1861. — Enfin, Jacquelin du Val, dans le beau *Genera* que la mort ne lui a pas laissé le temps d'achever, divisa nos Gibbicolles en deux groupes :

A Élytres point comprimées latéralement, toujours poilues et pubescentes ; jambes point frangées. . . . . **Ptinites.**

AA Élytres ampullaires, comprimées latéralement, très-lisses et glabres ; jambes fortement frangées. . . . . **Gibbites.**

Les PTINITES ont été répartis dans les genres suivants :

B Dernier article des palpes fortement tronqué ; tarses avec leur troisième et quatrième articles transverses et échancrés ; crochets masqués en grande partie.   *Hedobia.*

BB Dernier article des palpes plus au moins acuminé ; tarses avec leur troisième article simple, et le plus souvent aussi le quatrième : crochets bien distincts.

    c Yeux arrondis, médiocres et même assez grands ; hanches postérieures transverses, distantes ; métasternum assez grand.   *Ptinus.*

    cc Yeux petits, subovalaires ; métasternum court ; hanches postérieures subovalaires ou subarrondies, largement distantes.

        d Pronotum plus ou moins fortement étranglé à sa base ; hanches postérieures subovalaires ou globoso-ovalaires.   *Niptus.*

        dd Pronotum point resserré en arrière ; hanches postérieures extrêmement petites, subarrondies, tout à fait latérales.   *Tipnus.*

Les GIBBITES sont réduits au deux genres suivants :

    E Pronotum pubescent et muni de carènes longitudinales ; trochanters postérieurs médiocres.   *Mezium.*

    EE Pronotum très-court, lisse et égal ; trochanters postérieurs très-grands, presque aussi longs que les cuisses.   *Gibbium.*

Nous partagerons la tribu des GIBBICOLLES en deux familles distinctes :

Antennes {

insérées entre les yeux ou sur le niveau antérieur de ceux-ci, *Écusson* le plus souvent apparent, rarement nul. *Élytres* normales, plus ou moins rugueuses ou ponctuées.   1re *famille*   PTINIENS.

insérées bien au-dessous du niveau antérieur des yeux. *Écusson* toujours nul. *Élytres* renflées en forme (1) d'ampoule, lisses sur leur surface, latéralement comprimées ; fortement réfléchies en dessous où elles refoulent la plupart des parties de la page inférieure du corps.   2e *famille*   GIBBIENS.

____

(1) La forme des élytres rappelle celle de certaines espèces d'Acarides.

PREMIÈRE FAMILLE

PTINIENS

CARACTÈRES. *Corps* allongé, oblong ou subovalaire. *Antennes* insérées entre les yeux ou au moins sur une ligne tangente au bord antérieur de chacun de ceux-ci, qui sont tantôt assez grands, tantôt petits. *Écusson* le plus souvent très-apparent, d'autrefois petit ou nul. *Élytres* normales, à surface plus ou moins rugueuse ou ponctuée, pubescente ou sétosellée; non comprimées latéralement, peu ou point réfléchies en dessous. *Pieds* le plus souvent assez grêles. *Tibias* non frangés sur leurs tranches.

Cette première famille peut se subdiviser en deux branches :

séparées à leur insertion par un intervalle très-large et plan, sans fossette antennaire bien prononcée. *Dernier article des palpes maxillaires* obtusément tronqué au sommet. *Prothorax* sensiblement capuchonné à son bord antérieur, relevé postérieurement dans son milieu en une gibbosité latéralement comprimée. *Élytres* toujours subparallèles sur leurs côtés dans les deux sexes. *Ventre* à quatrième arceau à peine plus court que le précédent. *Tarses* épais, déprimés, à troisième et quatrième articles transverses, subéchancrés : le dernier court, transverse, subtriangulairement dilaté latéralement. HÉDOBIAIRES.

séparées à leur insertion par un intervalle étroit, avec une fossette antennaire sensible. *Dernier article des palpes maxillaires* plus ou moins acuminé au sommet. *Prothorax* non ou à peine capuchonné en avant, souvent avec des éminences ou dents fasciculées. *Élytres* ovalaires ou subovalaires chez plusieurs ♀ et quelquefois dans les deux sexes. *Ventre* à quatrième arceau sensiblement plus court que le précédent. *Tarses* ordinairement plus ou moins grêles, à troisième article généralement simple et souvent aussi le quatrième : le dernier allongé, plus ou moins grêle.   PTINAIRES.

PREMIÈRE BRANCHE

LES HÉDOBIAIRES.

CARACTÈRES. *Corps* oblong ou allongé, subparallèle. *Palpes* à dernier article obtusément tronqué au sommet. *Antennes* très-écartées à leur insertion, séparées entre elles par un intervalle plan, beaucoup plus large que celui qui sépare chacune d'elles de l'œil ; sans fossette antennaire sensible prolongée sur les joues. *Prothorax* plus ou moins capuchonné à son bord antérieur, relevé en arrière sur son milieu en une forte gibbosité latéralement comprimée. *Écusson* très-apparent ou même assez grand. *Élytres* subdéprimées sur la suture, subparallèles sur leurs côtés dans les deux sexes. *Ventre* ayant son quatrième arceau à peine plus court que le précédent. *Tarses* épais, déprimés, sensiblement plus étroits à leur base, avec les troisième et quatrième articles courts, larges, transverses, subéchancrés à leur sommet : le dernier épais, transverse, latéralement dilaté en forme de losange ou de triangle. *Ongles* peu saillants, en partie masqués par le développement transversal du dernier article.

La branche des Hédobiaires renferme deux genres :

Tibias

robustes, sans éperons bien distincts au sommet de leur tranche inférieure, obliquement tronqués au bout, subentaillés à l'extrémité de leur face interne pour faciliter le jeu des tarses à l'état de retrait (1). *Élytres* densement et fortement ponctuées striées, distinctement denticulées en arrière sur leurs côtés. *Corps* à villosité soyeuse et plus ou moins redressée.   *genre* HEDOBIA.

médiocrement robustes, armés de deux petits éperons bien distincts au sommet de leur tranche inférieure, subcarrément coupés et entiers au bout. *Élytres* simplement ruguleuses, non distinctement denticulées en arrière sur leurs côtés. *Corps* à pubescence subécailleuse et déprimée.   *genre* PTINOMORPHUS.

Genre *Hedobia*, HÉDOBIE, Latreille.

Latreille, Règn. anim. 2ᵉ éd., t. IV, p. 482, note.

Etymologie : ἔδυς, siége, souche ; βιόω, je vis.

CARACTÈRES. *Corps* allongé, subparallèle, ailé, couvert d'une villosité soyeuse et redressée.

(1) Il est à remarquer : 1º que, dans le genre *Hedobia*, les tarses se replient, à l'état de repos, le long de la face interne des tibias qui est alors subentaillée à son sommet ; 2º que, dans le genre *Ptinomorphus*, ils restent presque tendus, et alors les tibias n'offrent aucune entaille ; 3º que, dans la plupart des autres genres, ils se redressent plus ou moins en arrière, et alors les tibias sont plus ou moins entaillés vers l'extrémité de leur tranche supérieure.

Tête verticale ou infléchie, assez grande, un peu moins large que le prothorax. *Front* large. *Joues* assez développées, presque en forme de carré long transversalement disposé (1). *Labre* petit, transverse, subsemi-circulaire. *Mandibules* robustes, subtrigones, arcuément coudées en dehors, terminées à leur sommet en angle ou pointe peu aiguë, munies d'une forte dent un peu après le milieu de leur tranche interne. *Palpes maxillaires* à dernier article aussi long que les deux précédents réunis, oblong, subatténué vers son extrémité, obtusément et assez étroitement tronqué au bout : le premier peu distinct : le deuxième un peu plus long que le troisième, obconique : celui-ci assez court, obconique. *Palpes labiaux* à dernier article grand, oblong, subatténué et obtusément tronqué au sommet.

Yeux assez grands, subarrondis, assez saillants.

Antennes longues, légèrement dentées en scie en dedans, très-écartées à leur base où elles sont séparées l'une de l'autre par un intervalle plan, infiniment plus large que celui qui sépare chacune d'elles de l'œil ; insérées près des yeux et entre ceux-ci dans une petite fossette non prolongée latéralement en forme de sillon ; à premier article courtement pédicellé, latéralement comprimé en forme de disque subovale et subexcavé à sa face externe, un peu plus large que les suivants : le deuxième plus court que le troisième, obconique : les troisième à dixième plus ou moins allongés, un peu en scie en dedans : le dernier beaucoup plus long que le pénultième.

Prothorax moins large que les élytres, plus ou moins sensiblement élevé à son bord antérieur en forme de capuchon, au-dessus du niveau du vertex ; fortement relevé en arrière dans son milieu en une saillie ou gibbosité plus ou moins comprimée latéralement, triangulaire ou subdentiforme ; très-obliquement coupé en avant et bissinueusement tronqué à la base.

Écusson grand, en carré long, plus étroit en arrière.

Élytres allongées, parallèles sur leurs côtés ; individuellement et obtusément subacuminées au sommet ; cylindriques, un peu réfléchies en dessous à leur base ; distinctement denticulées en arrière sur leurs côtés ; fortement et densement ponctuées striées ; offrant à partir environ du milieu

(1) Nous ne parlerons pas de l'*épistome* qui est soudé au front et sans suture distincte, et cela pour toute la tribu.

des côtés une faible arête formant comme un repli latéral. *Épaules* saillantes, arrondies.

Prosternum court, à lame médiane assez enfouie, rétrécie entre les hanches antérieures en pointe ou en angle très-aigu : celle du *mésosternum* un peu enfouie, rétrécie en arrière en pointe aiguë mais assez courte. *Episternums du médipectus* grands, en forme de triangle isoscèle allongé dont le sommet est en dehors, transversalement obliques ainsi que *les épimères* qui sont un peu plus étroites et rétrécies en dedans en forme d'onglet. *Métasternum* grand, beaucoup plus développé que le premier arceau ventral; avancé dans son milieu entre les hanches intermédiaires en forme d'angle subémoussé, transversalement coupé à son bord postérieur qui est très-faiblement prolongé entre les hanches en angle à peine sensible ou très-ouvert et fendu à son sommet. *Episternums du postpectus* assez larges à leur base, fortement rétrécis en arrière en forme de coin, avec *les épimères postérieures* nulles.

Hanches antérieures saillantes, subovalaires, rapprochées : *les intermédiaires* moins saillantes, parfois subdéprimées, plus courtes ou subarrondies, également rapprochées : *les postérieures* grandes, déprimées, transverses, assez distantes entre elles; non creusées en arrière pour recevoir les cuisses à l'état de retrait; offrant une lame supérieure réduite à un liseré étroit mais brusquement dilatée intérieurement.

Ventre à intersections régulières; à premier arceau assez grand, avancé entre les hanches postérieures en une lame assez large et obtusément tronquée : le deuxième un peu moins grand : le troisième moins grand que le deuxième, et le quatrième à peine moins que le troisième; le dernier grand, en forme d'hémicycle largement tronqué au bout dans les deux sexes, au point de laisser paraître parfois un sixième segment rudimentaire.

Pieds assez allongés, robustes. *Trochanters antérieurs et intermédiaires* assez courts, obconiques : *les postérieurs* un peu plus développés, obconico-subovalaires. *Cuisses* débordant assez sensiblement les côtés du corps, légèrement subcomprimées latéralement, peu rétrécies vers leur base, subparallèles sur leur tranche à partir environ de leur premier tiers, brusquement recourbées tout à fait vers le sommet de leur tranche inférieure, plus ou moins rainurées en dessous vers leur extrémité : *les intermédiaires et postérieures* à peine recourbées en dedans à leur face interne. *Tibias* robustes, faiblement subcomprimés, graduellement subélargis de la base à l'extrémité, obliquement tronqués au bout, avec le sommet de leur tranche inférieure un peu prolongé en talon subangulé, mais sans éperons distincts (1), et leur face interne subentaillée à son extrémité pour faciliter le jeu des tarses à l'état de retrait : *les intermédiaires et postérieurs subangulés et subdenticulés au bout de leur tranche supérieure. Tarses épais,* déprimés, un peu rétrécis à leur base et graduellement subélargis vers leur extrémité ; à premier article allongé, obconique, un peu plus long que les deux suivants réunis : les deuxième à quatrième graduellement plus courts : les troisième et quatrième fortement transverses, subcordiformes : le troisième à peine, le quatrième sensiblement échancré au sommet ou subbilobé : le dernier épais, presque aussi large que le précédent, en forme de triangle transverse. *Ongles* fortement arqués, peu saillants, insérés vers le milieu du bord apical du dernier article.

Obs. Ce genre renferme le plus grand insecte de la tribu, dont les mœurs sout lignivores comme les *Anobies.*

Sa taille, la nature de sa pubescence, la couleur uniforme et la ponctuation des élytres impriment à l'espèce sur laquelle a été fondée cette coupe, un cachet si particulier, si disparate relativement aux autres espèces qu'on lui a adjointes, que nous avons cru devoir en détacher ces dernières, et la réduire à une seule espèce (*Hedobia pubescens*) à l'exemple de Latreille et de Dejean. Les caractères, bien que peu importants, peuvent, par leur nombre, parfaitement fournir matière à un genre distinct. En effet, les pieds sont plus robustes, les tibias sont sans éperons bien visibles et obliquement tronqués au bout, les élytres sont distinctement denticulées en arrière sur leurs côtés, la ponctuation et la pubescence sont tout autres.

1. **Hedobia pubescens**. Fabricius.

Allongé, velu, noir, avec les élytres d'un roux-canelle assez brillant, et les palpes d'un roux-testacé. Antennes en scie en dedans. Prothorax subtranverse, arcuément dilaté en arrière sur les côtés, rugueusement granulé, fortement relevé postérieurement sur son milieu en carène, subdentiforme. Élytres parallèles, obtusément acuminées au sommet, distinctement denticulées en arrière sur leurs côtés, grossièrement et densement ponctuées

(1) Quelquefois, cependant, le sommet interne des tibias semble offrir une on deux dents très-obsolètes, simulant des rudiments d'éperons dont ils occupent la place.

striées. Tarses épais, à troisième et quatrième articles fortement trans-
verses.

Ptinus pubescens. FABRICIUS, Ent. Syst. I, p 239. — Id., Syst. El. I, p. 324, 1. —
   OLIVIER, Ent., II, n° 17, p. 5, 1; pl, I, fig. 7. — LATREILLE, Hist. nat., t. IX,
   p. 174, 3.
Hedobia pubescens. STURM, t. XII, p. 22, 1, — REDTENBACHER, Faun. Aust., 2ᵉ édit.,
   p. 554. — BOIELDIEU, Mon. Ptin., Ann. Soc. Ent. Fr., 1856, t. IV, p. 292, 1.

Long. 0ᵐ,0050 à 0ᵐ,0076 (2 l. 1/4 à 3 l. 1/4). — Larg. 0ᵐ,0015 à 0ᵐ,0027
                        (3/4 l. à 1 l. 1/4).

♂ *Antennes* avec les cinquième à dixième articles suballongés, légèrement dentés en scie en dedans. *Le cinquième arceau ventral* largement
et obtusément tronqué au sommet, presque plan.

♀ *Antennes* avec les cinquième à dixième articles oblongs, sensiblement
dentés en scie en dedans. *Le cinquième arceau ventral* largement et nettement tronqué au sommet, convexe à sa base, transversalement impressionné avant son extrémité, laissant apercevoir le commencement d'un
sixième arceau rudimentaire.

Corps allongé, ailé dans les deux sexes, couvert d'une villosité d'un
fauve doré, assez longue, assez dense et plus ou moins redressée.

Tête verticale ou subinfléchie, un peu moins large que la partie antérieure du prothorax, aspérement et densement granulée avec la granulation des côtés en partie subombiliquée ; velue ; d'un noir peu brillant.
Front large, lisse près de son bord antérieur qui est un peu relevé et prolongé en dent obtuse de chaque côté au devant de l'insertion des antennes.
Labre court, lisse, noir, en forme d'hémicycle fortement transverse et densement cilié en avant. *Mandibules* d'un noir lisse et brillant, offrant en
dessus, à leur base, une impression rugueuse et longuement ciliée. *Palpes*
d'un roux-testacé.

Yeux assez grands, assez saillants, subarrondis, noirs, légèrement velus.

Antennes aussi longues (♀) ou sensiblement plus longues (♂) que la
moitié du corps ; finement pubescentes avec les trois premiers articles
ciliés de très-longs poils soyeux et dorés, et les quatrième à dixième plus
(♀) ou moins (♂) ciliés ou fasciculés, surtout en dehors, de poils plus
obscurs, obsolètes sur les derniers articles principalement en dedans ; finement ruguleuses ; d'un noir opaque avec le premier article plus lisse,

brillant et finement ponctué sur sa face intérieure, latéralement comprimé, subovale, un peu plus large que les suivants : le deuxième un peu plus court que le troisième, obconique, mais subarrondi sur sa tranche interne ; les troisième à dixième plus (♀) ou moins (♂) en dents de scie intérieurement : le troisième suboblong : le quatrième plus (♂) ou moins (♀) oblong : les suivants suballongés (♂) ou oblongs (♀) : le dernier beaucoup plus long que le pénultième , subcylindrique (♂) ou subcylindrico-elliptique (♀), subacuminé au sommet.

Prothorax subtransverse ou un peu moins long que large dans son plus grand diamètre ; sensiblement plus étroit que les élytres ; paraissant, vu le dessus, sensiblement et arcuément dilaté sur au moins les deux tiers postérieurs de ses côtés ; un peu rétréci ou subétranglé avant le sommet ; plus ou moins sensiblement relevé en capuchon au-dessus du niveau du vertex ; largement arrondi à son bord antérieur avec celui-ci parfois subsinué à la rencontre de la ligne médiane ; légèrement bissinué à la base avec celle-ci très-finement rebordée, et le lobe médian obtusément arrondi et plus prolongé que les angles postérieurs qui sont très-obtus ou peu prononcés ; fortement relevé postérieurement dans son milieu en une carène ou gibbosité presque plane en avant, angulaire, plus ou moins fortement comprimée latéralement par une large impression oblique et subbasilaire, parfois un peu recourbée en arrière en forme de dent ; couvert d'une granulation rugueuse, assez forte, çà et là subombiliquée sur les côtés, plus fine et plus serrée sur l'élévation postérieure ; d'un noir généralement peu brillant ; revêtu d'une villosité d'un fauve doré, assez serrée, assez longue, plus ou moins redressée ou un peu renversée en arrière.

Écusson en carré long, plus ou moins rétréci en arrière, rugueux, pubescent, d'un noir opaque.

Élytres plus (♂) ou moins (♀) allongées, environ quatre fois aussi longues que le prothorax ; parallèles sur leurs côtés jusqu'aux trois quarts de leur longueur, et puis subacuminément arrondies au sommet ; un peu déhiscentes ou formant un angle rentrant à la suture avant l'angle apical qui est subarrondi ; distinctement et inégalement denticulées en arrière sur les côtés ; subcylindriques, mais légèrement déprimées le long de la suture ; densement et subsérialement pubescentes, avec la pubescence assez longue, d'un fauve doré, subredressée ou un peu inclinée en arrière ; entièrement d'un roux-cannelle assez brillant ; offrant environ seize séries complètes et plus ou moins régulières, formées de points enfoncés, grossiers , profonds, subarrondis, subocellés et à fond translucide, et le commencement d'une rangée de points semblables de chaque côté de l'écusson, avec une autre, raccourcie, le long du lobe huméral. *Intervalles* des rangées striales lisses et paraissant subconvexes à un certain jour. *Épaules* saillantes, largement arrondies en dehors, limitées intérieurement par une impression sensible, oblongue et subarquée.

Dessous du corps couvert d'une ponctuation assez serrée et assez fine, plus dense et rugueuse sur les côtés de la poitrine et sur les hanches ; entièrement d'un noir assez brillant ; revêtu d'une pubescence assez longue, un peu blanchâtre, souvent un peu couchée sur le ventre. *Métasternum* fortement sillonné en arrière sur sa ligne médiane. *Hanches antérieures* subcontiguës : *les intermédiaires* un peu moins rapprochées : *les postérieures* sensiblement distantes l'une de l'autre.

Ventre à intersections presque en ligne droite ou à peine arquées ; à cinquième arceau toujours plus ou moins tronqué au sommet.

Pieds assez allongés, robustes ; densément et finement rugueux ; hérissés d'une assez longue villosité blanchâtre ; d'un noir opaque avec l'extrémité des tarses souvent plus ou moins roussâtre. *Cuisses* à peine ou non renflées dans leur milieu. *Tibias* robustes, un peu plus courts que les cuisses ; graduellement et faiblement subélargis de la base à leur extrémité, avec le sommet de leur tranche supérieure recourbé ou dilaté en forme d'angle subdenticulé, moins prononcé dans les antérieurs. *Tarses* épais, un peu moins longs que les tibias, subdéprimés, graduellement subélargis vers leur extrémité ; à premier article allongé, obconique, plus long que les deux suivants réunis : les deuxième à quatrième graduellement plus courts : le deuxième en triangle subéquilatéral dans les antérieurs, un peu plus oblong dans les postérieurs : le troisième très-court, fortement transverse, obcordiforme, à peine échancré au sommet : le quatrième encore plus fortement transverse, sensiblement échancré à son extrémité et comme subbilobé : le dernier en triangle transverse, un peu ou à peine moins épais que le précédent. *Ongles* souvent d'un roux de poix, fortement arqués, peu saillants et débordant un peu les côtés du dernier article qu'ils embrassent en partie par leur courbure.

Patrie. Cette espèce est très-rare. Elle se rencontre aux environs de Paris et dans quelques autres points de la France, sur le bois mort du chêne, dans lequel elle passe son existence vermiforme.

Obs. Elle varie un peu pour la coloration. Ainsi, par exemple, les antennes, le bord antérieur du prothorax et les pieds sont parfois plus ou moins roussâtres.

Le ♂ diffère encore de la ♀ par ses antennes plus longues, par ses élytres proportionnellement un peu plus étroites, et par sa taille ordinairement moindre.

Genre *Ptinomorphus*, PTINOMORPHE, Mulsant et Rey.

Étymologie : Ptinus, Ptine ; μορφή forme.

CARACTÈRES. *Corps* oblong ou suballongé, subparallèle, ailé, couvert d'une pubescence subécailleuse et déprimée.

Tête verticale ou infléchie, assez grande (1), un peu moins large que le prothorax. *Front* large. *Joues* assez développées, transverses, de forme irrégulière. *Labre* petit, transverse, subogival ou subtriangulaire, mousse au sommet. *Mandibules* robustes, subtrigones, subarcuément et assez brusquement coudées sur leurs côtés, terminées par une pointe assez aiguë, munies d'une forte dent tout près du sommet de leur tranche interne. *Palpes maxillaires* à dernier article aussi long que les deux précédents réunis, allongé, obconico-subcylindrique, obtusément et un peu obliquement tronqué au sommet : le premier peu visible : le deuxième paraissant un peu plus long que le troisième (2). *Palpes labiaux* à dernier article grand, oblong, tronqué au sommet.

Yeux de grandeur médiocre, subarrondis (3), assez saillants.

Antennes assez longues, subfiliformes ou à peine dentées en scie en dedans ; écartées à leur base où elles sont séparées entre elles par un intervalle plan, beaucoup plus large que celui qui sépare chacune d'elles de l'œil ; insérées près des yeux et entre ceux-ci dans une petite fossette non prolongée latéralement en forme de sillon sensible ; à premier article courtement pédicellé, subglobuleux ou subovalaire, sensiblement plus renflé

(1) La tête paraît plus ou moins carrée ou plus ou moins transverse, suivant qu'elle est plus ou moins retirée dans le prothorax.

(2) Nous nous arrêterons guère à décrire les premiers articles des palpes dont on ne peut apprécier la forme et les proportions que par la dissection. La troncature même du dernier article, à laquelle on a donné une grande importance, nous a paru un peu variable, et même assez faible chez certains individus du *Ptinomorphus imperialis* et surtout chez le *Ptinomorphus regalis*.

(3) Le contour des yeux paraît plus ou moins rectiligne vers l'insertion des antennes où il forme inférieurement comme un angle peu senti.

que les suivants : le deuxième un peu obliquement implanté, un peu plus court que le troisième : les troisième à dixième plus ou moins allongés , à peine en scie en dedans : le dernier beaucoup plus long que le pénultième.

Prothorax beaucoup moins large que les élytres, sensiblement relevé à son bord antérieur en forme de capuchon au-dessus du niveau du vertex; fortement relevé en arrière dans son milieu en une saillie ou gibbosité angulaire et latéralement comprimée ; obliquement tronqué en avant et bissinueusement tronqué à la base.

Écusson assez grand, en forme de carré un peu plus long que large.

Élytres oblongues ou suballongées, subparallèles sur leurs côtés ; individuellement et subacuminément arrondies au sommet; subcylindriques ; un peu réfléchies en dessous à leur base ; non distinctement denticulées en arrière sur leurs côtés; simplement rugueuses ; offrant à partir environ du milieu des côtés une faible arête formant comme un repli latéral. *Épaules* saillantes, arrondies.

Prosternum légèrement creusé pour recevoir la tête à l'état d'inflexion , peu développé au devant des hanches antérieures, avec sa *lame médiane* assez enfouie, rétrécie entre celles-ci en pointe ou angle très-aigu. *Lame médiane du mésosternum* peu distincte, enfouie entre les hanches intermédiaires , rétrécie en arrière en forme d'angle aigu. *Métasternum* grand, beaucoup plus développé que le premier arceau ventral, avancé dans son milieu entre les hanches intermédiaires en une saillie ou angle mousse; transversalement coupé à son bord apical qui est faiblement prolongé entre les hanches postérieures en angle à peine sensible ou très-ouvert et fendu à son sommet. *Épisternums du médipectus* grands , en forme de coin ou de triangle allongé, subisoscèle, dont le sommet est en dehors ; avec *les épimères* transversalement obliques, assez grandes, assez étroites, rétrécies de dehors en dedans en forme d'onglet. *Épisternums du postpectus* très-développés, assez larges à leur base, rétrécis en arrière, à partir de celle-ci, en forme d'onglet ou de triangle très-allongé, avec *les épimères postérieures* nulles.

Hanches antérieures assez saillantes, subovalaires ou ovalaire-oblongues, rapprochées l'une de l'autre : *les intermédiaires* également assez saillantes et rapprochées , mais plus courtes et subglobuleuses : *les postérieures* grandes, déprimées, transverses, assez distantes l'une de l'autre; non ou à peine creusées en arrière pour recevoir les cuisses à l'état de retrait; offrant une lame supérieure réduite à un liseré étroit mais distinct, sensiblement et assez brusquement dilaté intérieurement.

Ventre à intersections subrectilignes ou faiblement mais régulièrement arquées ; à premier arceau assez grand, avancé dans son milieu entre les hanches postérieures en une lame large et subarcuément tronquée ou subarrondie en avant : le deuxième un peu moins grand que le premier, le troisième sensiblement moins que le deuxième, et le quatrième à peine moins grand que le troisième ; le dernier beaucoup plus développé que le précédent, semilunaire, régulièrement arqué au sommet.

Pieds assez allongés, médiocrement robustes. *Trochanters antérieurs et intermédiaires* courts, obconiques : *les postérieurs* un peu plus développés, obconico-subovalaires. *Cuisses* débordant sensiblement les côtés du corps ; latéralement subcomprimées ; subparallèles sur leurs tranches ou à peine rétrécies vers leur base, mais brusquement recourbées vers le sommet de leur tranche inférieure ; brièvement rainurées en dessous vers leur extrémité : *les intermédiaires* à peine, *les postérieures* légèrement cambrées en dedans vers le premier tiers de leur face interne. *Tibias* médiocrement robustes, subcomprimés, subparallèles sur leurs tranches, mais souvent subtriangulairement subélargis vers leur sommet ; subcarrément coupés à celui-ci, qui est entier et terminé en dessous par deux petits éperons distincts, avec l'angle apical externe subdenticulé (1). *Tarses* plus ou moins épais, déprimés, un peu rétrécis vers leur base et graduellement subélargis vers leur extrémité ; à premier article allongé, obconique, aussi long ou presque aussi long que les trois suivants réunis dans les intermédiaires et postérieurs : les deuxième à quatrième graduellement plus courts : les troisième et quatrième plus ou moins fortement transverses : le troisième non, le quatrième légèrement échancré au sommet : le dernier épais, aussi ou presque aussi large que le précédent, subovalaire ou dilaté en forme de losange fortement transverse. *Ongles* petits, grêles, peu saillants, assez fortement recourbés, insérés vers le milieu du sommet du dernier article, qu'ils débordent à peine latéralement.

Obs. Ce genre et le précédent, par la distance notable qui sépare les insertions des antennes, par la protubérance du prothorax, par la forme des élytres, par la structure des parties inférieures du corps et par celle des tarses, rappellent le genre *Anobium* de notre tribu des *Térédiles*, et servent en quelque sorte de lien entre celle-ci et celle des *Gibbicolles* en tête de laquelle nous croyons devoir les placer. La conformation des an-

____

(1) Les denticules sont obsolètes, souvent peu visibles, surtout dans les tibias postérieurs.

tennes, les prosternum et mésosternum sans excavation, et le développement des pieds les rapprochent nécessairement du genre *Ptinus*.

Le genre *Ptinomorphus* renferme des espèces assez grandes, qui vivent
dans les champs, dans le bois mort, sous les écorces et sur les rameaux
des arbres.

Le genre *Ptinomorphus* présente trois espèces françaises caractérisées
de la manière suivante :

A   *Dessus du corps* tout à fait opaque, entièrement couvert d'une
      pubescence subécailleuse et variée. *Tarses* épais. *Corps*
      oblong.
   b   *Élytres* avec seulement deux côtes sublatérales très-obsolètes
      et raccourcies ; parsemées de quelques rares et courtes soies
      obscures, subhispides et subredressées. *Carène dorsale du*
      prothorax presque tranchante.   *Imperialis.*
  bb   *Élytres* avec quatre côtes dorsales bien distinctes, et parées
      de soies couchées d'un fauve doré et brillant. *Carène dorsale*
      du prothorax obtuse.   *Regalis.*
AA *Dessus du corps* un peu brillant, en majeure partie dénudé,
      paré seulement, çà et là, de larges plaques écailleuses et
      blanchâtres ; avec plusieurs séries (au moins 6 ou 7) bien
      régulières de soies d'un fauve doré et semi-couchées. *Carène*
      dorsale du prothorax très-obtuse. *Tarses* peu épais. *Corps*
      suballongé.   *Angustatus.*

1. **Ptinomorphus imperialis.** Linné.

*Oblong, entièrement couvert d'une pubescence subécailleuse, déprimée,
opaque, blanchâtre en dessous, variée de blanc, de noir et de roux en
dessus, avec les palpes testacés, les antennes et les pieds ferrugineux. Antennes à peine en scie. Prothorax en cône largement tronqué, pas plus long
que large, subarrondi sur les côtés vers sa base ; finement carinulé en
avant sur sa ligne médiane, fortement relevé postérieurement dans son
milieu en carène tranchante ; brun, avec une ceinture latérale blanchâtre.
Écusson blanc. Élytres subparallèles, ruguleuses, parcimonieusement et
subhispidement sétosellées ; offrant en arrière deux côtes sublatérales très-
obsolètes ; noires ou brunes, avec la région scutellaire, une grande tache
apicale, une lunule humérale, et une grande tache commune en forme d'X
sur le disque, blanches. Tarses épais, à troisième et quatrième articles fortement transverses.*

Ptinus imperialis. LINNÉ, Syst. nat., t. II, p. 565, 5. — FABRICIUS, Syst. El., t. I,
p. 236, 7. — OLIVIER, Ent., t. II, n° 17, p. 5, 2; pl. I, fig. 4. — ILLIGER, Käf.
Pr., I, 344, 1. — PAYKULL, Faun. Succ., t. I, 313, 2. — PANZER, Faun. Germ., 5, 7.
— MARSHAM, Ent. Brit., I, p. 88, 4. — SCHOENNERR. Syn. Ins., II, p. 109, 6. —
GYLLENHAL, Ins. Succ., t. I, p. 304, 1.

Bruchus imperialis. MULLER, Zool. Dan. Prod., 57, 507.

Bruchus cruciatus. FOURCROY, Ent. Par., t. I, 98.

Hedobia imperialis. STURM, Deutsch. Faun., t. XII, p. 25, 2. — REDTENBACHER,
Faun. Austr., 2° édit., p. 554. — BOIELDIEU, Mon. Ptin., Ann. Soc. Ent. Fr., 1856,
t. IV, p. 293, 2. — JACQUELIN DU VAL, Gen. Col. Eur., t. III, pl. LI, fig. 254.

Variété a. Élytres presque uniformément fauves ou grisâtres, avec les taches blanches plus
ou moins réduites ou obsolètes.

Long. 0^m,0034 à 0^m,0044 (1 l. 1/2 à 2 l.) — Larg. 0^m,0014 à 0^m,0018
(2/3 l. à 4/5 l).

♂ *Antennes* aussi longues que les trois quarts du corps, avec les quatrième à dixième articles suballongés, obconiques : le dernier subcylindrico-fusiforme, presque droit sur sa tranche interne : les trois ou quatre
derniers finement, densement et brièvement ciliés en dessous, avec les cils
perpendiculairement implantés.

♀ *Antennes* aussi longues que les deux tiers du corps, avec les quatrième à dixième articles oblongs, obconiques : le dernier subelliptique,
légèrement arrondi sur sa tranche interne : les trois ou quatre derniers
seulement légèrement ou à peine tomenteux en dessous.

Corps oblong, ailé dans les deux sexes, subparallèle, entièrement revêtu d'une pubescence déprimée, subécailleuse et opaque.

Tête subinfléchie, un peu moins large que le prothorax ; rugueuse ;
noire ; recouverte d'une pubescence subécailleuse, déprimée, blonde ou
blanchâtre, assez serrée, convergeant au milieu qui offre le plus souvent
un espace circulaire de poils plus blancs. *Front* large, creusé parfois sur
son milieu, au-dessus du centre de réunion des poils, d'une fossette ponctiforme dénudée. *Labre* brunâtre, cilié de poils dorés à son bord antérieur.
Mandibules presque lisses, d'un noir ou d'un brun de poix brillant, ruguleuses et longuement ciliées en dessus à leur base. *Palpes* testacés.

Yeux assez grands, plus ou moins saillants, subarrondis, noirs.

Antennes sensiblement plus longues que la moitié du corps, à peine plus
épaisses à leur base ; revêtues d'une très-fine pubescence pâle et tomenteuse ; garnies en outre sur leur tranche externe de soies obscures et cou-

chées, et en dessous de quelques cils flaves, un peu plus longs et plus redressés, disposés vers le sommet de chaque article en fascicules de moins en moins fournis en approchant de l'extrémité où ils se réduisent souvent à deux poils vers le sommet interne des derniers articles ; très-finement ruguleuses ; d'un roux-ferrugineux ; à premier article subécailleusement pubescent, subglobuleux ou courtement ovalaire vu de devant, sensiblement plus épais que les suivants : le deuxième un peu plus court que le troisième, obconique : les quatrième à dixième obconiques, oblongs (♀) ou suballongés (♂), faiblement en scie en dedans, presque subégaux ou paraissant comme graduellement et à peine plus allongés par le fait qu'ils diminuent insensiblement d'épaisseur en approchant de l'extrémité : le dernier beaucoup plus long que le pénultième, subelliptique (♀) ou subcylindrico-fusiforme (♂), subacuminé au sommet.

Prothorax beaucoup plus étroit que les élytres, pas plus long que large ; en forme de tronçon de cône largement et arcuément tronqué au sommet ; paraissant, vu de dessus, légèrement arrondi sur les côtés au devant de la base, et un peu rétréci ou subétranglé avant le sommet ; largement et obtusément arrondi à son bord antérieur, avec celui-ci sensiblement relevé en capuchon au-dessus du niveau du vertex et parfois subsinué à la rencontre de la ligne médiane ; bissinueusement tronqué à sa base , avec celle-ci très-finement rebordée, et les angles postérieurs très-obtus ou à peine prononcés ; surmonté sur sa ligne médiane d'une carène légère antérieurement, mais fortement relevée postérieurement en forme de dent angulaire fortement comprimée de chaque côté par une large impression subbasilaire, un peu aplanie en avant, mais plus ou moins tranchante à son sommet et à son arête postérieure qui est rectiligne et déclive depuis celui-ci jusqu'au-devant de l'écusson ; finement et rugueusement granulé ; noir, mais entièrement voilé par une pubescence déprimée et subécailleuse, brune ou roussâtre sur la région médiane où elle forme comme une large bande longitudinale obscure, limitée sur les côtés par deux larges ceintures de poils subécailleux et blanchâtres, plus vifs et condensés au-devant de la base en forme de croissants, dont les cornes se rapprochent antérieurement en enclosant tout le milieu de la base et même le sommet de la dent , de manière à faire paraître la bande médiane obscure étranglée dans son milieu et arcuément dilatée de chaque côté derrière celui-ci ; avec les poils des dits croissants contournant les impressions subbasilaires et venant converger plus ou moins sur les arêtes latérales de la dent dorsale.

Écusson en carré long, un peu plus étroit en arrière, parfois subentaillé au milieu de son bord apical, à fond entièrement voilé par une pubescence serrée, subécailleuse et blanche.

Élytres oblongues, trois fois et demie aussi longues que le prothorax ; subparallèles sur leurs côtés au moins sur les deux tiers de leur longueur, et puis subacuminément arrondies au sommet, avec l'angle apical subarrondi ; parfois à peine subsinuées sur leurs côtés avant leur extrémité, avec leur marge extérieure épaissie et subréfléchie en arrière, garnie en outre, sur le bord même, d'une série de petites aspérités coniques et noires qui la font paraître, à un certain jour, comme très-obsolètement subcrénelée en dehors ; subcylindriques, mais légèrement déprimées à la base sur la suture ; finement rugueuses ; offrant sur les côtés du disque deux côtes très-obsolètes, seulement visibles en arrière, où elles se rapprochent et où l'intérieure, plus prolongée, forme comme une espèce de calus arqué situé avant l'extrémité ; parsemées sur le dos de rares soies subhispides, noires, courtes, subredressées et disposées en séries longitudinales très-écartées (au nombre de quatre ou cinq) ; à fond noir ou brun, parfois ferrugineux à l'extrémité ; entièrement recouvertes d'une pubescence déprimée, subécailleuse, opaque, noire ou brune et variée de quelques poils flaves ou fauves, avec cinq grandes taches formées de poils subécailleux blancs ou grisâtres, et dont voici la forme et la disposition les plus normales : 1º une tache humérale blanche sur chacune, en forme de lunule étroite, partant de derrière les angles postérieurs du prothorax et prolongée, en se recourbant, jusque derrière les épaules qu'elle laisse libres et brunes ; — 2º une grande tache grisâtre subcordiforme embrassant toute la région scutellaire (1) ; — 3º une grande tache transverse de même couleur et occupant tout le sommet ; — 4º une très-grande tache blanche ou blanchâtre, commune, en forme d'X, étendue sur la suture depuis le premier quart où elle se réunit à la pointe de la tache scutellaire, jusqu'au dernier quart où elle émet souvent une languette qui la lie à la tache apicale ; avec les bras antérieurs de l'X rétrécis en pointe et s'arrêtant vers le milieu de la largeur

---

(1) Cette tache scutellaire émet souvent sur les côtés une languette qui vient toucher à la lunule humérale, d'où il résulte que tout le quart basilaire paraît blanchâtre ou grisâtre, avec trois taches brunes de chaque côté, encloses et disposées obliquement de dehors en dedans l'une à la suite de l'autre : la première petite, occupant le bord externe du calus huméral ; la deuxième plus grande, un peu plus en arrière et en dedans : la troisième encore un peu plus grande, assez voisine de la suture.

de l'étui où elle se lie parfois par un mince filet à l'extrémité postérieure de la lunule humérale : les bras postérieurs en forme de large bande transversale, commune, plus ou moins étranglée de chaque côté près de la suture et s'arrêtant souvent brusquement et assez loin des côtés ; — 5° de plus, une bordure externe blanchâtre, étroite, plus ou moins obsolète à la base, mais souvent prolongée en arrière jusqu'à la tache apicale, dilatée en dedans après le tiers de la longueur des côtés en forme de tache subtriangulaire, parfois subélargie vers le niveau de la bande transversale à laquelle elle tend à se lier plus ou moins confusément (1). En outre, presque toutes ces taches blanches présentent quelques points noirs qui sont dus à l'insertion des poils sétiformes. *Épaules* saillantes, arrondies, limitées intérieurement par une impression assez sensible, oblongue et subarquée.

Dessous du corps densement et subrugueusement ponctué, à fond noir ou brun, mais revêtu d'une pubescence déprimée, subécailleuse, assez serrée, opaque et blanchâtre. *Métasternum* transversalement convexe à sa partie postérieure, distinctement sillonné en arrière sur sa ligne médiane.

Hanches antérieures subcontiguës; *les intermédiaires* rapprochées, *les postérieures* un peu distantes l'une de l'autre.

Ventre subconvexe, avec le premier arceau presque droit ou à peine bissinué à son bord postérieur : celui des deuxième, troisième et quatrième presque droit ou à peine arqué : le dernier subimpressionné avant son sommet, plus ou moins arrondi à celui-ci, plus ou moins épilé et à pubescence divergente sur sa ligne médiane.

Pieds assez allongés, médiocrement robustes, ruguleux, ferrugineux, mais entièrement revêtus d'une pubescence déprimée, subécailleuse, opaque et grisâtre. *Cuisses* non ou à peine renflées vers leur milieu, aussi larges à leur base que les trochanters. *Tibias* un peu plus courts que les cuisses, subparallèles sur leurs tranches jusque près du sommet où ils sont légèrement et triangulairement élargis et terminés en dessous par deux petits éperons bien distincts; offrant sur leur tranche supérieure des points obscurs dus à l'insertion de quelques rares soies obsolètes. *Tarses* épais, à peine ou un peu moins longs que les tibias, subdéprimés, graduellement subélargis vers leur extrémité ; à premier article suballongé, obconique, un peu plus long que les deux suivants réunis dans les antérieurs; allongé,

____

(1) L'ensemble de ces taches blanches simule plus ou moins imparfaitement l'image de l'aigle impériale de l'Autriche, ce qui a valu à cette espèce le nom d'*impe-rialis*.

aussi long ou presque aussi long que les trois suivants réunis dans les intermédiaires et postérieurs : les deuxième à quatrième graduellement plus courts : le deuxième obconique, suboblong ou oblong : le troisième fortement transverse, subtriangulaire, subentier : le quatrième encore plus court, légèrement échancré au sommet, en forme de cœur fortement transverse : le dernier dilaté en losange transverse, un peu moins large que le précédent. *Ongles* petits, grêles, arqués, souvent peu distincts, débordant à peine les côtés du dernier article qu'ils embrassent de leur courbure.

PATRIE. Cette espèce est assez commune dans toute la France, les environs de Paris et de Lyon, la Bourgogne, le Beaujolais, le Forez, le Dauphiné, etc. On la trouve souvent sous les écorces et sur le bois mort du chêne, du sapin, de l'acacia, du marronnier d'Inde, etc.

Elle varie beaucoup pour le dessin des élytres dont les taches blanches sont quelquefois très-réduites ou même obsolètes. Souvent la pubescence brune devient elle-même presque entièrement fauve ou grisâtre, et alors les taches blanches qui persistent sont entourées comme d'une auréole noire.

Le ♂ se distingue encore de la ♀ par une forme un peu plus allongée, par les yeux un peu plus gros et un peu plus saillants, et par le dernier arceau ventral plus obtusément arrondi au sommet.

La larve de cette espèce a été décrite par Bouché (Naturg. des insect. p. 187, n° 11).

2. **Ptinomorphus regalis**. DUFTSCHMIDT.

Oblong, entièrement couvert d'une pubescence déprimée, grisâtre et soyeuse en dessous, subécailleuse, opaque, plus serrée et variée de roux et de blanc en dessus, avec les palpes testacés, les antennes et les pieds ferrugineux, le premier article de celles-là et les cuisses plus foncés. Prothorax presque carré, plus étroit antérieurement, arrondi sur les côtés vers sa base, carinulé en avant et fortement relevé postérieurement en carène obtuse. Écusson blanc. Élytres subparallèles ; ruguleuses ; offrant quatre côtes dorsales bien distinctes et subsétifères ; d'un noir brun ou ferrugineux, avec la base et une grande tache commune sur la suture en forme d'X, gri-

sâtres ou blanchâtres. Tarses épais, à troisième et quatrième articles forte-ment transverses.

Ptinus regalis. Duftschmidt, Faun. Austr., t. III, p. 61, 2. — Charpentier, Hor. Ent., p. 196, pl. V, fig. 4.
Hedobia regalis. Sturm. Deutsch. Faun., t. XII, p. 27, 3. — Redtenbacher, Faun. Austr., 2ᵉ édit. p. 554; — Boieldieu, Mon. Ptin., Ann. Soc. Ent. Fr. t. IV, p. 294, 3.

Long. 0,0034 (1 l. 1/2); — larg. 0,0014 (2/3 l.)

♂. *Antennes* aussi longues que les trois quarts du corps, faiblement en scie en dedans, régulièrement et finement ciliées intérieurement, avec les cinquième à dixième articles suballongés, et le dernier subcylindrico-fusiforme, à peine arrondi sur sa tranche interne. *Le cinquième arceau ventral* obtusément arrondi au sommet.

♀ *Antennes* aussi longues que les deux tiers du corps, sensiblement en scie en dedans, simplement ciliées intérieurement vers le sommet de chaque article, avec les cinquième à dixième oblongs, et le dernier subelliptique, sensiblement arrondi sur sa tranche interne. *Le cinquième arceau ventral* régulièrément arrondi au sommet.

Corps oblong, ailé dans les deux sexes, subparallèle, revêtu d'une pubescence déprimée, subécailleuse en dessus, soyeuse et beaucoup moins serrée en dessous.

Tête subinfléchie, aussi large, les yeux compris, que la partie antérieure du prothorax; rugueuse; noire; revêtue d'une pubescence déprimée, assez serrée, flave ou grisâtre, un peu brillante, convergeant au milieu du *front.* Celui-ci large, à bord antérieur subdénudé et presque lisse. *Labre* brunâtre, cilié en avant. *Mandibules* presque lisses et d'un noir de poix à leur extrémité; ruguleuses, assez densement et assez longuement ciliées en dessus à leur base. *Palpes* testacés.

Yeux plus (♂) ou moins (♀) grands, plus (♂) ou moins (♀) saillants, subarrondis, noirs.

Antennes sensiblement plus longues que la moitié du corps; plus ou moins mais légèrement dentées en scie en dedans; revêtues d'une très-fine pubescence pâle et tomenteuse; garnies en outre sur toute leur tranche supérieure de cils obscurs et semi-couchés, et offrant en dessous vers le sommet de chaque article deux ou trois cils pâles et redressés; finement chagrinées, ferrugineuses, avec le premier article plus foncé, simplement

ubescent ou tomenteux, courtement ovalaire vu de devant, sensiblement
lus épais que les suivants : le deuxième, sensiblement plus court que le
roisième, obconique : les quatrième à dixième, obconiques, à peine gra-
luellement plus ou moins oblongs (♀) ou plus ou moins suballongés (♂)
n approchant de l'extrémité : le dernier, subcylindrico-fusiforme (♂) ou
ubelliptique (♀), beaucoup plus grand que le pénultième, obtusément
cuminé au sommet.

Prothorax beaucoup plus étroit que les élytres, presque en forme de
arré aussi long que large mais plus étroit en avant ; paraissant, vu de
.essus, sensiblement arrondi en arrière sur les côtés, un peu rétréci et sub-
tranglé avant le sommet ; sensiblement relevé en capuchon au-dessus du
iveau du vertex ; largement et obtusément arrondi à son bord antérieur,
vec celui-ci souvent subsinué à la rencontre de la ligne médiane ; légère-
ient bissinué à sa base, avec celle-ci très-finement rebordée, et les angles
ostérieurs très-obtus et peu prononcés ; surmonté sur sa ligne médiane
'une carène légère antérieurement mais fortement relevée postérieurement
n forme de dent angulaire latéralement comprimée par une large impres-
ion basilaire, laquelle dent, obtuse, est supérieurement rétrécie en arrière
n un espace longitudinal assez étroit mais plan et assez prolongé, avec
on arête postérieure non ou peu tranchante, subarquée, presque sub-
erticale vue de profil ; très-finement et rugueusement granulé ; noir ;
evêtu d'une pubescence déprimée, subécailleuse, un peu soyeuse, assez
errée, brune ou fauve, devenant grisâtre sur le bord extérieur des im-
ressions basilaires qu'elle contourne de manière à figurer deux étroites
inules cendrées, ouvertes en dedans et situées une de chaque côté vers
ι base.

Écusson en carré long (1), parfois étroitement subsinué au milieu de son
ord apical, entièrement voilé par une dense pubescence subécailleuse et
lanchâtre.

Élytres oblóngues, trois fois et demie aussi longues que le prothorax ;
ibparallèles sur leurs côtés au moins sur les deux tiers de leur longueur,
; puis subacuminément arrondies au sommet, avec l'angle apical subar-
ondi et la marge extérieure épaissie et subréfléchie à son extrémité, et fai-
lement subsinuée sur ses bords avant celle-ci ; offrant en arrière sur la
anche inférieure de ladite marge une série de très-petites aspérités coni-

---

(1) Quand l'écusson est épilé, il paraît sensiblement rétréci en arrière, et peut-être
ιtte remarque s'applique-t-elle aussi à l'espèce précédente.

ques, brunes, à peine distinctes qui la font parfois paraître comme très-obsolètement subcrénelée ; subcylindriques mais légèrement déprimées à la
base sur la suture ; densement, très-finement et rugueusement granulées ;
offrant sur leur disque quatre côtes longitudinales bien distinctes, raccourcies en avant, convergentes ou réunies en arrière où elles forment comme
une espèce de bosse ou calus situé avant l'extrémité ; à fond noir ou d'un
brun ferrugineux ; entièrement recouvertes d'une pubescence déprimée,
serrée, légèrement subécailleuse, brune ou d'un roux foncé, avec une série
de soies flaves et brillantes couchées le long des côtes, une série de soies
semblables mais moins distinctes entre celles-ci, et quelques séries confuses de soies analogues vers les côtés ; parées de quatre taches principales,
formées de poils subécailleux pâles ou blanchâtres et dont voici la forme
et la disposition ordinaires : 1° Une assez grande tache subhumérale blanche, presque carrée ou en losange, ne touchant pas aux côtés ; — 2° une
grande tache transversale, souvent peu tranchée, composée de poils un peu
brillants, fauves ou d'un blond grisâtre, occupant toute la région scutellaire,
postérieurement dilatée de chaque côté jusqu'à la tache subhumérale, en
laissant les épaules brunes ; — 3° une très-grande tache commune,
blanchâtre, en forme d'X, étendue depuis le tiers antérieur de la suture où
elle se réunit par une bande à la tache scutellaire, jusqu'après le tiers postérieur, et dont les bras antérieurs, parfois subinterrompus sur la côte interne par un petit filet brun, se rétrécissent et s'arrêtent vers le milieu de la
largeur de l'étui, où ils se lient quelquefois au moyen d'un mince filet blanc
aux taches subhumérales, en enclosant ainsi, entre eux et la tache scutellaire, une tache brune assez grande, subarrondie ou subtriangulaire ; avec
les bras postérieurs de l'X un peu plus larges, souvent trois fois interrom-
pus par un mince filet brun qui marque le passage des côtes, se recourbant en avant près des côtés où se trouve une quatrième tache irrégulière
dont ces mêmes bras sont séparés par un mince filet brun indiquant la côte
extérieure. *Épaules* saillantes, arrondies, limitées intérieurement par une
impression oblongue, assez faible.

Dessous du corps densement et assez finement ponctué, d'un noir
assez brillant, revêtu d'une fine pubescence soyeuse, grisâtre, couchée et médiocrement serrée. *Métasternum* assez convexe à sa partie
postérieure, creusé d'un sillon lisse sur la dernière moitié de sa ligne
médiane.

Hanches ruguleuses ; *les antérieures* subcontiguës, *les intermédiaires*
rapprochées, *les postérieures* sensiblement distantes l'une de l'autre.

entre à intersections presque droites ou à peine arquées ; *le cinquième* au plus (♀) ou moins (♂) arrondi au sommet, parfois subimpresné sur son milieu.

ieds assez allongés, peu robustes, finement rugueux, ferrugineux avec uisses plus foncées ; entièrement revêtus d'une pubescence déprimée, cailleuse et grisâtre. *Cuisses* à peine élargies vers leur milieu. *Tibias* eu plus courts que les cuisses, subparallèles sur leurs tranches jusque du sommet où ils sont légèrement et triangulairement élargis et terés en dessous par deux petits éperons distincts et divergents ; avec les icules de l'angle postéro-externe noirs et assez apparents ; offrant conment sur leur tranche supérieure des points dénudés marquant l'inserde quelques rares soies obsolètes et semi-couchées. *Tarses* épais, à peine n peu moins longs que les tibias, subdéprimés, graduellement subélarers leur extrémité : à premier article plus ou moins allongé, obconiun peu plus long que les deux suivants réunis dans les antérieurs, un moins long que les trois suivants réunis dans les intermédiaires et posurs : les deuxième à quatrième graduellement plus courts : le ième subtriangulaire, pas plus ou à peine plus long que large : roisième et quatrième en triangle fortement transverse : le troisième ou à peine, le quatrième légèrement échancrés au sommet : le dernier s, en triangle transverse, un peu moins large que le précédent. *Ongles* s, peu distincts, arqués, débordant à peine les côtés du dernier artiqu'ils embrassent par leur courbure.

ATRIE. Cette espèce, principalement méridionale, se rencontre sur le mort du figuier et de l'aubépine. Nous l'avons prise dans le Beaujoen battant des fagots composés de branches de divers arbrisseaux pront d'un jardin. Elle est moins rare dans la Provence et le Languedoc ux environs de Paris et de Lyon.

BS. Cette espèce ressemble beaucoup à la précédente pour le faciès et ouleurs. Elle en diffère : 1° par sa taille généralement moindre ; 2° par ubescence de dessus du corps un peu plus fine, moins écailleuse et un moins dense, et par celle du dessous du corps non écailleuse, plus te, soyeuse et beaucoup moins serrée, de manière à laisser apparaia couleur foncière qui est assez brillante ; 3° par le deuxième article antennes proportionnellement plus court ; 4° par la carène du prothomoins saillante, plus obtuse supérieurement, moins tranchante et plus pte en arrière ; 5° par les élytres chargées sur leur disque de quatre s longitudinales bien distinctes, avec la tache en X mieux formée et

dont les bras postérieurs, moins larges, se recourbent régulièrement e
avant sur les côtés; 6° par le premier article des antennes et les cuisse
toujours un peu rembrunis, etc.

La forme du ♂, comme dans l'espèce précédente, est un peu plus allon
gée que celle de la ♀. Les yeux sont aussi un peu plus gros et un pe
plus saillants dans ce premier sexe.

Les antennes des ♂ ont presque tous leurs articles finement, densemen
et perpendiculairement ciliés, tandis que chez le *Ptinomorphus imperiali*
il n'y a que les trois ou quatre derniers articles qui offrent ce genre de c
liation.

3. Ptinomorphus angustatus, Ch. Brisout.

Suballongé, assez brillant, brun, finement pubescent, en partie dénud
orné de quelques taches écailleuses blanches, avec les antennes et les pie
obscurs et les tarses ferrugineux. Antennes subfiliformes. Prothorax presq
carré, non carinulé en avant, relevé postérieurement sur son milieu e
gibbosité triangulaire obtuse. Écusson blanc. Élytres parallèles, ruguleuse
parées chacune de cinq taches écailleuses blanches et de six ou sept séri
régulières de soies brillantes. Tibias écailleux. Tarses peu épais, à tro
sième et quatrième articles légèrement transverses ♂.

Hedobia angustata. Charles Brisout de Barneville, Ann. Soc. Ent. Fr. 186
p. 602.

(Long. 0,0023 (1 l.); — larg. 0,0007 (1/3 l.)

♂ *Antennes* aussi longues que les trois quarts du corps, avec les sep
tième à dixième articles suballongés : le dernier allongé, cylindrico-fus
forme.

♀ Nous est inconnue.

Corps suballongé ou même allongé, ailé, assez brillant, finement pubes
cent, paré de quelques plaques écailleuses et blanches.

Tête verticale ou infléchie, aussi large, les yeux compris, que la part
antérieure du prothorax, finement granulée, d'un brun noir peu brillant
finement pubescente, parée en arrière sur les côtés de quelques écaille

n blanc vif. *Front* très-large, offrant en arrière sur sa ligne médiane un
ace longitudinal très-finement chagriné, mais non granulé, et en avant
la région de l'épistome un espace presque lisse en forme de triangle
tement transverse. *Labre* obscur, finement cilié à son bord antérieur.
ndibules lisses et d'un noir de poix brillant, ruguleuses et ciliées en
sus à leur base. *Palpes* testacés.

Yeux assez grands et assez saillants, subarrondis, brunâtres.

Antennes assez longues, subfiliformes, finement ciliées sur leurs tran-
s, avec les cils cendrés et un peu inclinés ; finement chagrinées ; obs-
es, avec le premier article un peu moins foncé, d'un brun ferrugineux,
peu plus brillant et distinctement ponctué, courtement ovalaire vu de
ant, plus épais que les suivants : le deuxième court, subglobuleux, une
s moins long que le troisième : les troisième à sixième oblongs, obco-
ues, à peine ou obtusément en scie en dedans : les septième à dixième
allongés, obconico-subcylindriques : le dernier beaucoup plus long
e le pénultième, cylindrico-fusiforme, subacuminé au sommet.

Prothorax plus étroit que les élytres, à peine aussi long que large ; passant, vu de dessus, presque carré, faiblement et arcuément élargi sur
côtés dans leur tiers postérieur, un peu rétréci et à peine étranglé
int le sommet ; très-obtusément arrondi à son bord antérieur, avec
ui-ci à peine relevé en capuchon au-dessus du niveau du vertex ; fai-
ment bissinué à la base, avec celle-ci très-finement rebordée, et les an-
s postérieurs obtus et fortement arrondis ; non carinulé antérieurement,
is assez fortement relevé en arrière sur son milieu en une gibbosité
angulaire ou carène très-obtuse latéralement comprimée par une large
pression basilaire, avec la gibbosité supérieurement arquée et à arête
stérieure non tranchante, peu déclive ou se rapprochant de la ligne
rizontale ; finement granulé ; d'un noir brun assez brillant ; revêtu d'une
c et courte pubescence dorée, brillante, couchée et venant converger sur
sommet de la gibbosité où elle devient beaucoup plus apparente (1) ;
ré en outre sur les côtés d'une ceinture d'écailles déprimées, d'un blanc
, plus ou moins nombreuses, embrassant aussi les angles antérieurs et
stérieurs.

Écusson presque carré, voilé par une pubescence écailleuse d'un blanc vif.

1) Il résulte de cette disposition de la pubescence plus condensée sur la partie supé-
ire de la gibbosité que le prothorax, vu de dessus, semble offrir sur son milieu une
he triangulaire fauve.

Élytres suballongées, presque quatre fois aussi longues que le protho
rax ; parallèles sur leurs côtés jusqu'après les trois quarts de leur lon
gueur et puis subogivalement arrondies au sommet avec l'angle apical
peine arrondi ; subcylindriques ; subdéprimées derrière l'écusson ; couverte
d'une granulation fine, assez dense, râpeuse et inclinée en arrière ; à fon
d'un noir brun assez brillant ; offrant chacune sur leur disque six séric
bien distinctes de poils sétiformes dorés, brillants et semicouchés en ai
rière, avec quelques séries confuses ou irrégulières de soies semblables su
les côtés ; parées en outre chacune de cinq plaques principales formées d
poils écailleux, déprimés, d'un blanc vif : la première juxta-humérale
assez grande, peu fournie, irrégulière, émettant en dehors quelques écaille
qui contournent en arrière le càlus huméral : la deuxième assez grande
oblongue, située après le premier tiers contre la suture où elle forme ave
sa symétrique une espèce de chevron dont l'ouverture est en avant, émet
tant de sa pointe postérieure le long de la suture une série plus ou moin
distincte d'écailles de même couleur : la troisième ovale-oblongue, la plu
grande et la plus tranchée de toutes , obliquement disposée de dehors e
dedans et d'avant en arrière vers le milieu des côtés : la quatrième petite
subarrondie, bien tranchée, située à égale distance de la suture et du bor
latéral, à la naissance de la partie postérieure déclive : la cinquième pe
fournie, peu tranchée, petite, subtriangulaire, située derrière la précédente
tout à fait contre le bord postéro-externe, avant l'angle apical (1). *Épaule*
assez saillantes, arrondies, limitées intérieurement par une impression très
légère.

Dessous du corps pointillé, brunâtre, offrant sur les côtés de la poitrine
quelques écailles blanches. *Métasternum* sillonné en arrière sur sa ligne
médiane.

Hanches antérieures et intermédiaires plus ou moins rapprochées : *les
postérieures* assez distantes l'une de l'autre.

Ventre à intersections presque en ligne droite ou à peine arquées.

Pieds assez allongés, peu robustes, ruguleux, brunâtres ; revêtus d'une
fine pubescence pâle, avec le dessus de l'extrémité des cuisses et la tranche
supérieure des tibias garnis d'écailles déprimées et blanches, et les tarses
d'un ferrugineux assez clair. *Cuisses* à peine renflées après leur milieu.

(1) Enfin les élytres présentent aussi vers leurs côtés quelques écailles blanchâtres, disposées en séries confuses, et quelques autres très-rares, sur le fond brun
de leur disque.

Tibias graduellement un peu élargis vers leur extrémité, plus densement écailleux en dessus que les cuisses, terminés en dessous par au moins un petit éperon bien distinct (1). *Tarses* peu épais, à peine moins longs que les tibias, sublinéaires, légèrement subdéprimés ; à premier article allongé, assez grêle, un peu élargi vers son extrémité, aussi long que les trois suivants réunis : les deuxième à quatrième graduellement un peu plus courts : le deuxième obconique, un peu plus long que large : les troisième et quatrième subtransverses, subcordiformes, subéchancrés à leur sommet : le dernier ovalaire, aussi épais que les précédents. *Ongles* petits et arqués, débordant sensiblement les côtés du dernier article.

Patrie. Cette intéressante espèce a été capturée aux environs de Collioure (Pyrénées-Orientales), par le célèbre monographe parisien, M. Charles Brisout de Barneville, qui le premier l'a publiée et à qui nous en devons la communication.

Obs. Elle diffère essentiellement des deux précédentes par sa taille beaucoup moindre, plus allongée et plus parallèle ; par sa couleur foncière plus brillante et en majeure partie dénudée ; par ses antennes plus obscures ; par son prothorax sans petite carène antérieure, à gibbosité postérieure plus faible et plus obtuse ; par ses élytres plus étroites, sans côtes mais à séries de soies bien distinctes et à taches écailleuses plus réduites, plus isolées et autrement disposées, avec les écailles plus grossières ; par ses cuisses et ses tibias plus foncés, distinctement écailleux en dessus, avec ceux-ci non triangulairement élargis au sommet ; et enfin, par ses tarses plus étroits, à premier article plus grêle et un peu plus long, avec les troisième et quatrième moins fortement transverses, et le dernier moins court, ovalaire au lieu d'être en triangle transverse, etc.

(1) Cet insecte dont nous n'avons vu qu'un exemplaire collé, nous a paru n'offrir qu'un seul éperon bien distinct au sommet interne des tibias?

DEUXIÈME BRANCHE

PTINAIRES.

CARACTÈRES. *Corps* allongé, oblong ou ovalaire. *Palpes* à dernier article le plus souvent subacuminé au sommet. *Antennes* séparées entre elles
à leur insertion par un intervalle tantôt caréné, tantôt plan, mais moins
large que celui qui sépare chacune d'elles de l'œil, avec une fossette antennaire sensible, plus ou moins prolongée au-devant des yeux en forme de
large sillon destiné à recevoir le premier article des antennes à l'état
d'inflexion. *Prothorax* non ou à peine capuchonné à son bord antérieur,
souvent déprimé et étranglé à sa base, ordinairement gibbeux sur son disque. *Écusson* tantôt apparent, tantôt nul. *Élytres* ou subparallèles, ou ovalaires, ou globoso-ovalaires. *Ventre* à quatrième arceau sensiblement plus
court que le précédent (1). *Tarses* sublinéaires ou subatténués vers leur extrémité, parfois subcomprimés, plus ou moins grêles ou rarement épais, à
troisième article simple et le plus souvent aussi le quatrième : le dernier
plus ou moins étroit et allongé, jamais transverse.

La branche des *Ptinaires* peut se subdiviser en deux rameaux bien ca-
ractérisés.

		Rameaux.
Écusson.	apparent. *Prothorax* plus ou moins étranglé et transversalement déprimé ou sillonné au devant de sa base ; transversalement gibbeux et plus ou moins tuberculeux sur son disque.	PTINATES.
	tout à fait nul. *Prothorax* non étranglé ni transversalement déprimé ou sillonné vers sa base ; simplement convexe sur son disque, non gibbeux ni tubercu- leux sur celui-ci.	TIPNATES.

(1) Ce caractère est constant et important. Il distingue nettement les *Ptinaires* des
Hédobiaires.

PREMIER RAMEAU

PTINATES

CARACTÈRES. *Corps* allongé, oblong ou subovalaire. *Yeux* tantôt assez grands, tantôt petits. *Prothorax* transversalement gibbeux sur son disque, offrant ordinairement sur celui-ci quatre saillies plus ou moins prononcées; plus ou moins étranglé et transversalement déprimé ou sillonné vers sa base. *Écusson* généralement (1) bien distinct. *Élytres* allongées, oblongues ou subovalaires, avec ou sans ailes en dessous.

Le rameau des *Ptinates* renferme quatre genres dont voici les principaux caractères :

Métasternum

plus ou moins développé. *Hanches postérieures* transverses, plus ou moins largement distantes. *Yeux* grands ou assez grands, subarrondis. *Antennes* plus ou moins grêles, avec l'*intervalle interantennaire* très-étroit et réduit à une carène comprimée ou lame tranchante. *Prothorax* à saillies fasciculées plus ou moins sensibles. *Écusson* assez grand. *Élytres* allongées ou oblongues chez le ♂, généralement ovalaires chez la ♀. *Épaules* saillantes chez le ♂, souvent effacées chez la ♀. *Pieds* plus ou moins grêles. *Tarses* plus ou moins étroits. *Corps* presque toujours ailé chez le ♂, le plus souvent aptère chez la ♀. — PTINUS.

très-court. *Hanches postérieures* courtes, subovalaires, reculées vers les côtés du corps, très-largement distantes. *Yeux* petits ou assez petits, subovalaires. *Prothorax* à saillies à peine sensibles. *Écusson* petit ou très-petit. *Élytres* plus ou moins ovalaires, avec les épaules effacées dans les deux sexes. *Intervalle interantennaire*

réduit à une carène comprimée et tranchante. *Antennes* plus ou moins épaisses. *Écusson* petit. *Élytres* plus ou moins ovalaires. *Épaules* parfois subcarinulées. *Pieds* plus ou moins robustes. *Tarses* souvent épais. — EUROSTUS

réduit à une surface plus ou moins sensible et plane. *Épaules* non subcarinulées. *Antennes et pieds* plus ou moins grêles. *Tarses* étroits. *Écusson*

petit mais bien distinct. *Mandibules* sans arête dorsale. *Antennes* grêles, à articles allongés. *Élytres* courtement ovalaires, obsolètement ponctuées-striées. *Cuisses* grêles à leur base, brusquement renflées après leur milieu. *Corps* écailleux. — NIPTUS.

à peine distinct ou ponctiforme. *Mandibules* avec une arête dorsale sensible. *Antennes* médiocrement grêles, à articles oblongs. *Élytres* subovalaires, fortement ponctuées-striées. *Cuisses* graduellement renflées après leur milieu. *Corps* non écailleux, simplement pubescent. — EPAULOECUS.

(1) Il est vrai que dans le genre *Epauloecus* l'écusson est très-petit et à peine distinct, mais alors le prothorax est fortement étranglé vers sa base, ce qui ne permet pas de confondre ce genre parmi les *Tipnates*.

Genre *Ptinus*, Ptine, Linné.

Linné, Syst. nat., 12ᵉ éd., t. 2, p. 566.

Étymologie; πτηνὸς, ailé. (1)

Caractères. *Corps* plus ou moins allongé chez les ♂, généralement oblong ou ovalaire chez les ♀, ailé (♂) ou souvent aptère (♀).

Tête assez grande, subinfléchie, subarrondie, ordinairement aussi large ou un peu plus large, les yeux compris, que le prothorax. *Front* large. *Joues* plus ou moins développées, de forme irrégulière. *Labre* assez grand, transverse, trapéziforme, subtronqué ou parfois subsinué à son bord anté- rieur. *Mandibules* robustes, subtrigones; arcuément coudées sur leurs côtés, terminées en pointe aiguë, munies d'une dent vers le milieu de leur tranche interne. *Palpes maxillaires* à dernier article presque aussi long que les trois précédents réunis, ovalaire-oblong, généralement (2) acuminé au sommet : les deuxième et troisième obconiques, subégaux, le deuxième néanmoins paraissant parfois un peu moins court que le troisième : le premier plus ou moins grêle, subarqué, un peu plus long que le suivant. *Palpes labiaux* à dernier article ovalaire-oblong, subacuminé au sommet.

Yeux plus (♂) ou moins (♀) grands, plus ou moins saillants, subarron- dis vus de devant, mais à contour postérieur un peu aplati, de manière à for- mer inférieurement un angle plus ou moins émoussé; généralement étendus jusqu'au bord antérieur du prothorax.

Antennes plus ou moins longues, plus ou moins grêles, filiformes ou subfiliformes; très-rapprochées à leur base où elles sont séparées entre elles par un intervalle en forme de carène, de crête, ou réduit à une lame tran-

---

(1) Jacquelin du Val fait venir *Ptinus* du mot grec πτηνος, *qui vole*. Olivier a peut-être plus raison de le regarder comme une contraction du nom de *Ptilinus*, genre de la tribu des *Térédiles*.

(2) Ainsi que nous l'avons déjà dit, le caractère tiré de la forme du dernier article des palpes n'est pas rigoureux et ne doit nullement passer en premier ordre. Le genre *Ptinus* nous en fournit encore un exemple dans le *Ptinus aubei*, chez lequel, contrai- rement aux autres espèces, ce même organe, loin d'être distinctement acuminé, se montre parfois plus ou moins mousse à son sommet.

chante (1), et partant beaucoup moins large que l'espace qui sépare chacune
d'elles de l'œil ; insérées sur le milieu du front, entre les yeux, dans une large
et profonde fossette prolongée latéralement et obliquement au-devant de
ceux-ci jusqu'aux joues ou jusque sur les joues, en forme de large sillon
destiné à loger le premier article des antennes à l'état d'inflexion ; celui-ci
en massue allongée ou oblongue, ou ovale-oblongue, toujours un peu plus
épais que les suivants : le deuxième très-obliquement implanté vers le sommet de la tranche externe du précédent, généralement sensiblement ou
même beaucoup plus court que le suivant chez les ♂ : les troisième à
dixième plus ou moins allongés ou oblongs : le dernier plus long que le
pénultième.

Prothorax beaucoup moins large que les élytres, à peine relevé en capuchon au-dessus du niveau du vertex ; à côtés rétrécis et fortement réfléchis en
dessous (2) ; transversalement gibbeux sur son disque avec celui-ci surmonté de quatre saillies plus ou moins prononcées ; très-obliquement coupé
en avant ; tronqué, subarrondi ou subsinué à sa base ; plus ou moins fortement étranglé et transversalement déprimé ou sillonné au-devant de celle-ci.

Écusson toujours très-apparent et même assez grand, subogival, subsemicirculaire ou subarrondi.

Élytres suballongées, oblongues et subparallèles chez les ♂, oblongues et le plus souvent ovalaires et arrondies sur les côtés chez les ♀ ;
faiblement et plus (♀.) ou moins (♂) réfléchies en dessous sur les côtés. *Épaules* tantôt saillantes et arrondies ♂, tantôt effacées surtout chez
les ♀.

Prosternum déprimé, souvent très-peu développé au-devant des hanches
antérieures, avec sa partie médiane rétrécie entre celles-ci en une *lame* souvent saillante, linéaire et bien distincte, d'autrefois tranchante ou en pointe
aciculée et plus ou moins enfouie. *Lame médiane du mésosternum* généralement plus large que celle du prosternum, ou subparallèle, ou subtriangulaire, ou en cône largement tronqué (3). *Épisternums du médipectus*

(1) Cette lame tranchante sert à lier la partie frontale à la région de l'épistome.
Celle-ci, comme retranchée, affecte alors la forme d'un triangle ou demi-disque largement tronqué ou subéchancré en avant et limité en arrière de chaque côté par l'arête
antérieure oblique du sillon antennaire.

(2) Nous ne parlons pas des angles du prothorax qui deviennent nuls par le fait de la
réflexion des côtés en dessous, bien que les postérieurs, vus de dessus, paraissent former un talon plus ou moins aigu suivant le plus ou moins fort étranglement de la base.

(3) Quelquefois ces lames paraissent un peu plus larges chez les ♀ que chez les ♂.

assez grands, en forme de triangle subéquilatéral, avec *les épimères* assez grandes, transversalement obliques, assez étroites, rétrécies en dedans en forme d'onglet. *Métasternum* plus (σ) ou moins (φ) développé, mais en tout cas toujours sensiblement plus grand dans son milieu que le premier arceau ventral (1) ; médiocrement avancé entre les hanches intermédiaires en angle mousse ; un peu obliquement coupé sur les côtés de son bord postérieur qui offre en arrière entre les hanches une échancrure tantôt angulaire et bien prononcée (σ), tantôt très-large, peu profonde et subcirculaire (φ). *Épisternums du postpectus* assez développés, rétrécis en arrière en forme d'onglet, avec *les épimères* nulles.

Hanches antérieures et intermédiaires plus ou moins mais généralement peu saillantes, ovalaires ou même courtement ovalaires, plus ou moins rapprochées ou légèrement écartées l'une de l'autre ; *les postérieures* transverses, réduites supérieurement à une faible surface interne ; sensiblement creusées en arrière pour recevoir les cuisses à l'état de retrait ; plus ou moins largement distantes l'une de l'autre.

Ventre à intersections sinuées ou recourbées en arrière sur les côtés, surtout au bord postérieur des troisième et quatrième arceaux : le premier fortement étranglé de chaque côté par la partie interne des hanches postérieures, avancé entre celles-ci en forme d'angle plus ou moins large (2) : les deuxième et troisième subégaux : le quatrième sensiblement ou beaucoup plus court que le précédent : le dernier grand, semi-lunaire.

Pieds allongés, plus ou moins grêles. *Trochanters antérieurs et intermédiaires* obconiques (σ) ou courtement ovalaires (φ) : *les postérieurs* un peu plus grands et parfois plus épais, subovalaires. *Cuisses* débordant notablement les côtés du corps, parfois subcomprimées latéralement et légèrement renflées après leur milieu ; souvent plus (σ) ou moins (φ) rétrécies vers leur base et plus (σ) ou moins (φ) brusquement renflées en massue après leur milieu, plus ou moins recourbées vers le sommet de leur tranche inférieure, plus ou moins rainurées en dessous surtout vers leur ex-

---

(1) Chez les φ à élytres ovalaires et surtout dans les dernières espèces, le métasternum est beaucoup moins grand que chez les σ ; mais, en tout cas, il est sensiblement plus long dans son milieu que le premier arceau ventral, tandis que dans les genres suivants, court dans les deux sexes, il est à peine aussi développé que ledit arceau ventral.

(2) Cet angle est plus ou moins large et plus ou moins largement arrondi ou subtronqué en avant, suivant que les hanches postérieures sont plus (φ) ou moins (σ) écartées intérieurement.

lrémité ; *les intermédiaires* faiblement, *les postérieures* sensiblement recourbées en dedans vers le premier tiers de leur face interne. *Tibias* plus ou
moins subcomprimés latéralement ; plus ou moins grêles, plus ou moins
rétrécis vers la base et plus ou moins graduellement élargis vers le sommet ; terminés en dessous par deux éperons bien distincts ; un peu obliquement coupés au bout de leur tranche supérieure qui est souvent triangulairement entaillée à celui-ci pour faciliter le jeu ascensionnel des tarses.
Tarses plus ou moins grêles, sublinéaires (♂), souvent subcomprimés et
subatténués vers leur extrémité (♀) ; à premier article plus ou moins allongé, au moins aussi long ou plus long que les deux suivants réunis : les
deuxième à quatrième ordinairement graduellement plus courts : le troisième toujours simple, le quatrième rarement sensiblement élargi et bilobé :
le dernier allongé, sublinéaire, toujours plus grêle que le pénultième, aussi
long que les deux précédents réunis. *Ongles* grêles, bien distincts, plus ou
moins arqués.

Obs. Les espèces de ce genre sont de moyenne ou de petite taille. Elles
préfèrent les lieux abrités, les greniers, les granges, les ruines, les grottes
et les vieux fagots. Quelques-unes même s'introduisent jusque dans nos collections.

Comme les espèces du genre *Ptinus* sont nombreuses, pour en faciliter
l'étude nous avons essayé le tableau général suivant :

A *Prothorax* offrant de chaque côté de sa partie déprimée une
   saillie sublongitudinale ; relevé sur son disque en une forte
   gibbosité obtuse, flanquée de chaque côté d'une oreillette
   fasciculée bien prononcée et séparée de la gibbosité médiane
   par une échancrure profonde. *Épaules* plus ou moins saillantes dans les deux sexes.   1ᵉʳ GROUPE.
                                                     s.-g. *Eutaphrus.*

AA *Prothorax* sans saillies sublongitudinales sur les côtés de sa
   partie subdéprimée, offrant sur son disque quatre éminences ou dents fasciculées plus ou moins prononcées.   2ᵉ GROUPE.
   b *Élytres* subparallèles sur leurs côtés et *avec des ailes* en
      dessous dans les deux sexes. *Épaules* plus ou moins sail-
      lantes.   1ʳᵉ SECTION.
                                            s.-g. *Gynopterus.*

bb Élytres légèrement arrondies sur leurs côtés et *sans ailes* en dessous dans les deux sexes. *Éperons des tibias intermédiaires et postérieurs* très-fortement inégaux chez le ♂. *Épaules* peu saillantes.					2ᵉ SECTION, *s.-g. Heteroplus*

bbb Élytres parallèles sur leurs côtés et *avec des ailes* en dessous chez les ♂, ovalaires et *sans ailes* en dessous chez les ♀. *Épaules* assez saillantes chez les ♂, ordinairement effacées chez les ♀.					3ᵉ SECTION.

c *Prothorax* à dents médianes peu ou médiocrement élevées, séparées par un sillon raccourci, ordinairement peu profond ; *sans oreillettes* sensibles.					1ʳᵉ DIVISION. *Ptinus vrais.*

d *Premier arceau ventral* beaucoup plus court que le suivant dans son milieu : *le quatrième* court, mais toujours plus long que la moitié du précédent.					1ʳᵉ SUBDIVISION.

dd *Premier arceau ventral* un peu plus court que le suivant dans son milieu : *le quatrième* très-court, moins long ou pas plus long que la moitié du précédent.					2ᵉ SUBDIVISION.

cc *Prothorax* à dents médianes très-élevées en forme de bosses arrondies, séparées par un sillon très-profond ; *avec des oreillettes* sensibles.					2ᵉ DIVISION. *s.-g. Cyphoderes.*

PREMIER GROUPE

CARACTÈRES. *Prothorax* offrant de chaque côté de la partie déprimée de sa base une saillie sublongitudinale (1) ; relevé sur le milieu de son disque en une forte gibbosité obtuse, flanquée de chaque côté d'une oreillette fasciculée, plus ou moins fortement prononcée et séparée de la gibbosité médiane par une fossette ou échancrure plus ou moins profonde. *Épaules* plus ou moins saillantes dans les deux sexes (2). (*Sous-genre Eutaphrus*, de εὖ, bien, et ταφρος, fosse) (3).

(1) Dans ce premier groupe, l'intervalle compris entre les deux saillies de la bosse est tantôt longitudinalement ridé, tantôt plus ou moins profondément fovéolé, tandis que dans le deuxième groupe il est simplement rugueux ou granulé.

(2) Les épaules sont plus ou moins saillantes, plus ou moins coupées carrément en avant, c'est-à-dire que bien qu'arrondies en dehors, elles ne se déjettent point brusquement en arrière à partir des angles postérieurs du prothorax.

(3) Un autre caractère commun aux espèces de ce sous-genre, c'est d'avoir les cuisses

SOUS-GENRE. *EUTAPHRUS.* M. et R.

Les espèces de ce sous-genre peuvent être distribuées de la manière suivante :

A   *Gibbosité médiane* partagée en deux par un sillon longitudinal bien marqué. *Élytres* subparallèles sur leurs côtés dans les deux sexes. *Corps* ailé (♂♀)

a   *Saillies sublongitudinales* de la partie déprimée du prothorax fines, avec celles du dos presque entièrement rugueuses comme le reste de sa surface, et les *oreillettes* peu saillantes. *Premier article des tarses postérieurs* subépaissi, légèrement arqué sur sa tranche inférieure.   *Irroratus.*

aa *Saillies sublongitudinales* de la partie déprimée du prothorax épaisses, épâtées, lisses et brillantes, avec celles du dos à parties dénudées lisses et brillantes, et les *oreillettes* très-saillantes. *Premier article des tarses postérieurs* étroit, rectiligne sur sa tranche inférieure.   *Loboderus.*
    Alpinus.

AA *Gibbosité médiane* entière, non ou à peine sillonnée sur son milieu (1). *Corps* ailé chez le ♂, aptère ou subaptère chez la ♀.

b   *Élytres* subparallèles sur leurs côtés dans les deux sexes : avec des taches ou bandes blanchâtres.   *Reichei.*
    Quadridens.

bb *Élytres* parallèles chez le ♂, légèrement arrondies sur les côtés chez la ♀ ; sans taches ou bandes blanchâtres.   *Nitidus.*

I. Ptinus (*Eutaphrus*) **irroratus.** KIESENWETTER.

Allongé (♂) *ou suballongé* (♀), *d'un brun châtain assez brillant, avec les palpes testacés, les antennes et les pieds ferrugineux. Front blanchâtre. Prothorax à gibbosité médiane très-élevée, subarrondie, rugueuse, partagée en deux par un sillon longitudinal profond ; offrant en arrière une forte houppe pâle et déprimée ; avec les oreillettes fasciculées peu saillantes et*

à peine plus grêles à leur base que les trochanters, et en général faiblement et graduellement élargies après leur milieu.

(1) Cette gibbosité, loin d'être fortement sillonnée, est quelquefois très-lisse ou même subélevée sur sa ligne médiane.

*obtuses, et les carènes de la base fines et peu distinctes. Écusson blanchâ-
tre. Élytres subparallèles, fortement ponctuées-striées, sérialement sétosellées, parées chacune de deux bandes transversales écailleuses, blanchâtres
et de plusieurs mouchetures de même couleur. Ventre quadrifovéolé. Cuisses à peine renflées. Tarses assez épais, les postérieurs à premier article
subépaissi.*

Ptinus irroratus. Kiesenwetter, Ann. Soc. Ent. Fr., 1851, p. 622. — Boieldieu,
Mon. Ptin. Ann. Soc. Ent. Fr., 1856, p. 299, 2; pl. X, fig. 2.

Variété a. Élytres en partie dénudées d'écailles blanchâtres, avec seulement deux facies obsolètes de cette même couleur.

Long. 0^m,0027 à 0^m,0033 (1 l. 1/4 à 1 l. 1/2) : — Larg. 0^m,0015 (2/3 l.)

♂ *Yeux* assez gros et assez saillants. *Tête*, compris ceux-ci, un peu
plus large que la partie antérieure du prothorax. *Antennes* avec les cinquième à dixième articles allongés, subcylindriques : le dernier très-allongé,
cylindrico-fusiforme. *Élytres* allongées, parallèles sur les trois quarts de
leur longueur, environ trois fois et demie aussi longues que le prothorax.

♀ *Yeux* moins gros et moins saillants. *Tête*, compris ceux-ci, aussi
large ou à peine plus large que la partie antérieure du prothorax. *Antennes*
avec les cinquième à dixième articles oblongs, obconico-cylindriques : le
dernier allongé, subfusiforme. *Élytres* suballongées, subparallèles sur les
deux tiers de leur longueur, environ trois fois aussi longues que le prothorax.

Corps allongé (♂) ou suballongé (♀), finement sétosellé ; d'un brun
châtain assez brillant en dessus, revêtu en dessous d'une dense pubescence
grisâtre.

Tête infléchie, finement rugueuse, d'un brun mat, revêtue d'une dense
pubescence déprimée et subécailleuse qui lui imprime une teinte blanchâtre ; avec la région de l'épistome obscure, dénudée mais finement ciliée.
Front très-large, subdéprimé, paraissant parfois très-finement canaliculé
sur sa ligne médiane au-dessus de la tranche interantennaire. *Labre* obscur,
très-finement rugueux, très-densement cilié en avant de poils brillants et
semidorés. *Mandibules* brunâtres, rugueuses et ciliées à leur base ; lisses et
glabres à leur extrémité. *Palpes* testacés.

Yeux plus (♂) ou moins (♀) gros, plus (♂) ou moins (♀) saillants, subarrondis, d'un noir assez brillant.

Antennes égalant les trois quarts de la longueur du corps, subfiliformes ou à peine plus épaisses vers leur base; très-finement chagrinées; ferrugineuses; densement recouvertes d'un très-léger duvet cendré, et en outre ciliées, surtout vers le sommet de chaque article, de petites soies un peu plus pâles et plus brillantes, devenant plus nombreuses en approchant de la base où elles affectent la nature subécailleuse sur les deux ou trois premiers articles : le premier sensiblement épaissi en massue oblongue : le deuxième obconique mais subarrondi à son angle interne, suboblong, sensiblement (♂) ou un peu (♀) moins long que le suivant : les troisième et quatrième oblongs et obconico-cylindriques (♀) ou suballongés et subcylindriques (♂) : les cinquième à dixième plus (♂) ou moins (♀) allongés et plus (♂) ou moins (♀) subcylindriques, subégaux ou graduellement un peu plus allongés : le dernier plus (♂) ou moins (♀) allongé, subfusiforme (♀) ou subcylindrico-fusiforme (♂), un peu plus long que le pénultième, subacuminé au sommet.

Prothorax beaucoup moins large que les élytres, un peu plus long que large; fortement étranglé et transversalement déprimé au-devant de sa base; avec l'étranglement situé environ vers le tiers postérieur, et la partie déprimée longitudinalement ridée et offrant de chaque côté une petite ligne élevée ou carène fine, sublongitudinale ou un peu obliquement dirigée de dehors en dedans; paraissant, vu de dessus, plus ou moins dilaté en arrière sur les côtés du disque; largement arrondi à son bord antérieur qui est assez largement rebordé; faiblement arqué ou arrondi à son bord postérieur qui est finement rebordé; fortement et rugueusement granulé; d'un brun châtain assez brillant; offrant sur le milieu de son disque une forte gibbosité obtuse, arrondie, partagée en deux sur sa ligne médiane par un sillon canaliculé assez profond et s'arrêtant en arrière à la rencontre de la partie déprimée, flanquée en outre de chaque côté d'une oreillette obtuse, peu saillante, fasciculée et beaucoup moins élevée, se recourbant un peu en arrière et intérieurement en forme de dent, comme pour venir se rapprocher de l'extrémité postérieure des lobes de la gibbosité médiane qui se recourbent eux-mêmes en dehors en forme de crosse en laissant entre eux et les oreillettes latérales une crénelure ou échancrure subcirculaire assez prononcée; revêtu d'une assez longue pubescence d'un jaune doré, assez rare et couchée sur les côtés de la partie déprimée, peu serrée antérieurement, subredressée en forme de frange subinterrompue au milieu le long

du bord antérieur, droite et redressée en fascicule sur les oreillettes latérales, arquée ou plus ou moins renversée en arrière sur le reste de son disque, mais se condensant sur la partie postérieure de la gibbosité médiane
en une épaisse houppe de couleur plus pâle et formant tache, à poils déprimés et convergeant en un centre commun situé à la rencontre du sillon médian avec la partie déprimée de la base; laquelle houppe empiète un peu sur
celle-ci et s'étend plus ou moins en avant sur les deux crêtes de la gibbosité
médiane; avec le fond des crénelures et les parties latérales de la partie
déprimée qui se trouvent immédiatement derrière les oreillettes, également
garnis d'une dense pubescence d'un jaune pâle; présentant ses parties dénudées telles que le fond du sillon médian, quelquefois le sommet des dents
recourbées qui forment les crénelures et le rebord antérieur, plus lisses et
plus brillantes; avec celui-ci paré, outre la frange subredressée, de séries
de petites écailles blanches couchées en travers.

Écusson subsemicirculaire, densement tomenteux, blanchâtre.

Élytres allongées (♂) ou oblongues (♀), de trois à trois fois et
demie aussi longues que le prothorax, parallèles (♂) ou subparallèles (♀)
sur leurs côtés; obliquement et subrectilinéairement un peu rétrécies en arrière et puis largement arrondies au sommet, avec l'angle apical droit et à
peine émoussé; peu convexes sur le dos; d'un brun châtain assez brillant;
paraissant chez les individus bien frais, presque entièrement recouvertes
de petites mouchetures écailleuses blanchâtres, avec une grande tache
oblongue dénudée située sur le milieu des côtés, et une autre tache semblable, un peu moins grande et située en arrière sur la partie rétrécie de
ceux-ci, avant le sommet; parées en outre chacune de deux larges bandes
blanches, transversalement obliques, irrégulières, formées de poils écailleux et déprimés, beaucoup plus condensés, et partant tranchant toujours
sensiblement sur les mouchetures : la première subhumérale, fortement
raccourcie en dedans, située vers le tiers antérieur : la deuxième située vers
le dernier tiers, se rapprochant généralement un peu plus de la suture;
offrant chacune dix rangées striales et le commencement d'une onzième
vers l'écusson, formées de gros points carrés, s'affaiblissant et diminuant
de grosseur en arrière, et longitudinalement partagés dans leur milieu par
une petite soie pâle et tout à fait couchée. *Intervalles* subconvexes, excepté
à leur extrémité, lisses, ornés chacun d'une série régulière de soies d'un
jaune doré pâle, assez brillantes, assez serrées, d'une longueur médiocre
et semi-inclinées en arrière, avec celles des intervalles impairs ou alternés
un peu plus longues : l'*intervalle marginal* finement chagriné postérieure-

ment, subrelevé et cilié vers son extrémité. *Épaules* plus (♂) ou moins (♀)
saillantes, arrondies en dehors, limitées intérieurement par une impression
oblongue et assez prononcée.

Dessous du corps finement rugueux ; d'un brun châtain plus ou moins
clair, voilé par une dense pubescence couchée qui lui imprime une teinte
grisâtre. *Métasternum* postérieurement assez convexe, finement et profondément canaliculé sur la dernière moitié de sa ligne médiane.

Hanches antérieures et intermédiaires légèrement, *les postérieures* passablement écartées l'une de l'autre.

Ventre à premier arceau très-fortement étranglé par la partie interne
des hanches postérieures, un peu plus court dans son milieu que le suivant, avancé entre les hanches postérieures en forme de triangle subéquilatéral : les premier et deuxième légèrement arqués à leur bord postérieur :
les troisième et quatrième à bord apical subrectiligne sur son milieu mais
sensiblement sinué ou assez brusquement recourbé en arrière vers les côtés :
les deuxième et troisième subégaux : le quatrième beaucoup plus court que
le précédent : le dernier grand, semilunaire, transversalement impressionné, offrant, de chaque côté de sa base, ainsi que le quatrième, une petite fossette ponctiforme dénudée, située au fond des sinus des troisième et
quatrième intersections.

Pieds assez allongés ou allongés, médiocrement grêles, ruguleux, ferrugineux mais garnis d'une dense pubescence couchée qui leur imprime une
teinte un peu grisâtre. *Cuisses* un peu plus étroites à leur base que les trochanters, graduellement et faiblement renflées après leur milieu, subrectilignes sur leur tranche inférieure qui est un peu recourbée en dessous vers
son extrémité. *Tibias* assez étroits à leur base, graduellement élargis vers
leur sommet : *les antérieurs et intermédiaires* presque droits, aussi longs
que les cuisses : *les postérieurs* un peu plus longs, paraissant parfois, vus
de dessus leur tranche supérieure, à peine recourbés en dedans ; avec *les
éperons* petits, grêles et égaux. *Tarses* plus (♂) ou moins (♀) développés,
un peu moins longs que les tibias, subcomprimés, assez épais vus par côté ;
avec les deuxième à quatrième articles graduellement un peu plus courts :
le premier des antérieurs obconique, un peu moins long que les deux suivants réunis : le premier des intermédiaires oblong, obconique, aussi long
que les deux suivants réunis : le premier des postérieurs suballongé, un
peu plus long que les deux suivants réunis, plus (♂) ou moins (♀)
épaissi, subarqué sur ses tranches surtout sur l'inférieure : les deuxième et
troisième obconiques (♂) ou triangulaires (♀) : le quatrième obcordi-

forme, sensiblement échancré à son sommet ou à peine subbilobé mais pas plus large que le précédent : le dernier étroit, sublinéaire, aussi long que les deux précédents réunis. *Ongles* assez développés, grêles et arqués.

Patrie. Cette espèce est assez répandue dans la France méridionale : le Languedoc, la Provence, les Alpes-Maritimes, etc. Elle se rencontre parmi les vieux lierres ou sous les écorces des oliviers, des mûriers, des platanes, etc.

Obs. Quelquefois les élytres sont plus ou moins dénudées de mouchetures blanchâtres, et alors elles apparaissent comme presque entièrement d'un brun châtain avec des vestiges obsolètes des deux bandes transversales. Quand, au contraire, l'insecte est bien frais, leur dessin blanchâtre simule quelquefois, mais d'une manière confuse, celui du *Ptinomorphus imperialis*.

Le ♂ diffère encore de la ♀ par ses antennes un peu plus longues et par ses pieds un peu plus allongés dans toutes leurs parties, et surtout dans es tarses.

2. **Ptinus** (*Eutaphrus*) **loboderus.** Schaum.

Suballongé, d'un noir brun assez brillant, avec les palpes d'un roux testacé, les antennes et les pieds ferrugineux, les épaules et l'extrémité des élytres d'un roux de poix. Front voilé par une dense pubescence variée de fauve et de gris, finement canaliculé. Prothorax à gibbosité médiane très-élevée, obcordiforme, partagée par un sillon longitudinal profond en deux lobes lisses postérieurement; offrant en arrière une houppe épaisse, pâle et déprimée, avec les oreillettes très-saillantes et divariquées, et les carènes de la base épaisses, épâtées et lisses. Écusson blanchâtre. Élytres parallèles, fortement ponctuées-striées, sérialement sétosellées, parsemées de mouchetures blanchâtres avec une grande tache oblongue dénudée sur le milieu des côtés. Cuisses à peine renflées. Tarses assez étroits.

Ptinus dilophus. Boieldieu (nec Illiger), Mon. Ptin., Ann. Soc. Ent. Fr,. 1856, p. 297, 1.
Ptinus loboderus. (Schaum), Catal. 1859, p. 63.

Long. 0^m^,0036 (1 l. 2/3); — larg. 0^m^,0017 (3/4 l.)

Corps suballongé, parallèle, finement sétosellé; d'un noir brun assez brillant en dessus, revêtu en dessous d'une dense pubescence grisâtre.

Tête infléchie, aussi large ou à peine aussi large, les yeux compris, que la partie antérieure du prothorax ; rugueuse ; d'un brun noir voilé par une dense pubescence déprimée, subécailleuse, variée de fauve et de cendré blanchâtre et qui s'étend même par la tranche interantennaire sur la région de l'épistome. *Front* large, subdéprimé, brièvement et finement canaliculé sur sa ligne médiane au-dessus de la susdite tranche. *Labre* densement cilié en avant. *Mandibules* d'un brun de poix, rugueuses et ciliées à leur base, lisses et glabres à leur extrémité. *Palpes* d'un roux testacé.

Yeux assez gros, médiocrement saillants, subarrondis, noirs.

Antennes égalant les trois quarts de la longueur du corps ; subfiliformes ou à peine plus épaisses vers leur base ; finement chagrinées; ferrugineuses; densement revêtues d'un très-léger duvet cendré et en outre plus ou moins ciliées, surtout vers leur base, vers le sommet de chaque article, avec les deux ou trois premiers subécailleusement pubescents : le premier sensiblement épaissi en massue ovalaire-oblongue : le deuxième obconique mais subarrondi à son angle interne, un peu moins long ou à peine moins long que le suivant sur sa tranche externe : les troisième, quatrième et cinquième plus ou moins oblongs, obconiques, subégaux : les sixième à dixième suballongés, subobconiques : le dernier subfusiforme, sensiblement plus long que le pénultième, obtusément acuminé au sommet.

Prothorax beaucoup moins large que les élytres ; un peu plus long que large, assez fortement étranglé et transversalement déprimé au-devant de sa base, avec l'étranglement situé vers le tiers postérieur, et la partie déprimée longitudinalement ridée et offrant de chaque côté une carène ou saillie sublongitudinale ou un peu obliquement dirigée de dehors en dedans, très-distincte, épaisse, épatée, lisse et brillante ; paraissant, vu de dessus, plus ou moins angulairement dilaté en arrière sur les côtés du disque ; largement et obtusément arrondi à son bord antérieur qui est assez largement rebordé ; faiblement arrondi à sa base qui est finement rebordée ; fortement et rugueusement granulé ; d'un noir brun assez brillant; offrant sur le milieu du dos une forte gibbosité obtuse, obcordiforme, partagée sur sa ligne médiane en deux lobes, par un sillon profond, étendu du rebord antérieur jusqu'à la partie déprimée, flanquée en outre de chaque côté d'une oreillette très-saillante, divariquée, subarrondie en dehors, fortement et densement fasciculée et munie à sa base interne d'une petite dent lisse qui se recourbe un peu en dedans comme pour venir se rapprocher de l'extrémité postérieure des lobes de la gibbosité médiane, lesquels se recourbent eux-mêmes dans le sens contraire en forme de crosse épaisse, en laissant entre eux et lesdites oreillettes latérales une crénelure ou échancrure profonde et subcirculaire ; revêtu d'une pubescence d'un roux doré, semi-couchée en travers sur le rebord antérieur, mélangée en avant de quelques squamules blanchâtres, redressée en fort et épais fascicule sur les oreillettes latérales, assez longue, assez fournie et renversée en arrière sur la gibbosité médiane, sur la partie postérieure de laquelle elle se condense en une épaisse houppe déprimée, de couleur plus pâle et plus ou moins argentée, formant tache et à poils convergeant en un centre commun situé à la rencontre du sillon médian avec la partie déprimée, laquelle houppe empiète un peu sur celle-ci et s'étend plus ou moins sur les lobes de la gibbosité médiane ; avec le fond des crénelures et les parties latérales de la partie déprimée qui se trouvent immédiatement derrière les oreillettes, également garnis d'une dense pubescence pâle ; présentant ses parties dénudées, telles que la dent des oreillettes, l'extrémité postérieure des lobes de la gibbosité médiane et les saillies sublatérales de la base, plus ou moins lisses et brillantes.

Écusson subsemicirculaire, densement tomenteux, d'un gris blanchâtre.

Élytres oblongues, environ trois fois et demie aussi longues que le prothorax ; parallèles sur les côtés jusqu'aux deux tiers de leur longueur, puis un peu rétrécies et largement arrondies au sommet avec l'angle apical droit ; peu convexes sur le dos ou même subdéprimées à la base derrière l'écusson ; d'un brun noir assez brillant, avec une transparence d'un roux de poix sur les épaules et souvent un peu avant le sommet ; parées chacune sur leur surface de nombreuses mouchetures formées d'écailles blanchâtres, déprimées, avec une grande tache oblongue dénudée et située sur le milieu des côtés, et souvent la région humérale et plus rarement l'extrémité plus ou moins subdénudées ; présentant parfois en outre, mais d'une manière très-confuse, les vestiges de deux bandes transversales d'écailles plus condensées ; offrant chacune dix rangées striales et le commencement d'une onzième vers l'écusson, formées d'assez gros points enfoncés, carrés, assez profonds, plus petits et plus affaiblis en arrière, et partagés en long dans leur milieu par une petite soie pâle et tout à fait couchée. *Intervalles* plans, lisses, ornés chacun d'une série régulière de soies d'un roux doré, paraissant plus ou moins obscures à un certain jour, assez courtes, peu serrées et semi-inclinées en arrière, avec celle des intervalles impairs (1) ou alternes un peu plus longues : *le marginal* assez large et finement chagriné pos-

____

(1) En comptant pour premier l'intervalle sutural.

térieurement, subrelevé et cilié vers son extrémité. *Épaules* saillantes, largement arrondies en dehors où elles sont ciliées de soies couchées et d'un roux doré ; limitées intérieurement par une impression oblongue, arquée et bien prononcée.

Dessous du corps finement rugueux, recouvert d'une très-dense pubescence couchée qui lui imprime une teinte d'un gris blanchâtre. *Metasternum* canaliculé en arrière sur sa ligne médiane.

Hanches antérieures et intermédiaires légèrement, *les postérieures* passablement écartées l'une de l'autre.

Ventre avec le premier arceau fortement resserré de chaque côté par la partie interne des hanches postérieures, un peu moins long dans son milieu que le suivant : le quatrième court : le dernier grand, semilunaire.

Pieds allongés ou assez allongés, médiocrement grêles, ruguleux, ferrugineux, revêtus d'une dense pubescence couchée et grisâtre. *Cuisses* graduellement et faiblement élargies après leur milieu, subrectilignes sur leur tranche inférieure qui est à peine recourbée en dessous vers son extrémité. *Tibias* assez étroits à leur base, graduellement et légèrement élargis vers leur sommet, presque droits, aussi longs que les cuisses : *les postérieurs* un peu plus longs et paraissant un peu recourbés en dedans, vus de dessus leur tranche supérieure ; avec *les éperons* petits et égaux. *Tarses* moins longs que les tibias, les postérieurs plus développés ; assez étroits, subcomprimés à leur base seulement ; avec les deuxième à quatrième articles graduellement plus courts ; à premier article oblong et aussi long que les deux suivants réunis dans les antérieurs, allongé et un peu plus long que les deux suivants réunis dans les intermédiaires, encore plus allongé et presque aussi long que les trois suivants réunis dans les postérieurs : le deuxième plus ou moins oblong, obconique : le troisième à peine ou un peu oblong, subtriangulaire : le quatrième obcordiforme, sensiblement échancré au sommet ou à peine subbilobé mais pas plus large que le précédent : le dernier étroit, sublinéaire ou à peine élargi vers son extrémité, aussi long que les deux précédents réunis. *Ongles* assez saillants, grêles, arqués.

PATRIE. Cette espèce, particulière à la presqu'île ibérique, se retrouve en Corse et suivant quelques auteurs aussi dans la France méridionale. Le ♂ est un peu plus allongé que la ♀.

OBS. Elle diffère notablement de la précédente par une taille un peu plus forte ; par son prothorax à oreillettes plus saillantes, plus écartées, à saillies latérales de sa partie déprimée plus prononcées, lisses et épâtées, avec les parties dénudées du dos plus considérables, toujours plus lisses et plus brillantes ; par ses élytres un peu moins étroites, à fond plus noir mais un peu moins grossièrement ponctuées-striées, à intervalles plans et garnis de séries de soies un peu plus courtes et un peu moins pâles ; par les tarses plus étroits, avec les postérieurs à premier article non épaissi, etc.

Nous avons reçu en communication de M. Charles Brisout de Barneville, sous le nom de *Ptinus dilophus*, *Illiger*, un insecte très-voisin de notre *Ptinus loboderus*. Il a le même port, les mêmes dessins des élytres. Seulement, il est d'une taille un peu plus robuste ; les antennes ont leurs articles extérieurs un peu plus allongés ; surtout le sillon médian et les gibbosités sont en majeure partie dénudés, lisses et brillants, avec la houppe postérieure plus restreinte. Malgré ces différences, peut-être cet insecte est-il un des sexes du *Ptinus loboderus*, ce que nous n'avons pu vérifier faute de matériaux suffisants. Du reste, plusieurs autres espèces étrangères à la France nous offrent de nombreux exemples de différences remarquables, du mâle à la femelle, dans la sculpture du prothorax.

Ici se placerait une espèce que nous n'avons pas vue en nature et dont nous rapportons la description par M. Boieldieu (*Mon. Plin.*, *Ann. Soc. Ent. Fr.* 1856, p. 300, 3).

3. Ptinus (*Eutaphrus*) alpinus. Boieldieu.

Allongé, parallèle, d'un noir de poix, avec les antennes et les pieds ferrugineux, pubescents. Prothorax étranglé et largement déprimé transversalement en arrière ; avec une large carène médiane longitudinalement canaliculée, et deux petites dents latérales en forme d'oreillettes arrondies : la carène médiane hérissée de chaque côté d'une dense pubescence dorée ainsi que les dents. Élytres parallèles, à épaules carrées ; fortement et profondément ponctuées en séries, entièrement parsemées de mouchetures blanches.

Long. 0ᵐ,0030 (1 l. 1/3) ; — larg. 0ᵐ,0015 (2/3 l.)

Corps ovale, très-allongé, presque parallèle, noir de poix, pubescence jaune.

Tête inclinée, garnie de poils blancs.

Antennes de la longueur de la moitié du corps, assez épaisses, à articles cylindriques ; testacées, pubescentes.

Corselet rétréci et déprimé transversalement en arrière, avec une bosse médiane, longitudinale et deux dents latérales petites et arrondies en forme d'oreilles ; deux petites crêtes longitudinales sur la bosse et le sommet des dents garni de poils épais dressés, d'un jaune doré ainsi que la base postérieure de ces trois élévations.

Écusson blanc.

Élytres allongées, parallèles, à épaules carrées ; garnies de lignes longitudinales de gros points carrés enfoncés, intervalles lisses et convexes ; parsemées d'une moucheture écailleuse formée par des poils d'un blanc de lait.

Dessous du corps couvert d'une pubescence blanche. *Pattes* testacées, pubescentes.

Patrie. Digne (Basses-Alpes) (coll. Chevrolat).

Obs. Voisin du *Pt. irroratus. Kiesenw.* Il en diffère par son corselet plus long, rétréci moins brusquement, dont les élévations sont moins hautes ; par la ponctuation des élytres plus grosse et plus enfoncée (1).

4. **Ptinus** (*Eutaphrus*) **Reichei**. Boieldieu.

Allongé (♂) ou oblong (♀), d'un brun châtain ou d'un noir brillant, avec les palpes testacés, les antennes et les pieds ferrugineux. Tête flave ou blanchâtre. Prothorax à gibbosité médiane très-élevée, obcordiforme, à peine ou non canaliculée sur son milieu : offrant en arrière une houppe pâle et déprimée ; avec les oreillettes assez saillantes et les carènes de la base épaisses, épâtées, lisses. Écusson blanchâtre. Élytres subparallèles, assez fortement ponctuées-striées, brièvement sétosellées, avec deux bandes transversales blanchâtres et raccourcies. Cuisses faiblement renflées. Tarses assez allongés.

Ptinus Reichei. Boieldieu, Mon. Ptin. Ann. Soc. Ent. Fr., 1856, p. 305, 7.

(1) *Le Ptinus farinosus. Boieldieu* (Ann. Soc. Ent. Fr., 1856, p. 302, 5), espèce d'Espagne, par sa gibbosité médiane se rangerait auprès des espèces précédentes ; mais elle semble en différer par ses élytres entièrement couvertes d'écailles blanchâtres, arrondies sur les côtés et à épaules effacées chez les ♀.

♂ Long. 0,0039 (1 l. 3/4) ; ═ larg. 0,0017 (3/4 l.).
♀ Long. 0,0025 (1 l. 1/6) ; ═ larg. 0,0014 (2/3 l.).

♂. *Corps* allongé, d'un brun châtain assez brillant, avec une transparence plus claire avant l'extrémité des élytres. *Yeux* assez gros et assez saillants. *Tête*, compris ceux-ci, un peu plus large que la partie antérieure du prothorax. *Front* varié de poils fauves et grisâtres. *Antennes* un peu moins longues que le corps, à deuxième article sensiblement plus court que le troisième : celui-ci suballongé : les suivants allongés, subcylindriques : le dernier très-allongé, cylindrico-fusiforme. *Prothorax* à oreillettes fortement et densement fasciculées, avec les fascicules presque aussi élevés que la gibbosité dorsale, et celle-ci dénudée, rugueuse et à peine canaliculée sur sa ligne médiane, lisse et brillante seulement en arrière de chaque côté. *Élytres* parallèles sur les trois quarts de leur longueur, environ trois fois et demie aussi longues que le prothorax ; déprimées sur la suture ; assez fortement ponctuées-striées, avec les points serrés et carrés, et les intervalles subconvexes, à peine aussi larges que ceux-ci. *Épaules* très-saillantes, largement arrondies en dehors. *Pieds* allongés, grêles. *Tarses* sublinéaires, à premier article allongé.

♀. *Corps* oblong, entièrement d'un noir brillant. *Yeux* médiocres et peu saillants. *Tête*, compris ceux-ci, à peine aussi large que la partie antérieure du prothorax. *Front* à pubescence presque entièrement blanchâtre. *Antennes* environ de la longueur des trois quarts du corps, à deuxième article à peine moins long que le troisième sur sa tranche externe : celui-ci et les suivants obconiques, à peine plus longs que larges : les neuvième et dixième moins courts, oblongs : le dernier allongé, subcylindrico-fusiforme. *Prothorax* à oreillettes courtement fasciculées, avec les fascicules beaucoup moins élevés que la gibbosité dorsale, et celle-ci dénudée, lisse, très-brillante et non canaliculée sur sa ligne médiane qui est également tout à fait lisse et très-brillante sur toute sa partie supérieure et postérieure. *Élytres* subparallèles sur les deux tiers de leur longueur, à peine deux fois et demie aussi longues que le prothorax ; subdéprimées à leur base seulement ; modérément ponctuées-striées, avec les points assez écartés, étroits, oblongs, et les intervalles tout à fait plans et beaucoup plus larges que les points. *Épaules* assez saillantes, assez étroitement arrondies en dehors. *Pieds* moins allongés et beaucoup moins grêles que chez le ♂.

Tarses plus courts, subatténués vers leur extrémité, à premier article oblong : le premier des postérieurs subballongé mais un peu épaissi.

Patrie. La Grèce, la Sicile, la Corse. Cette espèce paraît être commune dans cette dernière localité, mais elle n'a pas encore été rencontrée dans la France continentale, du moins à notre connaissance. C'est pourquoi nous nous bornons à n'en donner qu'une description sommaire.

Obs. Si dans cette espèce la gibbosité médiane n'est pas, comme dans le *Ptinus loboderus*, partagée en deux lobes par un sillon médian, elle est toutefois fortement échancrée en arrière, et c'est dans cette échancrure qu'apparaît la houppe déprimée de poils blanchâtres qui caractérise toutes les espèces du premier groupe. Chez la ♀, ladite houppe se réduit à l'échancrure ; chez le ♂, elle s'étend un peu en avant sur la partie supérieure de la gibbosité, et cette disposition se retrouve chez presque toutes les espèces voisines.

Ici doit figurer sans doute une espèce que nous n'avons point vue en nature et dont nous reproduisons la description :

5. Ptinus (*Eutaphrus*) quadridens. Chevrolat.

Mas. Alatus pilosulus, elongatus, brunneus; capite albicante subquadrato, planiusculo, lateribus unisulcato; prothorace postice coarctato, ibique transversim depresso, nodulis quatuor spiniformibus, laterali obtuso, dorsali elevato, sulco longitudinali augusto, intus fulvo. Scutello albido. Elytris angustis, parallelis, conjunctim rotundatis, in humero obtuse rectangulis, punctato-striatis, interstitiis modice elevatis; fasciis duabus, ante suturam abbreviatis, versusque apicem confuse albidis. Antennis pedibusque elongatis, pubescentibus, rufo-testaceis ; tibiis posticis paululum arcuatis.

Ptinus quadridens. Chevrolat, Cat. Grenier, Mat. pour la Faun. Fr., p. 86, 105.

Cette espèce appartient à la première division du travail de M. Boieldieu ; elle se rapproche assez du *Ptinus fossulatus. Luc.*

Trouvée par M. Peragallo, à Menton, sous l'écorce des platanes. Femelle inconnue (1).

(1) Nous placerons à la suite de cette espèce le *Pt. lusitanus. Illiger*, du Portugal; les *fossulatus et carinatus. Lucas*, d'Algérie ; le *foveolatus. Boieldieu*, d'Algérie ; le *xylopertha, Reiche et de Saulcy*, de Grèce et de Syrie.

Les *Pt. gibbicollis. Lucas*, d'Espagne et *abbreviatus. Boieldieu*, d'Afrique, par

6. Ptinus *(Eutaphrus)* nitidus. Sturm.

Allongé (♂) ou oblong (♀), d'un noir brillant, avec les palpes testacés, les antennes et les pieds d'un roux ferrugineux assez clair. Front blanchâtre. Prothorax à gibbosité dorsale très-élevée , obcordiforme , à peine sillonnée sur sa ligne médiane ; avec les oreillettes peu saillantes, arrondies en dehors, et les saillies de la base assez épaisses , presque lisses et obliques; orné d'une forte houppe de poils dorés derrière la gibbosité et dans le fond des crénelures. Écusson blanchâtre. Élytres allongées (♂) ou ovale-oblongues (♀), assez fortement ponctuées-striées, longuement (♀) et sérialement sétosellées, concolores. Cuisses un peu renflées. Tarses assez développés et assez étroits.

Ptinus nitidus. Sturm, Deut. Faun., t. XII, p. 70, 10, pl. 255 ; — Bœldieu, Mon. Plin., Ann. Soc. Ent. Fr., 1856, p. 314, 14.

Long. 0,0030 (1 l. 1/3); = Larg. 0,0014 (2/3 l.).

♂. *Corps* allongé. *Yeux* assez gros et assez saillants. *Tête*, compris ceux-ci, un peu plus large que la partie antérieure du prothorax. *Antennes* un peu moins longues que le corps, avec les quatrième à dixième articles allongés, subcylindriques : le dernier très-allongé, subcylindrique. *Élytres* allongées, subparallèles sur leurs côtés, peu convexes sur le dos ou subdéprimées derrière l'écusson ; avec *les intervalles* des rangées striales subconvexes, médiocrement et sérialement sétosellés. *Épaules* saillantes, largement arrondies en dehors, avec une forte impression intérieurement.

♀. *Corps* ovalaire-oblong ou suballongé. *Yeux* médiocres et peu saillants. *Tête*, compris ceux-ci , à peine aussi large que la partie antérieure du prothorax. *Antennes* aussi longues que les trois quarts du corps, avec les troisième à septième articles oblongs, obconiques : les huitième à dixième un peu plus longs : le dernier allongé , subcylindrico-fusiforme.

leurs élytres légèrement arrondies sur les côtés chez la ♀, sembleraient conduire à l'espèce suivante.

Élytres ovalaire-oblongues ou suballongées, mais sensiblement arrondies sur leurs côtés, subconvexes sur le dos ; avec *les intervalles* des rangées striales plans, parés chacun d'une série de soies plus ou moins redressées, assez longues, avec celles des intervalles impairs ou alternes très-longues. *Épaules* assez saillantes, étroitement arrondies en dehors, avec une faible impression intérieurement.

Patrie. L'Autriche. Cette espèce, n'ayant pas été trouvée en France, nous nous dispenserons d'en donner une description complète.

Obs. Elle est remarquable par ses élytres concolores et longuement sétosellées, arrondies sur les côtés chez les ♀ .

DEUXIÈME GROUPE

Car. *Prothorax* sans saillies sublongitudinales sur les côtés de la partie subdéprimée de sa base ; offrant sur son disque quatre éminences ou dents fasciculées, plus ou moins prononcées et disposées sur une ligne transversale.

Nous couperons ce groupe en trois sections, de la manière suivante :

1re Section. *Élytres* subparallèles sur leurs côtés et *avec des ailes* en dessous dans les deux sexes. *Épaules* plus ou moins saillantes. (S.-g. *Gynopterus.*)

2e Section. *Élytres* légèrement arrondies sur les côtés et *sans ailes* en-dessous dans les deux sexes. *Éperons des tibias intermédiaires et postérieurs* très-fortement inégaux dans les ♂. *Épaules* peu saillantes. (S.-g. *Heteroplus.*)

3e Section. *Élytres* parallèles sur les côtés et *avec des ailes* en dessous chez les ♂, ovalaires et *sans ailes* en dessous chez les ♀. *Épaules* assez saillantes chez les ♂, ordinairement effacées chez les ♀.

PREMIÈRE SECTION

Car. *Élytres* subparallèles sur leurs côtés et *avec des ailes* en dessous dans les deux sexes. *Épaules* plus ou moins saillantes. (*Sous-genre Gynopterus*, de γυνή, femelle, et πτερόν, aile.)

SOUS-GENRE *GYNOPTERUS*. M. et R.

Les espèces de ce sous-genre peuvent être distribuées ainsi :

B *Éperons des tibias intermédiaires et postérieurs* petits et égaux dans les deux sexes : ceux des postérieurs très-rarement subinégaux chez le ♂.

  c *Deuxième article des antennes* court, beaucoup moins long que le suivant. *Lame médiane du prosternum* plus ou moins en fouie, sublinéaire : celle du *mésosternum* assez étroite, subparallèle (1). *Cuisses* assez grêles à leur base. *Tarses à troisième et quatrième articles* subdéprimés : le quatrième évidemment plus large que les précédents et bilobé. *Élytres* mouchetées de cendré, avec une grande tache oblongue dénudée sur le milieu des côtés. *Taille* grande.   GERMANUS.

  cc *Deuxième article des antennes* à peine moins long ou aussi long que le troisième sur sa tranche externe. *Lame médiane du mésosternum* saillante, assez large, en forme de triangle subtronqué ou largement arrondi au sommet. *Tarses* subcomprimés, à *quatrième article* pas plus large que les précédents, triangulaire ou subcordiforme. *Élytres* noires ou brunes, avec quatre taches ou fascies blanches.

    d *Tarses* paraissant, vus de dessus, subatténués vers leur extrémité. *Prothorax et épaules* concolores. *Dessous du corps* voilé par une épaisse pubescence subécailleuse, opaque et blanchâtre. *Taille* moyenne.

      c *Élytres* oblongues, à peine deux fois aussi longues que larges à leur base. *Prothorax* assez fortement sillonné sur son milieu; *Lame médiane du prosternum* assez enfouie, dénudée, rétrécie en pointe aciculée. *Cuisses* sensiblement renflées après leur milieu. *Éperons des tibias postérieurs* des ♂ dissemblables.   VARIEGATUS.

      cc *Élytres* assez allongées, deux fois et demie aussi longues que larges à leur base. *Prothorax* obsolètement sillonné sur son milieu. *Lame médiane du prosternum* aussi saillante que celle du *mésosternum*, tout à fait linéaire, densement tomenteuse, flave ou blanchâtre. *Cuisses* à peine renflées. *Éperons des tibias postérieurs* des ♂ semblables.   6 PUNCTATUS.

---

(1) Il est à remarquer que dans notre sous-genre *Gynopterus*, les lames des prosternum et mésosternum sont très-disparates d'une espèce à l'autre. Mais nous avons dû ne regarder ce caractère que comme secondaire, vis-à-vis de celui de la présence des ailes et des élytres subparallèles dans les deux sexes. D'ailleurs ces lames varient parfois un peu d'un sexe à l'autre, et la pubescence qui les couvre en dissimule souvent la forme exacte.

dd *Tarses* paraissant, vus de dessus, tout à fait linéaires (jusqu'au quatrième article inclusivement). *Prothorax et épaules* rougeâtres. *Dessous du corps* d'un noir brillant et légèrement soyeux. *Lame médiane du prosternum* assez saillante, presque tranchante, subdénudée. *Cuisses* assez grêles à leur base. *Taille* petite. AUBEI.

BB *Éperons des tibias intermédiaires et postérieurs* fortement inégaux dans les ♂: l'externe très-petit et droit: l'interne beaucoup plus long, à peine arqué. *Corps* entièrement d'un roux testacé, avec les *élytres* concolores. *Taille* petite. DUBIUS.

7. **Ptinus** (*Gynopterus*) **germanus.** Fabricius.

Allongé (♂) ou suballongé (♀), d'un brun assez brillant, garni d'une fine pubescence cendrée, avec les palpes testacés, les antennes, les pieds et souvent le calus huméral d'un roux ferrugineux. Antennes à deuxième article court. Front tomenteux, varié de cendré, finement canaliculé sur son milieu. Prothorax brièvement subsillonné sur sa ligne médiane; avec quatre dents ou éminences obtuses mais bien distinctes et densement fasciculées : les deux intermédiaires plus élevées. Écusson d'un cendré blanchâtre. Élytres parallèles, fortement ponctuées-striées, sétosellées, mouchetées de gris avec une grande tache oblongue, obscure, dénudée, sur le milieu des côtés. Tarses à troisième et quatrième articles subdéprimés, le quatrième large, bilobé.

Ptinus germanus. Fabricius, Spec. Ins., t. I, p. 72;— Mant. Ins., t. I, p. 40, n° 2; — Olivier, Ent., t. II, n° 17, p. 7, 3, pl. 1, fig. 6; — Rossi, Faun. Etr., t. I, p. 43, 106; — Illiger, Mag., 6, 21, 1; — Redtenbacher, Faun. Austr., 2e édit., p. 556;— Boieldieu, Mon. Ptin., Ann. Soc. Ent. Fr., 1856, p. 487, 15.
Ptinus palliatus. Perris, Mém. Acad. Lyon, t. II, p. 463.

Variété a. Élytres d'un roux ferrugineux, avec la tache dénudée des côtés plus obscure.

Long. 0,0044 à 0,0051 (2 l. à 2 l. 1/3); = larg. 0,0017 à 0,0022 (3/4 l. à 1 l.).

♂. *Corps* allongé. *Yeux* très-gros et très-saillants. *Tête*, compris ceux-ci, plus large que le prothorax. *Antennes* grêles, filiformes, un peu plus longues que le corps; à premier article légèrement épaissi en massue allongée : le deuxième très-court, égalant environ le tiers du suivant : celui-ci allongé : les autres très allongés, cylindriques. *Élytres* allongées, parallèles environ sur les trois quarts de la longueur de leurs côtés, quatre fois aussi longues que le prothorax. *Métasternum* assez convexe ; creusé sur la dernière moitié de sa ligne médiane d'un sillon canaliculé, plus profond et un peu plus large en arrière, mais non prolongé tout à fait jusqu'au bord apical. *Tarses* développés, à premier article allongé et un peu moins long que les trois suivants réunis dans les antérieurs et intermédiaires, très-allongé et aussi long que les trois suivants réunis dans les postérieurs : le deuxième plus ou moins oblong, obconique.

♀ . *Corps* suballongé. *Yeux* assez gros et médiocrement saillants. *Tête*, compris ceux-ci, à peine aussi large que le bord antérieur du prothorax. *Antennes* médiocrement grêles, subfiliformes ou à peine plus épaisses vers leur base ; à peine aussi longues que les trois quarts du corps ; à premier article sensiblement épaissi en massue oblongue : le deuxième court, égalant au moins la moitié du suivant : celui-ci oblong, obconique : les quatrième à dixième suballongés, obconico-subcylindriques : le dernier elliptique. *Élytres* oblongues, subparallèles sur leurs côtés environ sur les deux tiers de leur longueur, trois fois et demie aussi longues que le prothorax. *Métasternum* subconvexe, creusé en arrière sur son milieu de deux points enfoncés ou fossettes ponctiformes disposées sur une ligne transversale (1). *Tarses* moins développés, à premier article oblong et à peine aussi long que les deux suivants réunis dans les antérieurs et intermédiaires, suballongé et à peine plus long que les deux suivants réunis dans les postérieurs : le deuxième triangulaire et assez court dans les antérieurs et intermédiaires, suboblong dans les postérieurs.

♂ ♀ . *Corps* plus (♂) ou moins (♀) allongé ; finement sétosellé, d'un brun assez brillant et moucheté de cendré en dessus ; revêtu en dessous d'une fine pubescence grisâtre et couchée.

Tête subverticale ou subinfléchie, ruguleuse, d'un brun peu brillant ; revêtue d'une pubescence couchée, plus ou moins dense, variée de gris et de flave, souvent condensée sur le front en deux taches plus pâles ; avec la région de l'épistome subdénudée ou seulement ciliée de quelques légères soies dorées. *Front* plus (♀) ou moins (♂) large, subdéprimé, distinctement et finement canaliculé sur sa ligne médiane, avec le canal plus prononcé au-dessus de la tranche interantennaire. *Labre* d'un brun mat et souvent un peu roussâtre, finement chagriné, densement cilié en avant de

____

(1) La région du métasternum où sont situées ces deux fossettes est elle-même subimpressionnée.

poils dorés. *Mandibules* d'un brun roussâtre, ruguleuses et fortement ciliées à leur base ; d'un noir de poix ; lisses et glabres à leur extrémité. *Palpes* testacés.

Yeux plus (♂) ou moins (♀) gros, plus (♂) ou moins (♀) saillants, subarrondis, noirs, parfois légèrement ciliés.

Antennes plus (♂) ou moins (♀) allongées, filiformes (♂) ou subfiliformes (♀), finement chagrinées, d'un roux ferrugineux souvent assez clair ; revêtues d'un très-léger duvet cendré, et hérissées en outre de soies nombreuses, subarquées et plus obscures, moins serrées et moins distinctes vers l'extrémité ; à premier article recouvert d'une dense pubescence couchée, blanchâtre et presque subécailleuse ; plus (♀) ou moins (♂) épaissi en massue arquée : le deuxième court, subtransverse ou pas plus long que large, subarrondi en dedans, beaucoup moins long que le suivant : les troisième à dixième plus (♂) ou moins (♀) allongés : le dernier également plus (♂) ou moins (♀) allongé, à peine plus long que le pénultième, obtusément acuminé au sommet.

Prothorax beaucoup moins large que les élytres, non ou à peine plus long que large ; passablement étranglé et transversalement déprimé au devant de sa base, avec l'étranglement situé vers le tiers postérieur ; paraissant, vu de dessus, angulairement dilaté en arrière sur les côtés de sa partie globuleuse ; largement arrondi à son bord antérieur qui est assez tranchant et un peu relevé en capuchon au-dessus du niveau du vertex ; faiblement arrondi à sa base qui offre un léger rebord plus sensible et comme doublé sur les côtés dans leur partie réfléchie (1) ; densement et rugueusement granulé, avec la granulation plus ou moins aplatie à son sommet et parfois çà et là subombiliquée ; revêtu d'une pubescence grisâtre, mélangée de fauve, assez forte, embrouillée, couchée en divers sens sur la partie déprimée de la base, un peu plus redressée, un peu plus longue et dirigée en avant sur le bord antérieur qu'elle déborde en forme d'épaisse ciliation ou de frange plus ou moins obscure et subinterrompue à la rencontre de la ligne médiane où se trouvent quelques poils d'un blanc de lait ; offrant sur le dos quatre éminences subarrondies, disposées sur une ligne transversale, assez prononcées et densement fasciculées de poils

(1) Ce rebord, très-faible sur le milieu de la base, est longé en devant sur ses côtés par une strie transversale et parallèle qui le sépare du reste de la partie déprimée ; et celle-ci, par le fait de l'étranglement s'abaisse un peu en avant, au point que son arête postérieure, plus élevée, simule une espèce de second rebord.

d'un flave ou fauve doré, lesquels poils, convergeant à leur sommet, simu-
lent une dent aiguë : les deux intermédiaires rapprochées, séparées l'une
de l'autre par un petit sillon court et obsolète : les deux latérales, situées
sur un plan inférieur, assez écartées des précédentes dont elles sont séparées par un sillon court et assez large ; avec les sillons latéraux garnis,
surtout en arrière d'une pubescence plus pâle ou grisâtre (1).

Écusson parfois faiblement convexe, subsemicirculaire ou subogival, subarrondi sur les côtés ; recouvert d'une très-dense pubescence tomenteuse,
blanche sur le milieu, mais devenant livide et plus obscure sur les
côtés.

Élytres plus (♂) ou moins (♀) allongées, subparallèles sur leurs côtés,
obliquement et subrectilinéairement ou même subsinueusement rétrécies en
arrière, et puis obtusément arrondies au sommet, avec l'angle apical subémoussé ou subarrondi ; légèrement convexes sur le dos ou parfois subdéprimées à leur base ; d'un brun assez brillant, souvent un peu ferrugineux
ou rosé ; garnies d'une assez dense et courte pubescence semi-couchée et
d'un fauve doré ; parées sur leur surface de nombreuses mouchetures
cendrées, formées de poils couchés et blanchâtres (2), avec parfois une tache postscutellaire carrée, subdénudée, et une autre grande tache oblongue,
constante, située sur le milieu des côtés, plus ou moins étendue intérieurement mais jamais jusqu'à la suture, toujours à couleur foncière plus obscure et plus brillante, entièrement dénudée de poils couchés blanchâtres,
mais en compensation garnie d'une pubescence brunâtre, assez fournie et
subredressée (3) ; offrant chacune dix rangées striales et le commencement
d'une onzième vers l'écusson, formées de gros points enfoncés, carrés,
subombiliqués (4), serrés, assez profonds, rangés en séries plus ou moins

(1) Chez les sujets bien frais, la pubescence, plus pâle en certains endroits, forme
comme trois mouchetures principales : une près du sommet sur la ligne médiane : les
deux autres au fond des sillons latéraux.

(2) Ces mouchetures, bien que formées de poils blanchâtres, ont leur éclat neu-
tralisé par la pubescence semi-couchée et fauve, au milieu de laquelle elles se
trouvent.

(3) Quelquefois, chez les ♀ surtout, on aperçoit près du sommet quelques places subdénudées. En tous cas, au milieu de toutes ces mouchetures, apparaissent toujours sur
les côtés de chaque élytre des vestiges affaiblis de fascies raccourcies, formées de poils
couchés blanchâtres un peu plus condensés : l'une subhumérale, limitant en avant,
l'autre vers le dernier tiers, limitant en arrière la tache latérale dénudée.

(4) Ces points des stries semblent presque toujours formés de quatre petits points
enfoncés, disposés en quadrille et liés ensemble, de manière que l'intervalle médian se

flexueuses ou déjetées en dehors à leur base (1) et plus ou moins confuses
en arrière, avec la suturale souvent un peu plus enfoncée, semblant se réunir à l'extérieure en enclosant ainsi, entre elles deux, toutes les autres.
Intervalles larges, lisses, paraissant à un certain jour subconvexes ; ornés
chacun, outre la pubescence, d'une série régulière de soies un peu plus
longues et plus redressées, plus ou moins obscures quand on les examine
d'arrière en avant : le huitième, en comptant le sutural, sensiblement
épaissi et relevé en calus plus (♂) ou moins (♀) prononcé et situé vers le
dernier quart de la longueur : *le marginal* subépaissi, finement chagriné et
un peu relevé postérieurement, finement cilié à son bord apical. *Épaules*
saillantes, arrondies en dehors, limitées intérieurement par une légère impression arquée.

Dessous du corps très-finement chagriné, avec le ventre parsemé de
points circulaires obsolètes ; d'un brun assez brillant et parfois ferrugineux ;
revêtu d'une très-fine pubescence couchée, assez serrée et cendrée. *Métasternum* plus (♂) ou moins (♀) convexe, parfois plus lisse et plus glabre
en arrière.

Hanches antérieures très-rapprochées, *les intermédiaires* un peu moins ;
les postérieures sensiblement écartées l'une de l'autre.

Ventre subconvexe à sa base, subdéprimé sur le milieu des deux ou trois
derniers arceaux : le premier assez fortement resserré de chaque côté par
la partie interne des hanches postérieures, avancé entre celles-ci en triangle plus (♀) ou moins (♂) largement arrondi au sommet, sensiblement
plus court que le suivant dans son milieu, largement et à peine sinué vers
le milieu de son bord postérieur : le deuxième grand, régulièrement arqué
à son bord apical : les troisième et quatrième sensiblement sinués ou recourbés en arrière vers les côtés de leur bord postérieur : le troisième un
peu moins grand que le deuxième : le quatrième court : le dernier grand,
semi-lunaire, parfois transversalement déprimé ou subimpressionné.

Pieds allongés, assez grêles, finement ruguleux, d'un roux ferrugineux ;

relève en forme de petit grain, le plus souvent dissimulé par une petite soie couchée
en long ; mais ici ces soies sont indistinctes.

(1) La première ou suturale est sensiblement déjetée en dehors à sa base pour faire
place, bien entendu, à la juxta-scutellaire ; la deuxième l'est un peu moins, ainsi de suite
mais les deux intra-humérales reviennent un peu en dedans antérieurement. Nous ne
répéterons pas, pour les espèces suivantes, cette disposition qui est toujours à peu près
la même.

revêtus d'une fine et dense pubescence couchée et grisâtre. *Cuisses* plus (♂) ou moins (♀) grêles à leur base, sensiblement renflées après leur milieu et un peu recourbées en dessous avant leur sommet. *Tibias* plus (♂) ou moins (♀) grêles, faiblement et graduellement élargis vers leur extrémité, presque droits, aussi longs (♀) ou un peu plus longs (♂) que les cuisses; ciliés sur leur tranche externe de poils plus longs et semi-couchés; avec *les éperons* petits et égaux, souvent peu visibles : *les tibias antérieurs* parfois (♂) un peu arqués en dehors : *les postérieurs*, vus de dessus leur tranche supérieure, quelquefois un peu cambrés en dedans. *Tarses* plus (♂) ou moins (♀) développés, plus courts que les tibias, avec les deuxième à quatrième articles graduellement plus courts : le premier plus ou moins allongé, aussi long que les deux (♀) ou trois (♂) suivants réunis : le deuxième plus (♂) ou moins (♀) oblong, obconique ou triangulaire : les troisième et quatrième subdéprimés : le troisième pas plus long que large ou subtransverse, triangulaire ou subcordiforme : le quatrième sensiblement plus large que les précédents, plus ou moins fortement échancré au sommet ou bilobé (1) : le dernier étroit, aussi long ou presque aussi long que les deux pécédents réunis, graduellement subélargi vers son extrémité. *Ongles* assez saillants, assez grêles et arqués.

Patrie. Cette espèce se trouve dans plusieurs localités de la France méridionale, sous les écorces déhiscentes et dans les troncs cariés des oliviers, des chênes-liége, etc. Nous l'avons reçue autrefois de Puymoisson (Basses-Alpes), de feu M. Allibert. M. Perris nous l'a envoyée des Landes, et nous l'avons capturée nous-mêmes aux environs d'Hyères.

Obs. D'après Fabricius, M. Boieldieu et d'autres auteurs, le *Ptinus germanus* de Linné doit se rapporter au *Scarabæus asper* de celui-ci (*Rhyssemus*); mais, il n'y a pas de doute que notre insecte en question soit le véritable *Ptinus germanus* d'Olivier et non pas celui de Panzer qui n'est autre chose que le mâle du *Ptinus rufipes*.

Cette espèce, bien tranchée et remarquable entre toutes par sa taille et ses dessins, a ceci de particulier que le *métasternum* des ♀ , au lieu d'être canaliculé, est biponctué ou bifovéolé en arrière, caractère qui ne se retrouve chez aucune autre de celles qui nous ont passé sous les yeux. L'absence de ce sillon ou canal postérieur chez la ♀ , la rapprocherait des

____

(1) Ce quatrième article, compris ses lobes, est un peu plus long ou au moins aussi ong que le troisième.

premières espèces des *Ptinus vrais*, d'autant plus qu'en même temps le métasternum paraît un peu plus court que chez le ♂ ; mais la présence des ailes et la forme parallèle des élytres dans les deux sexes la rangent forcément dans notre sous-genre *Gynopterus*, à la fin duquel nous l'aurions colloquée, au lieu de la placer en tête, si le *Ptinus (Heteroplus) pusillus*, à élytres arrondies sur les côtés et sans ailes en dessous dans les deux sexes, ne nous eût pas paru conduire plus naturellement, par l'intermédiaire du *Ptinus (Gynopterus) dubius*, aux *Ptinus vrais* dont les femelles sont aptères et ont leurs élytres arrondies sur les côtés.

Elle varie un peu pour la couleur foncière qui est parfois plus ou moins ferrugineuse, avec les parties dénudées ordinairement plus foncées. Chez les sujets épilés, les élytres sont presque uniformément brunâtres.

Les ♂ diffèrent encore des ♀ par leurs pieds un peu plus grêles et un peu plus développés dans toutes leurs parties, avec les hanches postérieures un peu moins distantes l'une de l'autre intérieurement. Le métasternum est aussi un peu plus grand dans le ♂ que dans la ♀.

Peut-être les individus épilés se rapportent-ils au *Ptinus coarcticollis de Sturm* (Deuts. Faun., t. XII, p. 77, 13, pl. 257, c. (♂)?

Les ♀ bien fraîches présentent parfois sur le milieu des cuisses un anneau un peu plus obscur et subdénudé.

8. Ptinus (*Gynopterus*) variegatus. Rossi.

Oblong, d'un noir brun assez brillant, avec les palpes, les antennes et les pieds d'un roux ferrugineux. Front fauve avec deux mouchetures blanchâtres. Antennes à deuxième article presque aussi long que le troisième. Prothorax assez fortement sillonné sur sa ligne médiane, écailleusement pubescent : avec les quatre éminences ou dents fasciculées bien prononcées. Écusson d'un blanc flave. Élytres oblongues, subparallèles, fortement ponctuées-striées, grossièrement et sérialement sétosellées, parées de deux bandes transversales blanches. Lame du prosternum dénudée. Dessous du corps et pieds écailleux : cuisses sensiblement renflées, avec un anneau plus obscur. Tibias postérieurs à éperons dissemblables chez les ♂. Tarses assez épais, subatténués vers leur extrémité.

Ptinus variegatus. Rossi, Mant., 1, 20, 43 ; — Sturm. Deuts. faun., t, XII, p. 43, 1 ; — Redtenbacher. Faun. Aust., 2e éd., p. 555 ; — Boieldieu. Mon. Ptin., Ann. Soc.

Ent. Fr., 1856, t. IV, p. 490, 17 ; — JACQUELIN DU VAL, Gen. Col. Eur., t. III, pl. 81, fig. 255.

Variété a. Élytres à points enfoncés ou même les intervalles des rangées striales garnis d'une poussière écailleuse blanche.

Ptinus Duvalii. LAREYNIE. Ann. Soc. Ent. Fr., 1853, p. 127 ;— BOIELDIEU. Mon. Ptin., Ann. Soc. Ent. Fr., 1856, t. IV, p. 489, 16.

Variété b. Couleur foncière du dessus du corps plus ou moins rougeâtre.

Long. 0ᵐ,0033 à 0ᵐ,0045 (11. 1/2 à 21.) ;— larg. 0ᵐ,0015 à 0ᵐ,0022 (2/31. à 1 l.)

♂ . *Éperons des tibias postérieurs* subinégaux, dissemblables : l'interne à peine plus long que l'externe, mais sensiblement plus robuste et un peu recourbé en dessous. *Antennes* avec les neuvième et dixième articles un peu plus allongés que le précédent, subcylindrico-coniques : le dernier allongé, subcylindrico-fusiforme.

♀ . *Éperons des tibias postérieurs* égaux, tous deux grêles, semblables. *Antennes* avec les neuvième et dixième articles pas plus longs que le précédent (1), obconiques : le dernier suballongé, subfusiforme, à tranche inférieure presque droite, mais la supérieure légèrement arquée.

♂ ♀ . *Corps* oblong, subparallèle, d'un noir brun assez brillant en dessus, revêtu en dessous d'une dense pubescence écailleuse et d'un cendré blanchâtre.

Tête infléchie, à peine aussi large, les yeux compris, que la partie antérieure du prothorax ; ruguleuse ; d'un noir brun ; entièrement recouverte d'une assez dense pubescence déprimée, écailleuse, variée de roux et de cendré, condensée sur la partie supérieure du front en deux taches arrondies d'un gris blanchâtre ; avec la région de l'épistome dénudée mais ciliée de quelques soies courtes et dorées. *Front* large, subdéprimé, assez largement et obsolètement sillonné sur sa ligne médiane avec le fond du sillon laissant parfois apparaître une très-fine ligne longitudinale élevée. *Labre* ruguleux, brunâtre, densement cilié en avant de soies dorées. *Mandibules* brunes, rugueuses et ciliées à leur base ; d'un noir de poix, lisses et glabres à leur extrémité. *Palpes* d'un roux testacé.

(1) Individuellement, c'est-à-dire que chacun des neuvième et dixième est subégal au précédent article ou septième.

Yeux assez gros, peu saillants, subarrondis, noirs.

Antennes atteignant environ les deux tiers de la longueur du corps, assez robustes, subfiliformes ou un peu plus épaisses à leur base ; finement chagrinées ; d'un roux ferrugineux ; recouvertes d'un duvet très-fin cendré plus ou moins mêlé, sur les six ou sept premiers articles, à une pubescence écailleuse d'un gris blanchâtre ; ciliées en outre, vers le sommet de chaque article, de soies assez raides, un peu plus obscures, semi-couchées, devenant plus fines et obsolètes sur les trois derniers articles ; à premier article légèrement épaissi en massue oblongue et un peu arquée : le deuxième obconique, presque aussi long sur sa tranche externe que le troisième : les troisième à dixième obconiques, oblongs, graduellement un peu moins courts en avançant vers l'extrémité : les neuvième et dixième parfois (♂) un peu plus allongés : le dernier beaucoup plus long que le pénultième, subcylindrico-fusiforme (♂) ou subfusiforme (♀), obtusément acuminé au sommet.

Prothorax beaucoup moins large que les élytres, pas plus long que large ; fortement étranglé et transversalement déprimé au-devant de sa base ; avec l'étranglement situé vers le quart postérieur ; paraissant, vu de dessus, subangulairement dilaté sur les côtés de sa partie globuleuse ; largement et obtusément arrondi à son bord antérieur qui est un peu relevé en capuchon au-dessus du vertex et assez fortement rebordé en forme de bourrelet subentaillé dans son milieu à la rencontre de la ligne médiane ; subtronqué ou très-faiblement arrondi à sa base qui n'est pas distinctement rebordée dans son milieu mais très-nettement sur les côtés ; avec ledit rebord doublé en devant d'un autre rebord ou bourrelet assez large, sur les côtés dans la partie réfléchie ; fortement et rugueusement granulé avec les grains un peu aplatis ; d'un noir brun peu brillant ; voilé par une épaisse pubescence plus ou moins déprimée, écailleuse, rousse ou fauve et variée de cendré ; creusé sur sa ligne médiane d'un sillon canaliculé assez fort et bien distinct, prolongé en avant jusque sur le rebord antérieur qu'il entaille un peu et en arrière jusque sur le milieu de la partie déprimée ; offrant sur son disque quatre éminences bien prononcées, presque également élevées, surmontées d'un fascicule dentiforme et disposées sur un arc transversal : les deux latérales plus aiguës, à fascicules composés de poils squamiformes plus redressés et convergeant au sommet, séparées des autres par un sillon court et assez large et dont le fond est souvent garni d'écailles plus pâles : les deux intermédiaires, situées plus en avant, à fascicules composés de poils squamiformes subarqués et rejetés en arrière à leur sommet, séparées l'une de l'autre par le sillon médian, lequel, canaliculé et souvent subdénudé dans son fond, est garni, postérieurement de chaque côté, d'une pubescence écailleuse plus pâle et formant comme une traînée ou plaque oblongue d'un gris blanchâtre ou parfois un peu rosé, s'étendant en arrière sur tout le milieu de la partie déprimée jusqu'à la base audevant de laquelle elle se dilate latéralement en mourant, et laquelle plaque, dans sa partie antérieure oblongue, remonte un peu sur le penchant interne des dents intermédiaires et paraît comme divisée en deux par une fine ligne subdénudée qui n'est autre chose que le fond du canal médian. On aperçoit encore, de chaque côté du disque, une petite tache subarrondie, d'un gris blanchâtre ou rosé, produite par des écailles pâles et située sur la pente interne des dents extérieures ; et, le long de la tranche antérieure, deux légères saillies subarrondies, projetées en avant, formées de soies squamiformes frisées ou arquées en travers, situées une de chaque côté de l'entaille médiane qu'elles font distinguer davantage et derrière laquelle sont quelques écailles blanches.

Écusson un peu oblong, subogival, subconvexe, très-densement tomenteux, d'un blanc flave ou rosé ou grisâtre.

Élytres oblongues, environ trois fois et demie aussi longues que le prothorax, à peine deux fois aussi longues que larges à leur base ; parallèles sur les côtés sur les deux tiers ou presque les deux tiers de leur longueur, après lesquels elles se rétrécissent assez brusquement, et puis largement et obtusément arrondies au sommet, avec l'angle apical droit et bien prononcé ; peu convexes sur le dos ou même subdéprimées vers leur base le long de la suture ; d'un noir brun assez brillant, parfois plus ou moins rougeâtre ; parées chacune sur leur surface de quelques squamules déprimées, condensées en deux bandes transversales d'un blanc de lait et situées sur les côtés : la première subhumérale, subangulaire, fortement raccourcie en dedans, mais plus ou moins prolongée en avant et en arrière le long du bord extérieur en forme de bordure étroite et irrégulière ; la deuxième vers le dernier tiers, transversale, assez étroite, subarquée en arrière, souvent interrompue sur les côtés, n'atteignant pas la suture et ordinairement accompagnée postérieurement d'une tache subponctiforme, située près de l'angle apical, et à laquelle elle vient parfois (1) se réunir au moyen d'une traînée confuse d'écailles blanches qu'elle émet de sa

____

(1) Cette disposition ne se remarque que chez les individus bien conservés.

partie interne subparallèlement à la suture ; offrant chacune dix rangées striales et le commencement d'une onzième vers l'écusson, formées de gros points enfoncés, profonds, subarrondis, assez serrés, plus ou moins affaiblis en arrière sur la partie déclive pour reparaître en partie plus fortement tout à fait vers le sommet, longitudinalement traversés dans leur milieu par une soie pâle, fine et couchée ; avec la rangée suturale plus enfoncée surtout en arrière où elle se lie par son extrémité à l'extérieure en enclosant ainsi toutes les autres (1). *Intervalles* assez larges, plans, lisses, ornés chacun d'une série régulière de soies courtes, grossières ou squamiformes, arquées, semicouchées en arrière, plus ou moins obscures, mais souvent à reflets pâles ou fauves : *le marginal* plus large et finement cilié vers son sommet. *Épaules* plus ou moins saillantes, arrondies en dehors, limitées intérieurement par une impression peu sensible.

Dessous du corps très-obsolètement chagriné et en outre parsemé d'assez gros points circulaires, peu serrés ; d'un noir brun, mais entièrement voilé par une très-dense pubescence déprimée, écailleuse, d'un gris clair ou blanchâtre. *Lame du prosternum* un peu enfouie, dénudée ; celle *du mésosternum* saillante, densement tomenteuse. *Métasternum* peu convexe, creusé en arrière sur sa ligne médiane d'un sillon canaliculé profond et plus ou moins raccourci.

Hanches antérieures très-légèrement, *les intermédiaires* un peu plus sensiblement, *les postérieures* assez fortement écartées l'une de l'autre.

Ventre subdéprimé sur sa région médiane ; à premier arceau assez fortement resserré de chaque côté par la partie interne des hanches postérieures, avancé entre celles-ci en forme d'hémicycle ou d'ogive transverse et émoussé au sommet, un peu moins long dans son milieu que le suivant, assez régulièrement arqué à son bord postérieur ; le deuxième faiblement sinué ou recourbé en arrière sur les côtés de son bord apical, les troisième et quatrième assez brusquement : le troisième un peu moins grand que le deuxième ; le quatrième court ; le dernier assez grand, semilunaire, parfois (♂) transversalement subimpressionné. Les deuxième et et troisième offrent, de chaque côté au fond des sinus de leur base, un étroit espace subdénudé, subtransversalement impressionné et plus ou moins enfoui sous les intersections.

Pieds passablement allongés, médiocrement grêles, finement ruguleux,

<hr>

(1) Cette disposition des stries se voit plus ou moins distinctement dans presque toutes les espèces.

d'un roux ferrugineux, mais densement recouverts d'une pubescence écailleuse, déprimée et d'un gris blanchâtre, avec un large anneau plus foncé et un peu brunâtre sur le milieu des *cuisses*. Celles-ci assez étroites à leur base où elles sont sensiblement moins larges que les trochanters, graduellement et sensiblement renflées à partir de celle-là, un peu recourbées en dessous avant l'extrémité de leur tranche inférieure. *Tibias* légèrement et graduellement élargis vers leur sommet ; grossièrement et obsolètement ciliés sur leur tranche supérieure, moins densement écailleusement pubescents que les cuisses et garnis de mouchetures brunes plus ou moins dénudées, en dessous surtout vers leur extrémité, où alors les écailles sont remplacées par une fine pubescence dorée et couchée ; *les antérieurs et les intermédiaires* presque droits, assez robustes, à peine plus longs que les cuisses ; *les postérieurs* plus grêles, sensiblement plus longs que les cuisses, visiblement recourbés en arrière sur le milieu de leur tranche supérieure et paraissant, vus de dessus celle-ci, en même temps un peu recourbés en dedans vers le milieu de leur face interne ; avec *les éperons des postérieurs* subégaux et semblables chez les ♀, subinégaux et dissemblables chez les ♂. *Tarses* assez épais vus de côté, graduellement subatténués vers leur extrémité vus de dessus, sensiblement plus courts que les tibias, subcomprimés latéralement ; avec les premier à quatrième articles graduellement plus courts ; le premier oblong, obconique, à peine aussi long que les deux suivants réunis dans les antérieurs et intermédiaires, suballongé et aussi long que les deux suivants réunis dans les postérieurs ; le deuxième un peu oblong, obconique ; les troisième et quatrième plus ou moins courts, subtriangulaires, subentiers à leur sommet ; le quatrième un peu plus étroit que le précédent ; le dernier étroit, sublinéaire vu de dessus, subarqué vu de côté, aussi long que les deux précédents réunis. *Ongles* grêles, arqués, assez petits, mais bien distincts.

Patrie. Cette espèce, principalement méridionale, se rencontre sous les pierres ou sous les matières fécales desséchées et presque toujours dans des endroits couverts. Ainsi, par exemple, nous l'avons trouvée aux environs de Marseille sous l'arche d'un pont sur l'Huveaune ; aux environs de Nîmes, sous les arcades d'un viaduc du chemin de fer d'Alais ; à Montpellier, dans une semblable circonstance ; enfin aux environs de Lyon, à l'abri des cintres des aqueducs de Bonnant et de Chaponost.

Obs. Elle varie pour la couleur foncière qui passe du noir de poix au rouge ferrugineux. Dans la variété *Duvalii*, les élytres sont presque entièrement farineuses, ce qui est dû aux écailles blanchâtres qui ont envahi leur surface.

Nous avons considéré comme mâles les individus dont l'éperon interne des tibias postérieurs est un peu arqué, un peu plus long et sensiblement plus robuste que l'externe. Ce caractère, observé sur une série d'exemplaires, nous fait soupçonner, jusqu'à nouvelle confirmation, quelque erreur probable de la part de plusieurs entomologistes qui accouplent avec le *Ptinus variegatus* un insecte que nous regardons provisoirement, à notre avis, comme le ♂ soit du *Ptinus latro*, soit du *Ptinus brunneus*. Du reste, chez nos ♂, les antennes ont en même temps leurs articles extérieurs un peu plus allongés que chez les individus à éperons égaux et semblables, et les points des stries sont un peu plus gros avec les intervalles un peu moins larges.

Le *Ptinus variegatus*, par ses antennes non beaucoup plus longues chez le ♂ que chez la ♀, par ses élytres coupées carrément à leur base, parallèles sur leurs côtés et presque semblables dans les deux sexes, et fasciées de blanc vif, forme, avec les *Ptinus sexpunctatus et Aubei*, comme une petite phalange distincte au milieu des autres *Ptines*.

9. Ptinus (*Gynopterus*) sexpunctatus, PANZER.

Assez allongé, d'un noir brun assez brillant, avec les palpes, les antennes et les pieds d'un roux ferrugineux. Front blanchâtre. Antennes à deuxième article presque aussi long que le troisième. Prothorax oblong, obsolètement sillonné sur sa ligne médiane, simplement pubescent ; avec quatre éminences ou dents fasciculées peu saillantes. Écusson blanchâtre. Élytres suballongées, subparallèles, fortement ponctuées-striées, brièvement et sérialement sétosellées, parées de deux bandes transversales blanches raccourcies ; la postérieure formée de deux taches géminées. Lames des prosternum et mésosternum saillantes, à épais duvet blanchâtre. Dessous du corps et pieds densement pubescents. Cuisses légèrement renflées, unicolores. Tibias postérieurs à éperons semblables dans les deux sexes. Tarses assez épais, subatténués vers leur extrémité.

Ptinus sexpunctatus. PANZER, Naturf. 24, 11, 16, pl. 1, fig. 16, p. ; — Id. Faun. germ., 1, 20 ;—SCHOENHERR, Syn. Ins.; t. II, 107, 4 ; — GYLLENHAL, Ins. Suec., t. I,

p. 306, 4; — Sturm, Deuts. faun., t. XII, p. 45, 2; — Redtenbacher, Faun. austr., 2e éd., p. 555; — Boïeldieu, Mon. Ptin., Ann. Soc. Ent. Fr., 1856, t. IV, p. 500, 25; — Jacquelin du Val, Gen. Col. Eur., t. III, pl. 52, fig. 256.

Variété a : Couleur foncière d'un brun rougeâtre.

Long. 0^m,0028 à 0^m,0045 (1 l. 1/4 à 2 l.); — larg. 0^m,0012 à 0^m,0017 (1/2 l. à 3/4 l.).

♂. *Antennes* atteignant au moins les trois quarts de la longueur du corps, avec le deuxième article à peine ou un peu moins long que le suivant sur sa tranche externe; celui-ci et le quatrième oblongs; le cinquième suballongé; les suivants allongés, subcylindriques; le dernier allongé, cylindrique.

♀. *Antennes* atteignant les deux tiers de la longueur du corps, avec le deuxième article aussi long que le suivant sur sa tranche externe; celui-ci et le quatrième à peine oblongs; le cinquième oblong; les suivants suballongés, obconico-subcylindriques; le dernier elliptique ou ovalaire-oblong.

♂ ♀. *Corps* assez allongé, subparallèle, d'un noir brun assez brillant en dessus, revêtu en dessous d'une dense pubescence d'un cendré blanchâtre.

Tête infléchie, aussi large ou à peine aussi large, les yeux compris, que la partie antérieure du prothorax, rugueuse; brunâtre, mais voilée par une très-dense pubescence déprimée, subécailleuse, blanche, devenant un peu jaunâtre autour des yeux et des fossettes antennaires; avec la région de l'épistome subdénudée et seulement ciliée de quelques soies jaunâtres et brillantes. *Front* large, subdéprimé, paraissant parfois très-finement et obsolètement canaliculé sur sa ligne médiane. *Labre* chagriné, brunâtre, mat, densement cilié de soies pâles en avant. *Mandibules* brunes, ruguleuses et ciliées à leur base; noires, lisses et glabres à leur extrémité. *Palpes* testacés ou d'un roux testacé.

Yeux assez gros, peu saillants, subarrondis, noirs.

Antennes assez longues, subfiliformes ou à peine plus épaisses vers leur base; finement chagrinées; d'un roux ferrugineux; revêtues d'un très-fin duvet tomenteux grisâtre; ciliées en outre, surtout en dedans et vers le sommet de chaque article, de quelques poils un peu plus longs, souvent obsolètes en approchant de l'extrémité; à premier article légèrement épaissi en massue oblongue et subarquée; le deuxième triangulaire ou obconique, presque aussi long sur sa tranche externe que le troisième ; celui-ci et les suivants plus (σ) ou moins (φ) allongés, obconiques (φ) ou subcylindriques (σ) ; le dernier sensiblement plus long que le pénultième, allongé et cylindrique (σ), ou ovalaire-oblong (φ), obtusément acuminé au sommet.

Prothorax beaucoup plus étroit que les élytres, un peu plus long que large ; assez fortement étranglé et transversalement déprimé au-devant de sa base, avec l'étranglement situé vers le quart postérieur ; paraissant, vu de dessus, subangulairement arrondi sur les côtés de sa partie globuleuse ; largement et obtusément arrondi à son bord antérieur qui est un peu relevé au-dessus du niveau du vertex et assez largement rebordé en forme de bourrelet peu saillant ; faiblement arrondi à sa base qui est même, mais à peine subangulairement prolongée en arrière, et qui offre un rebord très-léger sur son milieu, plus prononcé sur les côtés dans la partie réfléchie où il est comme doublé ; assez fortement et rugueusement granulé, d'un brun peu brillant, souvent un peu rougeâtre avec la base et le sommet néanmoins restant plus obscurs ; revêtu de soies assez courtes, d'un jaune doré, peu serrées et laissant parfaitement apercevoir la granulation et la couleur foncière, couchées en travers le long de la tranche antérieure et obliquement inclinées sur le bourrelet, un peu plus redressées et dirigées en arrière sur le dos ; marqué sur sa ligne médiane d'un léger sillon obsolète, plus ou moins raccourci et n'atteignant ni le bourrelet antérieur ni la partie déprimée de la base ; offrant sur son disque quatre légères éminences, presque également élevées, surmontées d'un fascicule dentiforme et disposées sur un arc transversal ; les deux latérales à poils un peu plus redressés et convergeant au sommet de manière à former une dent plus aiguë, séparées des intermédiaires par un sillon court et peu profond ; celles-ci un peu plus obtuses, situées un peu plus en avant, séparées entre elles par le sillon médian qui est léger et subdénudé ; avec les soies du milieu de la base couchées en divers sens et celles de ses côtés couchés en long.

Écusson subarrondi, voilé par une épaisse pubescence blanchâtre.

Élytres assez allongées, quatre fois ou presque quatre fois aussi longues que le prothorax, au moins deux fois et demie aussi longues que larges à leur base ; parallèles (σ) ou subparallèles (φ) sur leurs côtés jusqu'aux trois quarts (σ) ou au moins jusqu'aux deux tiers (φ) de leur longueur, après lesquels elles se rétrécissent un peu suivant une ligne subrectiligne, puis largement et obtusément arrondies au sommet avec l'angle apical droit, mais un peu émoussé ; peu convexes sur le dos, parfois subdéprimées derrère l'écusson ; d'un noir brun assez brillant ; parées chacune, près des côtés auxquels elles ne touchent pas, de deux bandes transversales d'un blanc de lait, composées d'écailles déprimées ; la première large, subhumérale, s'arrêtant loin de la suture : la deuxième plus étroite, située vers les deux tiers, un peu oblique, s'approchant un peu plus de la suture, plus ou moins étranglée ou interrompue dans son milieu et comme formée de deux taches dont l'externe assez petite, irrégulière, et l'interne plus grande, subarrondie ; offrant chacune dix rangées striales et le commencement d'une onzième vers l'écusson, formées d'assez gros points enfoncés, assez profonds, plus gros et carrés à la base qui paraît, vue de côté, comme rugueuse, plus affaiblis et devenant parfois un peu oblongs vers l'extrémité, longitudinalement traversés dans leur milieu par une soie pâle très-fine et tout à fait couchée ; la rangée suturale sensiblement creusée en arrière où elle se lie confusément à l'externe. *Intervalles* assez larges, plans, presque lisses, ornés chacun d'une série régulière de soies d'un fauve semi-doré, courtes et semi-inclinées en arrière ; *l'externe ou marginal* finement chagriné postérieurement, un peu relevé et cilié vers son extrémité (1). *Épaules* plus (♂) ou moins (♀) saillantes, arrondies en dehors, limitées intérieurement par une impression assez sensible.

Dessous du corps parsemé de points enfoncés, assez profonds, mais peu serrés et un peu oblongs ; d'un noir brun ; presque entièrement voilé par une dense pubescence couchée, d'un gris clair, assez grossière, mais non écailleuse ; paraissant souvent comme ponctué de brun par l'effet des points enfoncés qui sont dénudés ou subdénudés. *Lame du prosternum* aussi saillante que celle du *mésosternum*, tout à fait linéaire ; densement tomenteuse et blanchâtre, ainsi que cette dernière. *Métasternum* subdéprimé, creusé en arrière sur sa ligne médiane d'un canal assez fin et assez court.

Hanches antérieures légèrement, *les intermédiaires* plus sensiblement, *les postérieures* assez fortement écartées l'une de l'autre.

Ventre subconvexe à sa base, plus ou moins subdéprimé sur le milieu des deux premiers arceaux, fortement resserré de chaque côté par la partie interne des hanches postérieures ; avancé entre celles-ci en forme d'angle mousse au sommet ; à peine moins long dans son milieu que le suivant ; à bord postérieur assez régulièrement arqué ou à peine sinué au-

(1) C'est dans plusieurs espèces que l'intervalle marginal ou plutôt le bord postérieur des élytres se redresse un peu et se montre finement chagriné.

dessous des hanches ; le deuxième arceau assez grand, assez régulièrement arqué à son bord apical ; les troisième et quatrième sensiblement sinués ou recourbés en arrière vers les côtés de leur bord postérieur ; le troisième à peine ou un peu moins grand que le deuxième ; le quatrième court ; le dernier grand, semi-lunaire, plus ou moins impressionné transversalement avant son extrémité.

Pieds passablement allongés, médiocrement grêles, finement ruguleux, d'un roux ferrugineux plus ou moins clair ; revêtus d'une pubescence couchée, d'un gris cendré. *Cuisses* à peine ou un peu plus étroites à leur base que les trochanters, graduellement mais légèrement renflées après leur milieu, assez brusquement recourbées en dessous avant le sommet de leur tranche inférieure. *Tibias* graduellement et faiblement élargis vers leur extrémité, légèrement ciliés sur leur tranche supérieure ; *les antérieurs et intermédiaires* presque droits, aussi longs que les cuisses ; *les postérieurs* un peu plus longs que les cuisses, un peu plus recourbés en arrière, surtout chez le ♂, et paraissant, vus de dessus leur tranche supérieure, légèrement cambrés en dedans vers le milieu de leur face interne ; avec tous *les éperons* petits, droits, égaux et semblables dans les deux sexes. *Tarses* sensiblement plus courts que les tibias, assez épais vus de côté ; paraissant, vus de dessus, graduellement subatténués vers leur extrémité ; subcomprimés latéralement ; avec les premier à quatrième articles graduellement plus courts ; le premier oblong, obconique et un peu moins long que les deux suivants réunis dans les antérieurs, suballongé et aussi long que les deux suivants réunis dans les intermédiaires, allongé et sensiblement plus long que les deux suivants réunis dans les postérieurs ; le deuxième suboblong ou oblong, obconique ; le troisième à peine plus long que large, triangulaire ; le quatrième subtransverse ou pas plus long que large, subtriangulaire, subentier, un peu plus étroit que le précédent ; le dernier étroit, presque aussi long que les deux précédents réunis, sublinéaire vu de dessus, subarqué vu de côté. *Ongles* petits, grêles, arqués.

Patrie. Cette espèce se trouve assez communément dans toute la France : les environs de Paris et de Lyon, le Beaujolais, le Languedoc, la Provence, etc. Elle habite parmi les vieux lierres, sous les écorces déhiscentes et dans les troncs caverneux où se trouvent des dépouilles desséchées de chenilles ou autres insectes. Nous l'avons quelquefois rencontrée dans les fourmilières. M. Boieldieu l'indique aussi comme habitant les nids d'*Hyménoptères* fouisseurs. Elle passe souvent l'hiver sous les écorces de la base des vieux arbres et des vieux piquets.

Obs. Dans la variété A, le prothorax est toujours un peu moins noir, et les élytres sont parfois d'un brun rougeâtre.

Le ♂ se distingue encore de la ♀ par ses élytres un peu plus allongées et un peu plus parallèles et à épaules un peu plus saillantes; par ses tibias un peu plus longs, un peu plus grêles, surtout à leur base, avec les postérieurs et même quelquefois les intermédiaires plus ou moins visiblement recourbés en arrière.

10. Ptinus (*Gynopterus*) Aubei. BOIELDIEU.

Oblong, subparallèle, d'un noir de poix brillant, avec la tête, le prothorax, les épaules, les antennes et les pieds rougeâtres, et les palpes d'un roux testacé. Front avec une fine pubescence grisâtre. Antennes à deuxième article aussi long que le troisième. Prothorax suboblong, obsolètement sillonné sur sa ligne médiane, brièvement pubescent; avec quatre faibles éminences fasciculées. Écusson blanc. Élytres oblongues, subparallèles, assez fortement ponctuées-striées, légèrement et sérialement sétosellées, parées de deux bandes transversales blanches. Lame du prosternum subdénudée, celle du mésosternum à duvet obscur. Dessous du corps brillant, finement soyeux. Cuisses assez brusquement renflées. Tarses sublinéaires, assez étroits.

Ptinus Aubei, BOIELDIEU, Mon. Ptin., Ann. Soc. Ent. Fr., 1856, t. IV, p. 501, 26.

Variété a. Antennes, tête, prothorax et épaules d'un noir brunâtre.

Long. 0ᵐ,0023 (1 l.) ; — larg. 0ᵐ,0011 (1/2 l.)

♂. *Antennes* atteignant au moins les trois quarts de la longueur du corps, avec les quatrième à dixième articles allongés, subcylindrico-coniques : le dernier en ellipse allongée ou subfusiforme.

♀. *Antennes* atteignant à peine les trois quarts de la longueur du corps, avec les quatrième à dixième articles suballongés, coniques : le dernier en ovale allongé.

♂ ♀. *Corps* oblong, subparallèle, d'un noir de poix assez brillant, avec la tête, le prothorax et les épaules rougeâtres.

Tête infléchie, aussi large, les yeux compris, que le bord antérieur du prothorax; ruguleuse, d'un rouge mat; revêtue d'une fine pubescence couchée, d'un gris blanchâtre, médiocrement serrée mais ne voilant pas la couleur foncière; avec la région de l'épistome souvent plus obscure, subdénudée ou seulement ciliée de quelques soies blondes et brillantes. *Front* large, sub-convexe, paraissant parfois très-finement canaliculé sur sa ligne médiane (1). *Labre* obscur, densement cilié en avant de poils courts d'un jaune pâle et brillant. *Mandibules* rougeâtres, ruguleuses et ciliées à leur base ; d'un noir de poix, lisses et glabres à leur pointe. *Palpes* d'un roux testacé.

Yeux médiocres, peu saillants, subarrondis, noirs.

Antennes assez longues, subfiliformes, très-finement et obsolètement chagrinées, d'un rouge ferrugineux plus ou moins clair, revêtues d'un léger duvet cendré et en outre distinctement ciliées en dessus et en dessous, plus obsolètement dans les deux ou trois derniers articles : le premier sensiblement épaissi en massue ovale-oblongue et un peu arquée, non ou à peine cilié en dehors : le deuxième aussi long que le suivant sur sa tranche externe, obconique : le troisième oblong, obconique : les quatrième à dixième plus ($\male$) ou moins ($\female$) allongés, obconiques ($\female$) ou subcylindrico-coniques ($\male$) : le dernier sensiblement plus long que le pénultième, en ellipse allongée ($\male$) ou en ovale oblong ($\female$), obtusément acuminé au sommet, paraissant, surtout chez les $\female$, un peu plus épais que le précédent.

Prothorax beaucoup plus étroit que les élytres, un peu plus long que large ; assez fortement étranglé et transversalement déprimé au-devant de sa base, avec l'étranglement situé environ vers le cinquième postérieur ; paraissant, vu de dessus, subarcuément dilaté sur le milieu des côtés de sa partie globuleuse ; largement et obtusément arrondi à son bord antérieur qui est rebordé en forme de léger bourrelet ; subtronqué ou à (2) peine arrondi à sa base qui est étroitement rebordée avec le rebord plus prononcé et comme doublé sur les côtés dans la partie réfléchie ; assez fortement granulé ; d'un rouge assez foncé et peu brillant ; recouvert de soies assez raides, assez courtes, peu serrées et d'un jaune doré, redres-

---

(1) Ce canal, non apparent dans les fronts épilés, est sans doute dû à la pubescence qui s'entr'ouvre parfois dans son milieu suivant une ligne longitudinale.

(2) Quelquefois le milieu de la base semble former un angle très-obtus au-devant de l'écusson, caractère plutôt dû aux poils couchés qui viennent se rencontrer et converger vers celui-ci.

sées en forme de frange le long de la tranche antérieure, un peu renversées
en arrière sur le devant du dos, un peu renversées en avant sur la partie
postérieure de celui-ci, et transversalement couchées sur la partie
déprimée ; marqué sur sa ligne médiane d'un léger sillon obsolète, tantôt
peu dinstinct, tantôt prolongé du bourrelet antérieur à la partie
déprimée (1); offrant sur son disque quatre très-légères éminences obsolètes surmontées d'un léger fascicule dentiforme et disposées sur un arc
transversal : les deux latérales, un peu moins élevées, à soies un peu plus
redressées et convergeant un peu au sommet de manière à former une dent
angulaire, séparées des intermédiaires par un court sillon obsolète, plutôt
idéal ou creusé dans la pubescence elle-même (2) : celles-ci un peu plus
obtuses, un peu plus en avant, prolongées en arrière en forme d'arête déclive, séparées entre elles par le sillon médian qui est subdénudé et qui se
prolonge parfois un peu sur le milieu de la partie déprimée, en forçant les
soies de celles-ci à s'entrouvrir et à prendre une direction longitudinale.

Écusson subarrondi, voilé par une pubescence blanche.

Élytres oblongues, environ trois fois aussi longues que le prothorax, un
peu plus de deux fois aussi longues que larges à leur base; subparallèles
sur les côtés à peine sur les deux tiers de leur longueur, après lesquels elles
se rétrécissent suivant une ligne presque subrectiligne, et puis assez largement arrondies au sommet avec l'angle apical droit mais un peu émoussé ou
subarrondi au sommet ; légèrement convexes sur le dos ; d'un noir de poix
brillant avec la région humérale plus ou moins rougeâtre ; parées chacune
de deux bandes transversales blanches, assez étroites, composées d'écailles
déprimées : la première subhumérale, touchant presque aux côtés, s'arrêtant loin de la suture, paraissant parfois formée de trois taches réunies : la
deuxième, située environ vers le tiers postérieur, commençant assez loin
des côtés, un peu plus rapprochée de la suture que la précédente, mais un
peu oblique, plus étroite en dehors et subélargie en dedans ; offrant chacune dix rangées striales et le commencement d'une onzième vers l'écusson, formées de points enfoncés, carrés, assez gros et assez confus vers la
base qui en devient un peu rugueuse, graduellement moins gros et moins

(1) Dans les individus épilés, ce sillon est souvent nul ; il est plutôt dû à la divergence de la pubescence sur la ligne médiane.

(2) Toutes ces dents et les sillons qui les séparent, n'étant dûs en partie qu'à la pubescence, ne ressortent d'une manière visible que chez les exemplaires bien frais. Chez
les sujets épilés, on aperçoit avec peine des vestiges d'éminences.

profonds et un peu plus oblongs en approchant de l'extrémité, longitudinalement traversés dans leur milieu chacun par une soie pâle, très-fine et
couchée. *Intervalles* assez larges, plans, lisses, ornés chacun d'une série
régulière de soies assez raides, assez courtes, semi-inclinées en arrière,
pâles ou blondes mais plus ou moins obscures quand on les regarde par
derrière : *le marginal* un peu relevé et obsolètement chagriné en arrière et
cilié à son sommet. *Épaules* plus (♂) ou moins (♀) saillantes, arrondies en
dehors, limitées intérieurement par une impression assez sensible.

Dessous du corps parsemé de points enfoncés oblongs, obsolètes et assez
espacés ; d'un noir ou d'un roux de poix brillant ; revêtu d'une très-fine
pubescence blonde, soyeuse, couchée, peu serrée, mais un peu plus dense
ou plus apparente sur les côtés de la poitrine. *Lame du prosternum* assez
saillante, non tomenteuse, parfois légèrement ciliée : *celle du mésosternum*
à duvet obscur mais serré. *Métasternum* subconvexe, finement canaliculé en
arrière sur sa ligne médiane.

Hanches antérieures légèrement, *les intermédiaires* plus sensiblement,
les postérieures assez fortement écartées l'une de l'autre.

Ventre convexe, à pubescence plus apparente sur la région médiane ; à
premier arceau sensiblement resserré de chaque côté par la partie interne
des hanches postérieures, avancé entre celles-ci en forme d'ogive transverse
et obtuse au sommet ; un peu moins long dans son milieu que le suivant, à
bord postérieur faiblement et régulièrement arqué : le deuxième grand,
assez régulièrement arqué à son bord apical : les troisième et quatrième
assez brusquement sinués ou recourbés en arrière près des côtés de leur
bord postérieur : le troisième un peu moins grand que le deuxième : le
quatrième court : le dernier grand, semi-lunaire, parfois un peu rougeâtre,
très-finement chagriné, mais plus obsolètement ponctué et plus rarement
pubescent.

Pieds allongés, assez grêles, obsolètement chagrinés, d'un roux ferrugi-
gineux assez clair ; revêtus d'une fine pubescence flave ou grisâtre, peu
serrée et couchée. *Cuisses* assez grêles à leur base où elles sont sensiblement
plus étroites que les trochanters ; assez fortement renflées, *les antérieures*
graduellement dès leur base, *les intermédiaires* assez brusquement dès leur
premier tiers, *les postérieures* encore un peu plus brusquement dès leurs
deux cinquièmes basilaires ; toutes assez sensiblement recourbées en dessous
avant leur sommet. *Tibias* assez grêles, assez sensiblement élargis vers leur
extrémité, presque droits ou faiblement arqués à leur base, un peu plus
longs que les cuisses : *les postérieurs* paraissant, vus de dessus leur tran-

che supérieure, un peu recourbés en dedans après le milieu de leur face interne ; avec *les éperons* très-petits et peu distincts. *Tarses* assez développés, à peine moins longs que les tibias, paraissant, vus de dessus, sublinéaires jusqu'au quatrième article inclusivement (1); à premier article oblong et à peine aussi long que les deux suivants réunis dans les antérieurs, suballongé et aussi long que les deux suivants réunis dans les intermédiaires, allongé et un peu plus long que les deux suivants réunis dans les postérieurs : les deuxième à quatrième graduellement à peine ou un peu plus courts : le deuxième obconique, pas plus long ou un peu plus long que large : le troisième triangulaire, pas plus long que large : le quatrième subcordiforme ou légèrement échancré à son sommet, aussi large que les précédents : le dernier étroit, sublinéaire vu de dessus, à peine arqué vu de côté, aussi long que les deux précédents réunis. *Ongles* très-petits, grêles, arqués.

PATRIE. Cette espèce habite la France tempérée et méridionale : les environs de Lyon, le Beaujolais, la Bresse, le Dauphiné, la Provence, le Languedoc, la Gascogne, etc. Elle se tient parmi les vieux lierres, sous les écorces des platanes, des chênes, des ormes, etc. Elle paraît dès le premier printemps.

OBS. Quelquefois les antennes, la tête, le prothorax et les épaules sont presque aussi obscurs que le reste du corps, et les pieds sont en même temps d'une couleur plus foncée.

Elle a figuré longtemps dans les collections sous le nom de *Ptinus quadriguttatus, Dejean*, nom significatif que nous avons vu changer avec peine.

Dans cette espèce, le dernier article des palpes paraît moins sensiblement acuminé à leur extrémité que dans les espèces voisines, ou même un peu obtus au sommet.

11. Ptinus (*Gynopterus*) **dubius**. STURM.

Suballongé ou oblong, finement pubescent, d'un roux testacé peu brillant, avec les yeux seuls noirs. Front finement canaliculé sur son milieu. Prothorax à peine sillonné sur sa ligne médiane, avec quatre fascicules dentiformes obsolètes. Écusson pâle. Élytres oblongues, subparallèles, fortement et

____

(1) Les tarses, dans cette espèce, paraissent, vus de dessus, sublinéaires ou même un peu rétrécis vers leur base, au lieu d'être subatténués vers leur extrémité comme dans les deux espèces précédentes.

densement ponctuées-striées, courtement et sérialement sétosellées. Cuisses assez brusquement renflées. Tibias intermédiaires et postérieurs à éperons fortement inégaux chez les ♂. Tarses allongés, sublinéaires, à quatrième article subbilobé.

Ptinus dubius. Sturm, Deuts. Faun., t. XII, p. 75, 12 ; — Redtenbacher, Faun. Austr., 2ᵉ édit., p. 556 ; — Boieldieu, Mon. Ptin., Ann. Soc. Ent. Fr., 1856, p. 502, 27.

Long. 0ᵐ,0023 (1 l.) ; — larg. 0ᵐ,0011 (1 2 l.)

♂. *Corps* suballongé. *Yeux* gros et très-saillants. *Tête*, compris ceux-ci plus large que le prothorax. *Antennes* aussi longues que le corps, à deuxième article court, subglobuleux, à peine plus long que la moitié du suivant : celui-ci allongé ; les autres très-allongés, subcylindriques : le dernier encore plus allongé, cylindrique. *Prothorax* avec une carène courte ou dent obsolète sur sa ligne médiane en arrière du dos. *Élytres* suballongées, parallèles. *Tibias* très-grêles à leur base, plus ou moins mais faiblement recourbés en arrière après leur milieu : *les intermédiaires et postérieurs à éperons* fortement inégaux : l'externe droit, l'interne beaucoup plus grand, à peine recourbé en dessous. *Tarses antérieurs* à premier article suballongé, aussi long que les deux suivants réunis : le deuxième oblong, obconique : le troisième suboblong, subtriangulaire ; *les intermédiaires* à premier article allongé, à peine plus long que les deux suivants réunis : le deuxième suballongé : le troisième suboblong, obconique ; *les postérieurs* à premier article très-allongé, aussi long que les trois suivants réunis : le deuxième allongé : le troisième oblong, obconique.

♀ · *Corps* oblong. *Yeux* assez gros, médiocrement saillants. *Tête*, compris ceux-ci, à peine aussi large que la partie antérieure du prothorax. *Antennes* aussi longues que les deux tiers du corps, à deuxième article oblong, obconique, seulement un peu moins long que le troisième : celui-ci et les suivants un peu plus oblongs, obconiques : le dernier elliptique. *Prothorax* obsolètement sillonné sur sa ligne médiane, mais sans carène obsolète en arrière sur celle-ci. *Élytres* oblongues, subparallèles. *Tibias* grêles à leur base, presque droits, tous à *éperons* égaux et semblables. *Tarses antérieurs* à premier article oblong, obconique, à peine aussi long que les deux suivants réunis : les deuxième et troisième plus ou moins courts, subtriangulaires; *les intermédiaires* à premier article suballongé, aussi long que les deux suivants réunis : le deuxième oblong, obconique : le troisième assez court, triangulaire ; *les postérieurs* à premier article allongé, un peu moins long que les trois suivants réunis : le deuxième suballongé ; le troisième oblong, obconique.

Corps suballongé ou oblong, finement pubescent, d'un roux testacé peu brillant, avec les yeux seuls noirs.

Tête verticale ou subinfléchie, ruguleuse, d'un roux testacé mat; revêtue d'une fine pubescence couchée, peu serrée, d'un gris blanchâtre ; avec la région de l'épistome un peu rembrunie à son sommet qui est distinctement et circulairement échancré. *Front* large, subdéprimé, finement canaliculé sur sa ligne médiane surtout au-dessous de la tranche interantennaire. *Labre* finement chagriné, rougeâtre (♂), quelquefois plus ou moins rembruni (♀), distinctement cilié en avant de soies pâles. *Mandibules* ruguleuses, rougeâtres et ciliées à leur base; d'un noir de poix, lisses et glabres à leur pointe.

Palpes d'un roux testacé.

Yeux plus (♂) ou moins (♀) grands, plus (♂) ou moins (♀) saillants, subarrondis, noirs.

Antennes allongées, souvent (♂) presque aussi longues que le corps, sub-filiformes, obsolètement chagrinées ; d'un rouge un peu testacé ; garnies d'une assez dense et assez longue pubescence cendrée, semi-couchée, plus ou moins obsolète dans les derniers articles : le premier légèrement épaissi en massue oblongue et subarquée : le deuxième plus (♂) ou moins (♀) court, subglobuleux (♂) ou obconique (♀): le troisième oblong (♀) ou allongé (♂): les quatrième à dixième plus (♂) ou moins (♀) allongés : le dernier beaucoup plus long que le pénultième, elliptique (♀) ou cylindrique (♂), obtusément acuminé au sommet.

Prothorax sensiblement plus étroit que les élytres, non ou à peine plus long que large ; sensiblement étranglé et transversalement déprimé au-devant de sa base, avec l'étranglement situé à peu près vers le quart postérieur ; paraissant, vu de dessus, légèrement et subarcuément dilaté sur le milieu des côtés de sa partie globuleuse; largement et obtusément arrondi à son bord antérieur qui est obsolètement rebordé en forme d'étroit bour= relet; très-faiblement arrondi à la base qui est étroitement et distinctement rebordée avec le rebord comme doublé sur ses côtés dans la partie réflé- chie ; assez densement granulé, avec les grains plus ou moins aplatis et parfois subombiliqués; d'un roux-testacé peu brillant; garni de petites soies pâles, fines et peu serrées, redressées en forme de frange le long de la tranche antérieure où s'en trouvent en devant quelques autres couchées en travers, un peu inclinées en arrière sur la partie antérieure du disque, un peu inclinées en avant sur la postérieure, subtransversalement et obliquement couchées sur la partie déprimée; marqué sur sa ligne médiane d'un léger sillon canaliculé, parfois prolongé (♀) depuis le rebord antérieur jusqu'à la partie déprimée, d'autrefois nul ou remplacé en arrière chez le ♂ par une petite ligne élevée ou carène obsolète en forme de tubercule oblong et presque lisse; offrant sur le dos, chez les individus bien frais et à sillon médian distinct, quatre très-faibles éminences (1) disposées sur une ligne transversale, souvent à peine distinctes, si ce n'est grâce à l'effet des fascicules de soies plus redressés et convergeant à leur sommet, dont elles sont surmontées: les deux latérales un peu moins obsolètes, un peu moins élevées, à fascicules en forme de dent angulaire, séparées des intermédiaires par un sillon court et à peine distinct, plutôt creusé dans la pubescence: celles-ci plus obtuses, séparées l'une de l'autre par le sillon médian quand il existe.

Écusson subarrondi, voilé par une très-dense pubescence pâle, tranchant un peu sur le fond des élytres.

Élytres suballongées (♂) ou oblongues (♀), environ trois fois et demie aussi longues que le prothorax; subparallèles sur leurs côtés sur les deux tiers ou les trois cinquièmes de leur longueur, après lesquels elles sont subarcuément rétrécies, et puis largement et obtusément arrondies au sommet, avec l'angle apical droit, non ou à peine émoussé; faiblement convexes sur le dos ou même subdéprimées derrière l'écusson sur la suture; entièrement d'un roux-testacé peu brillant, concolores; offrant chacune environ dix rangées striales et le commencement d'une onzième vers l'écusson, formées de points enfoncés assez gros, assez profonds, carrés et très-serrés, longitudinalement traversés dans leur milieu par une fine soie pâle et tout à fait couchée. *Intervalles* étroits, à peine plus larges que les points; presque lisses (2), subconvexes, ornés chacun d'une série

---

(1) Dans les individus épilés, on n'aperçoit que les deux éminences latérales, lesquelles sont séparées l'une de l'autre par une large bosse obtuse, le sillon médian n'existant pas, surtout chez les ♂.

(2) Les points crénelant un peu les intervalles, il en résulte que les élytres, vues de côté, paraissent comme ruguleuses surtout à leur base.

régulière de soies pâles, courtes, assez serrées et un peu couchées en arrière. *Épaules* assez saillantes, légèrement arrondies en dehors, limitées intérieurement par une impression plus (♀) ou moins (♂) légère.

Dessous du corps obsolètement ponctué, avec les points oblongs, peu serrés, presque effacés en approchant de l'extrémité du ventre ; d'un roux-testacé brillant ; revêtu d'une fine pubescence cendrée, couchée et médiocrement serrée. *Métasternum* assez convexe, finement canaliculé en arrière sur sa ligne médiane.

Hanches antérieures très-rapprochées, *les intermédiaires* légèrement écartées, *les postérieures* passablement distantes l'une de l'autre.

Ventre assez convexe, excepté sur les deux derniers arceaux ; le premier fortement resserré de chaque côté par la partie interne des hanches postérieures, avancé entre celles-ci en forme de large triangle subarrondi ou obtusément tronqué au sommet, sensiblement moins long dans son milieu que le deuxième, assez régulièrement arqué à son bord postérieur (♀) ou à peine subsinué au milieu de celui-ci (♂) : le deuxième assez grand, régulièrement arqué à son bord apical : les troisième et quatrième sensiblement sinués ou recourbés en arrière vers les côtés de leur bord postérieur ; le troisième un peu moins grand que le précédent ; le quatrième court ; le dernier assez grand, semi-lunaire, plus ou moins déprimé.

Pieds assez allongés, grêles : très-obsolètement chagrinés ; d'un roux-testacé ; recouverts d'une fine pubescence cendrée, médiocrement serrée et couchée. *Cuisses* plus (♂) ou moins (♀) grêles à leur base où elles sont beaucoup plus étroites que les trochanters, plus (♂) ou moins (♀) brusquement renflées dès leur premier tiers, un peu recourbées en dessous avant leur sommet. *Tibias* grêles (♂) ou assez grêles (♀), faiblement élargis vers leur extrémité, très-légèrement ciliés sur leur tranche extérieure, un peu plus longs que les cuisses, presque droits chez les ♀ ; *les intermédiaires et postérieurs* plus ou moins mais faiblement recourbés en arrière, à *éperons* fortement inégaux. *Tarses* allongés, grêles, aussi longs ou presque aussi longs que les tibias, sublinéaires ou même un peu plus étroits vers leur base ; avec les deuxième à quatrième articles graduellement un peu plus courts ; le premier plus (♂) ou moins (♀) allongé ; le deuxième oblong, suballongé ou même allongé ; les troisième et quatrième faiblement subélargis et un peu subdéprimés (1) ; le troisième triangu-

---

(1) Dans les trois espèces précédentes au contraire, les troisième et quatrième articles sont, sinon moins larges, au moins pas plus larges que les précédents.

laire, parfois suboblong ; le quatrième un peu plus large que le précédent (1), subcordiforme, sensiblement échancré au sommet ou subbilobé ; le dernier grêle, sublinéaire, presque aussi long que les deux précédents réunis. *Ongles* petits, grêles, arqués, infléchis.

Patrie. Cette espèce se trouve assez communément dans la France tempérée et méridionale. Elle est peu commune aux environs de Lyon. On la prend en battant les pins, au premier printemps. Elle passe même l'hiver sous les écorces de ce même arbre.

Elle varie peu pour la couleur qui est cependant parfois un peu plus foncée.

Le ♂ se distingue encore de la ♀ par sa forme un peu plus allongée, par ses élytres plus parallèles, et par ses pieds un peu plus développés et un peu plus grêles dans toutes leurs parties.

Par son port, par sa taille, par ses épaules saillantes, par la convexité et la pubescence du ventre, elle semble marcher à côté du *Ptinus Aubei*. Mais sa couleur générale l'en éloigne beaucoup et la rapproche davantage de l'espèce suivante et de certaines espèces des *Ptinus vrais*, et entre autres des *Ptinus testaceus et subpilosus*. Elle est la même espèce que le *Ptinus pygmœus* du catalogue Dejean.

DEUXIÈME SECTION

Caractères. *Élytres* légèrement arrondies sur les côtés et *sans ailes* en dessous dans les deux sexes. *Éperons des tibias intermédiaires et postérieurs* très-fortement inégaux dans les ♂ ; l'externe très-petit et droit : l'interne beaucoup plus grand et sensiblement recourbé en dessous (2). *Épaules* peu saillantes (*sous-genre Heteroplus*, de ἕτερος, autre, et ὅπλον, armure).

Obs. Aux caractères sus-indiqués pour cette section, on peut ajouter que le *deuxième article des antennes*, chez les ♀, est presque aussi long que le troisième sur sa tranche externe ; que *la lame du prosternum* est rétrécie en pointe aciculée et celle du *mésosternum* en triangle assez large et

______

(1) En comprenant les lobes, il est au moins aussi long que le troisième.

(2) Ces mêmes éperons sont subinégaux chez les ♀, tandis qu'ils sont tout à fait égaux chez ce même sexe dans le *Gynopterus dubius*; de plus, les deux sexes de cette dernière espèce sont ailés et ont les élytres subparallèles sur les côtés.

mousse au sommet ; et que les *tarses postérieurs* des ♂ sont très-allongés,
avec leur premier article aussi long que les trois suivants réunis.

SOUS-GENRE *HETEROPLUS*. M. et R.

Ce sous-genre ne se compose que d'une seule espèce.

12. Ptinus (*Heteroplus*) **pusillus**. Sturm.

*Ovalaire-suballongé, d'un roux brunâtre ou testacé un peu brillant,
avec les yeux noirs. Front flave et subécailleux. Prothorax oblong, subdénudé sur sa ligne médiane, avec quatre fascicules dentiformes obsolètes.
Écusson pâle. Élytres ovalaire-oblongues, plus ou moins arrondies sur les
côtés dans les deux sexes, assez fortement ponctuées-striées, brièvement
et sérialement sétosellées, parées de deux bandes transversales raccourcies, blanchâtres. Cuisses sensiblement renflées. Tibias intermédiaires et
postérieurs très-fortement inégaux chez les ♂. Tarses linéaires.*

Ptinus pusillus. Sturm, Deuts. Faun., t. XII, p. 65, 8 ; pl. 251, a. A ; — Redtenbacher. Faun. Austr., 2ᵉ édit., p. 556 ; — Boieldieu, Mon. Ptin., Ann. Soc. Ent. Fr.,
1856, t. IV, p. 643, 39.

Long. 0ᵐ,0023 (1 l.) ; — larg. 0ᵐ,0010 (1/2 l.).

♂. *Corps* suballongé. *Yeux* assez gros et assez saillants. *Tête*, compris
ceux-ci, au moins aussi large que le prothorax. *Antennes* aussi longues que
le corps ; à deuxième article sensiblement moins long que le troisième ;
celui-ci et les suivants allongés, subcylindriques ; le dernier très-allongé,
cylindrique. *Élytres* ovalaire-suballongées, subconvexes, légèrement arrondies sur les côtés. *Intervalles des rangées striales* à peine plus larges que
les points. *Éperons des tibias intermédiaires et postérieurs* très-fortement
inégaux : l'externe petit, grêle et droit : l'interne beaucoup plus long, plus
robuste, assez fortement recourbé en dessous ; ceux des antérieurs assez
longs, grêles et égaux. *Tarses* linéaires ; *les intermédiaires et postérieurs*
très-développés, aussi longs que les tibias ; *les antérieurs* à premier article
suballongé, aussi long que les deux suivants réunis : le deuxième suboblong, obconique : le troisième court, triangulaire ; *les intermédiaires* à

premier article allongé, un peu plus long que les deux suivants réunis : le deuxième oblong, obconique : le troisième assez court, triangulaire ; *les postérieurs* à premier article très-allongé, aussi long que les trois suivants réunis : le deuxième allongé : le troisième oblong, obconique.

♀ . *Corps* oblong. *Yeux* médiocres et peu saillants. *Tête*, compris ceux-ci, un peu moins large que la partie antérieure du prothorax. *Antennes* sensiblement moins longues que le corps, à deuxième article presque aussi long sur sa tranche externe que le troisième ; celui-ci et les suivants oblongs, obconiques ; le dernier ovalaire-oblong ou subelliptique. *Élytres* ovalaire-oblongues, assez convexes, assez sensiblement arrondies sur les côtés. *Intervalles des rangées striales* sensiblement plus larges que les points. *Éperons des tibias intermédiaires et postérieurs* subinégaux : l'externe très-petit : l'interne un peu plus grand et droit ; ceux des *antérieurs* assez petits, grêles, égaux. *Tarses* paraissant, vus de dessus, légèrement subatténués vers leur extrémité ; médiocrement développés, sensiblement moins longs que les tibias ; *les antérieurs* à premier article suboblong, un peu plus long que le suivant : les deuxième et troisième courts, subtriangulaires ; *les intermédiaires* à premier article oblong, un peu moins long que les deux suivants réunis : les deuxième et troisième assez courts, subtriangulaires ; *les postérieurs* à premier article assez allongé, à peine plus long que les deux suivants réunis ; ceux-ci obconiques, le deuxième oblong, le troisième suboblong.

♂ ♀ . *Corps* en ovale plus (♂) ou moins (♀) allongé, d'un roux-testacé plus ou moins brunâtre et peu brillant, avec les élytres parées chacune de deux bandes transversales, raccourcies, blanchâtres.

Tête verticale, finement rugueuse, d'un roux-testacé mat ; revêtue d'une dense pubescence flave, déprimée et subécailleuse ; avec la région de l'épistome subdénudée, mais légèrement ciliée de soies blondes et brillantes. *Front* large, subconvexe, paraissant parfois obsolètement et finement canaliculé sur sa ligne médiane. *Labre* chagriné, d'un roux obscur et mat, densement et brièvement cilié en avant de soies argentées. *Mandibules* rougeâtres, ruguleuses et ciliées à leur base ; d'un noir de poix, lisses et glabres à leur extrémité. *Palpes* d'un roux-testacé.

Yeux plus (♂) ou moins (♀) grands, plus (♂) ou moins (♀) saillants, subarrondis ou courtement ovalaires, noirs.

Antennes allongées, souvent (♂) aussi longues que le corps, subfiliformes, très-finement chagrinées, d'un roux-testacé ; garnies d'une dense

pubescence cendrée et semi-couchée, plus obsolète dans les derniers articles, avec les poils plus longs et fasciculés en dedans vers le sommet de
chaque article : le premier assez fortement épaissi en massue ovale-oblongue et subarquée ; le deuxième obconique, parfois (♂) subarrondi intérieurement, aussi long (♀) ou sensiblement moins long (♂) que le
troisième ; celui-ci et les suivants plus (♂) ou moins (♀) allongés ; le
dernier beaucoup plus long que le pénultième, très-allongé et cylindrique (♂) ou ovalaire-oblong (♀), obtusément acuminé au sommet.

Prothorax un peu plus étroit que les élytres à leur base, sensiblement
plus long que large ; assez fortement étranglé et subdéprimé au-devant de
sa base, avec l'étranglement situé vers le quart postérieur ; paraissant, vu
de dessus, assez fortement arrondi sur les côtés de sa partie globuleuse ;
largement et obtusément arrondi à son bord antérieur qui est étroitement et
obsolètement rebordé ; faiblement arrondi à la base qui paraît parfois
subangulairement prolongée dans son milieu et qui est étroitement rebordée, avec le rebord comme doublé sur les côtés dans la partie réfléchie ;
assez fortement granulé ; d'un roux-testacé peu brillant ; garni de petites
soies flaves, médiocrement serrées, couchées en travers le long de l'extrême base et sur le rebord antérieur, quelquefois subredressées en manière de frange sur le milieu de la tranche de celui-ci, plus ou moins couchées sur le reste du dos, où néanmoins elles se redressent un peu pour
former quatre fascicules dentiformes, ordinairement obsolètes et disposés
sur une ligne transversale : les deux latéraux à peine aussi élevés que les
autres, mais plus prononcés, subangulaires, séparés de ceux-ci par un
sillon très-court et obsolète : les deux intermédiaires à peine plus en
avant, plus obtus, séparés entre eux par un intervalle longitudinal
subdénudé, assez large et simulant une espèce de sillon creusé dans la
pubescence (1).

Écusson subsemicirculaire, voilé par une très-dense pubescence tomenteuse d'un flave pâle.

Élytres presque plus de deux fois et demie aussi longues que le prothorax, suballongées (♂) ou ovalaire-oblongues (♀) ; plus (♀) ou moins
(♂) mais toujours évidemment arrondies sur les côtés, sensiblement et subarcuément rétrécies en arrière à partir de leur dernier tiers, et puis assez
étroitement arrondies au sommet avec l'angle apical droit et à peine

---

(1) Chez les ♂ épilés, on aperçoit en arrière sur le milieu du dos une ligne élevée
très-obsolète et un peu brillante.

émoussé : plus (♀) ou moins (♂) convexes sur le dos ; entièrement d'un roux-testacé un peu brillant, quelquefois plus ou moins châtain ou brunâtre dans les ♀ , chez lesquelles la base reste souvent plus claire ; parées chacune sur les côtés de deux bandes transversales blanchâtres, parfois peu tranchées, composées d'écailles déprimées, éparses ou peu serrées : la première subhumérale, assez large en dehors, subtriangulaire, plus ou moins raccourcie en dedans : la deuxième située vers le tiers postérieur, généralement un peu plus étroite, descendant obliquement en dedans, où elle s'arrête plus ou moins loin de la suture ; offrant chacune dix rangées striales et le commencement d'une onzième vers l'écusson, formées d'assez gros points enfoncés, carrés, peu profonds, traversés dans leur milieu par une très-fine soie pâle et couchée en long. *Intervalles* assez étroits, lisses, plans, ornés chacun d'une série assez régulière de soies flaves ou pâles, courtes, un peu frisées ou arquées et un peu couchées en arrière : *le marginal* un peu plus large, obsolètement chagriné et à peine relevé en arrière. *Épaules* peu saillantes mais assez prononcées, formant en dehors des côtés de la base du prothorax un petit angle obtus et à peine arrondi ; sans impression sensible intérieurement.

Dessous du corps éparsement et assez légèrement ponctué, d'un roux-testacé assez brillant, recouvert d'une fine pubescence flave, couchée et assez serrée. *Métasternum* subdéprimé, presque indistinctement canaliculé en arrière sur sa ligne médiane. *Intervalle* compris entre les insertions des pieds postérieurs un peu plus large que celui compris entre celles-ci et les côtés, dans les deux sexes.

Hanches antérieures très-légèrement, *les intermédiaires* légèrement, *les postérieures* assez fortement distantes l'une de l'autre.

Ventre longitudinalement subdéprimé sur son milieu ; à premier arceau fortement resserré de chaque côté par la partie interne des hanches postérieures, avancé entre celles-ci en forme d'hémicycle ou de large triangle obtusément arrondi en avant, sensiblement moins long dans son milieu que le suivant, assez régulièrement arqué à son bord postérieur : le deuxième grand, sensiblement sinué ou recourbé en arrière vers les côtés de son bord apical, les troisième et quatrième beaucoup plus fortement et plus brusquement : le troisième évidemment moins grand que le précédent : le quatrième très-court : le dernier grand, semi-lunaire, très-obsolètement ou à peine ponctué, moins densement pubescent que les autres.

Pieds allongés, finement chagrinés, d'un roux-testacé ; revêtus d'une fine pubescence couchée, pâle et assez dense. *Cuisses* un peu plus étroites à leur base que les trochanters, légèrement recourbées en dessous avant leur sommet, sensiblement renflées après leur milieu, les postérieures un peu plus brusquement chez les ♂ surtout. *Tibias* assez grêles, graduellement et faiblement élargis vers leur extrémité, finement ciliés sur leur tranche inférieure, éparsement ciliés sur leur tranche supérieure de poils moins fins, arqués et presque couchés : *les antérieurs et intermédiaires* presque droits, à peine plus longs que les cuisses : *les postérieurs* un peu plus longs, faiblement recourbés en arrière vers leur milieu ; *les intermédiaires et postérieurs* à *éperons* subinégaux chez les ♀, très-fortement inégaux chez les ♂ : *Tarses* plus (♂) ou moins (♀) développés, linéaires (♂) ou sublinéaires (♀), à premier article plus (♂) ou moins (♀) allongé : les deuxième à quatrième graduellement plus courts : le quatrième plus ou moins court, un peu moins large (♀) ou à peine aussi large (♂) que le précédent, subtriangulaire : le dernier grêle, aussi long que les deux précédents réunis, sublinéaire vu de dessus, subarqué vu de côté. *Ongles* petits, grêles, à peine arqués, infléchis.

PATRIE. Cette espèce se trouve dans les greniers, dans presque toute la France : le Beaujolais, les Landes, les environs de Paris et de Lyon, etc. Elle est assez rare dans cette dernière localité.

Par la structure des éperons des tibias intermédiaires et postérieurs des ♂, cette espèce se rapproche du *Ptinus dubius. Sturm.* Par ses épaules moins saillantes, par ses élytres subovalaires et arrondies sur les côtés dans la ♀ surtout, elle offre plutôt de la ressemblance avec les *Ptinus vrais* (1). En tous cas, à cause de ses élytres légèrement arrondies sur les côtés chez les ♂, sans ailes en dessous dans les deux sexes, et à cause aussi de la structure des éperons des tibias intermédiaires et postérieurs des ♂, nous avons cru devoir en faire un sous-genre qui sert de transition entre le s. g. *Gynopterus* et les *Ptinus vrais*, comme participant des deux pour la forme générale.

Quelquefois la couleur est d'un roux assez foncé, avec la base des élytres un peu plus claire.

---

(1) Il est à remarquer qu'à mesure que les élytres deviennent plus ovalaires, elles se replient en même temps plus fortement en dessous sur les côtés, surtout en arrière, et qu'aussi les pieds postérieurs deviennent plus largement distants chez les ♀ que chez les ♂, avec les tarses, surtout les postérieurs, beaucoup plus allongés dans ce dernier sexe.

TROISIÈME SECTION

CARACTÈRES. *Élytres* parallèles sur les côtés et *avec des ailes* en dessous chez les ♂ ; ovalaires ou plus ou moins arrondies sur les côtés et *sans ailes* en dessous chez les ♀ . *Épaules* assez saillantes chez les ♂, ordinairement effacées chez les ♀ .

Nous partagerons cette section en deux divisions :

1re Division. *Prothorax* à dents médianes peu ou médiocrement élevées, séparées par un sillon raccourci, peu profond ; *sans oreillettes* sensibles. (S.-g. *Ptinus vrais.*)

2e Division. *Prothorax* à dents médianes très-élevées en forme de bosses arrondies, séparées par un sillon très-profond ; *avec des oreillettes* sensibles. (S.-g. *Cyphoderes.*)

PREMIÈRE DIVISION. — *PTINUS VRAIS.*

CARACTÈRES. *Prothorax* à dents médianes peu ou médiocrement élevées, séparées l'une de l'autre par un sillon raccourci, peu profond ou même nul ou obsolète ; *sans oreillettes* sensibles.

Cette première division peut elle-même se partager en deux subdivisions :

1re Subdivision. *Premier arceau ventral* beaucoup plus court que le suivant : le quatrième court, mais toujours plus long que la moitié du précédent.

2e Subdivision. *Premier arceau ventral* un peu plus court que le suivant : le quatrième très-court, moins long ou pas plus long que la moitié du précédent.

PREMIÈRE SUBDIVISION. — *PTINUS VRAIS*

CARACTÈRES. *Premier arceau ventral* beaucoup plus court dans son milieu que le suivant, sensiblement sinué sur la partie médiane de son bord postérieur (1). *Le quatrième* court, mais toujours plus long que

____

(1) Ce premier arceau, beaucoup plus court dans son milieu que le suivant, est en même temps beaucoup plus resserré de chaque côté par la partie interne des hanches postérieures, que dans la subdivision opposée.

la moitié du précédent. *Lame médiane du mésosternum* plus ou moins large, subparallèle ou à peine rétrécie en arrière.

Nous caractériserons de la manière suivante les espèces de cette première subdivision :

C *Deuxième article des antennes* beaucoup moins long que le troisième dans les deux sexes. *Lame médiane du prosternum* très-étroite, linéaire : celle *du mésosternum* plus ou moins étroite, subparallèle. *Prothorax* obscur, sans taches blanches. *Élytres des* ♀ brunes, avec deux étroites bandes transversales, flexueuses et blanchâtres.

   d *Deuxième article des antennes* court, à peine aussi long que large. *Tête* densement pubescente et blanchâtre. *Prothorax* creusé sur son milieu d'un sillon court, assez profond ; à dents bien prononcées surtout chez les ♀. *Élytres* cendrées chez les ♂, avec une large bande transversale flexueuse et brune. *Ventre* à deuxième arceau non sinué sur le milieu de son bord apical : les quatrième et cinquième avec un ombilic sétifère chez les ♀.   ITALICUS.

   dd *Deuxième article des antennes* oblong ou un peu plus long que large. *Tête* médiocrement pubescente, assez obscure. *Prothorax* creusé sur son milieu d'un sillon court, peu profond ; à dents peu saillantes dans les deux sexes. *Élytres* entièrement cendrées chez les ♂. *Ventre* à deuxième arceau sensiblement sinué sur le milieu de son bord apical : le quatrième seul avec un ombilic sétifère chez les ♀.   RUFIPES.

CC *Deuxième article des antennes* à peine moins long sur sa tranche externe que le troisième chez les ♀. *Lame médiane du prosternum* étroite, linéaire : celle *du mésosternum* assez large, subparallèle. *Prothorax* avec des taches blanches. *Élytres* subplombées, avec deux bandes transversales blanchâtres dans les deux sexes.

   e *Prothorax* avec une ligne médiane, et deux taches antérieures blanches, écailleuses.   ORNATUS.

   ee *Prothorax* sans ligne médiane blanche, seulement avec deux taches postérieures blanchâtres.   LEPIDUS.

13. Ptinus italicus. ARAGONA.

Très-allongé (♂) *ou ovalaire-oblong* (♀)*, brun, avec les palpes d'un roux-testacé, les antennes et les pieds d'un roux-ferrugineux. Front blanchâtre, finement canaliculé sur son milieu. Antennes à deuxième article court. Prothorax oblong, creusé sur sa ligne médiane d'un sillon court et assez profond ; avec quatre fortes éminences ou dents fasciculées dont les* *intermédiaires plus élevées. Élytres allongées (♂) ou ovalaire-oblongues (♀), fortement ponctuées-striées, tomenteuses (♂) ou sérialement et longuement sétosellées (♀), parées sur leur milieu d'une large bande transversale commune, brune ou noire, flexueuse, subdénudée. Tarses assez épais, à quatrième article subélargi et bilobé.*

Plinus italicus. Aragona, De quib. Col. Nov., p. 17, no 12 ; — Comolli, De col. nov., p. 18, no 31 ; — Chevrolat, in Guer. Icon. Règn. an., texte, p. 53, pl. 16, fig. 1 ; — Boieldieu, Mon. Ptin., Ann. Soc. Ent. Fr., 1856, t. IV, p. 629, 29, pl. 17, fig. 18.

♂ . Long. 0,0044 à 0,0047 (2 l. à 2 l. 1/4) ; — larg. 0,0018 (3/4 l.).
♀ . Long. 0,0040 (1 l. 3/4) ; — larg. 0,0023 (1 l.).

♂ . *Corps* très-allongé. *Yeux* grands et très-saillants. *Tête*, compris ceux-ci, sensiblement plus large que le prothorax. *Antennes* assez grêles, au moins aussi longues que le corps ; à troisième article oblong, subcylindrique : le quatrième allongé, subcylindrique : les cinquième à dixième très-allongés, cylindriques : le dernier encore plus allongé, linéaire. *Prothorax* à sillon médian surmonté postérieurement, avant la partie déprimée, d'une petite carène lisse et courte ; à éminences arrondies mais garnies d'un fascicule dentiforme prononcé. *Élytres* allongées, quatre fois aussi longues que le prothorax, parallèles sur leurs côtés sur les trois quarts de leur longueur, assez largement arrondies au sommet avec l'angle apical à peine arrondi ; subdéprimées le long de la suture ; d'un brun un peu roussâtre mais voilé par une épaisse pubescence tomenteuse, couchée, d'un flave cendré, et qui les fait paraître grisâtres ; parées sur leur milieu d'une large bande transversale brunâtre, commune, bien tranchée, fortement flexueuse, étranglée sur le milieu de chaque étui, dilatée en arrière sur les côtés, subdénudée ou à pubescence plus obscure ; avec souvent la couleur foncière de la partie tomenteuse plus ou moins rosée ; à surface fortement ponctuée-striée, avec *les intervalles* subconvexes, ornés chacun d'une série de courtes soies jaunâtres, devenant plus obscures en traversant la bande médiane, semi-couchées en arrière et souvent peu distinctes au milieu de la pubescence générale qui est plus courte et plus couchée. *Épaules* très-saillantes, largement arrondies en dehors, limitées intérieurement par une légère impression arquée. *Métasternum* grand, postérieurement convexe, fortement sillonné sur la moitié postérieure de sa ligne médiane. *Ventre* à premier arceau sensiblement sinué sur le milieu de son bord postérieur :

les quatrième et cinquième sans point ombiliqué sétifère. *Pieds postérieurs* médiocrement distants à leur insertion. *Cuisses* assez grêles, assez brusquement renflées dès leur premier tiers, finement ciliées en dessous. *Tibias* assez grêles, un peu plus longs que les cuisses et faiblement recourbés en arrière. *Tarses* assez développés, à premier article allongé, presque aussi long que les trois suivants réunis : le deuxième oblong.

♀ . *Corps* ovalaire-oblong. *Yeux* médiocres et peu saillants. *Tête*, compris ceux-ci, à peine aussi large que la partie antérieure du prothorax. *Antennes* assez épaisses, aussi longues environ que les deux tiers du corps; à troisième article en carré à peine plus long que large : les quatrième à dixième oblongs, subcylindriques : le dernier ovalaire-oblong ou subelliptique. *Prothorax* à sillon médian simple ; à éminences très-fortes, subangulaires, surmontées d'un fascicule très-prononcé et très-saillant. *Élytres* ovalaire-oblongues, trois fois aussi longues que le prothorax, sensiblement arrondies sur les côtés et obtusément acuminées au sommet, avec l'angle apical arrondi et les côtés légèrement sinués avant leur extrémité ; assez convexes sur le dos; d'un noir de poix brillant avec la base médiocrement, l'extrémité éparsement revêtues d'une pubescence blanchâtre et couchée ; avec une large bande, également d'un noir de poix, commune, traversant leur milieu, dénudée de poils blanchâtres, fortement flexueuse et à peu près semblable à celle du ♂, et enclose en avant et en arrière par une étroite bande transversale flexueuse d'un blanc tranché, au delà de laquelle la couleur reparaît d'un noir de poix ; ou bien plus simplement, d'un noir de poix brillant avec deux étroites bandes transversales communes, formées de poils blancs et couchés, fortement flexueuses, situées l'une vers le premier tiers, l'autre vers le tiers postérieur, enclosant entre elles deux une large bande transversale commune et de la même forme que celle du ♂ ; avec des poils de même couleur et médiocrement serrés vers la base, et d'autres semblables mais moins serrés vers l'extrémité ; à surface très-fortement et surtout plus profondément ponctuée-striée que chez le ♂, avec *les intervalles* un peu plus convexes, ornés chacun d'une série régulière de longues soies, plus ou moins redressées, dorées, mais devenant obscures en passant sur la bande transversale, avec celles des séries impaires ou alternes beaucoup plus longues. *Épaules* assez saillantes, légèrement arrondies, sans impression sensible intérieurement. *Métasternum* assez grand, peu convexe, à peine et brièvement sillonné en arrière sur sa ligne médiane. *Ventre* à premier arceau légèrement sinué au milieu de son bord postérieur : le quatrième muni sur son milieu d'un point ombiliqué d'où

æsort un petit pinceau de poils pâles : le cinquième également muni sur son
milieu d'un point ombiliqué d'où sort une longue soie pâle et raide.
Pieds postérieurs assez largement distants à leur insertion. *Cuisses* assez
épaisses, graduellement renflées dès leur base, non ciliées en dessous.
Tibias assez forts, à peine aussi longs que les cuisses et presque droits.
Tarses moins développés, à premier article aussi long seulement que les
deux suivants réunis, oblong dans les antérieurs et intermédiaires, suballongé dans les postérieurs : le deuxième court dans les antérieurs et intermédiaires, suboblong dans les postérieurs.

♂ ♀. *Corps* très-allongé (♂) ou ovalaire-oblong (♀), plus (♂) ou
moins (♀) pubescent, brun, avec les élytres traversées par une large
bande flexueuse, obscure et subdénudée.

Tête verticale ou infléchie, ruguleuse, brunâtre, voilée par une dense
pubescence couchée, pâle ou blanche ; avec la région de l'épistome subdénudée ou légèrement ciliée.

Front large, subdéprimé, à pubescence devenant un peu roussâtre antérieurement : finement et plus ou moins distinctement canaliculé sur sa ligne
médiane. *Labre* subconvexe, obsolètement chagriné, brunâtre, densément
cilié en avant de soies courtes et flaves. *Mandibules* un peu roussâtres,
ruguleuses et légèrement ciliées à leur base ; d'un noir de poix, lisses et
glabres à leur extrémité. *Palpes* d'un roux-testacé.

Yeux plus (♂) ou moins (♀) gros, plus (♂) ou moins (♀) saillants,
subarrondis, noirs.

Antennes, allongées, aussi longues que le corps chez les ♂, plus (♂) ou
moins (♀) grêles, subfiliformes ou à peine plus épaisses à leur base ; très-
finement chagrinées : d'un roux ferrugineux quelquefois assez obscur ;
revêtues d'une très-fine pubescence cendrée, couchée, plus rare ou presque
obsolète dans les derniers articles, plus grossière dans les sept ou huit
premiers des femelles, avec les troisième à huitième en outre obsolètement
ciliés en dessous de poils très-fins, très-courts et perpendiculaires ; à premier article légèrement renflé en massue oblongue, souvent (♂) subarquée :
le deuxième court, subtransverse (♀) ou pas plus long que large (♂), beaucoup moins long que le suivant, irrégulièrement subcyathiforme : les
troisième à dixième subcylindriques : le troisième suboblong (♀) ou oblong
(♂) : les quatrième à dixième plus (♂) ou moins (♀) allongés : le dernier
beaucoup plus long que le pénultième, linéaire (♂) ou subelliptique (♀),
obtusément acuminé au sommet.

Prothorax beaucoup plus étroit que les élytres, assez sensiblement pli
long que large; fortement étranglé et transversalement déprimé au deva
de sa base, avec l'étranglement situé vers le tiers postérieur; paraissan
vu de dessus, plus (♀) ou moins (♂) angulairement dilaté sur les côtés c
sa partie globuleuse; largement et obtusément arrondi à son bord antériev
qui est obsolètement rebordé en forme de bourrelet et parfois un peu r
levé en capuchon au-dessus du niveau du vertex; obtusément tronqué o
à peine arrondi à sa base, avec celle-ci étroitement et obsolètement rebordé
sur son milieu, plus distinctement sur les côtés où le rebord est comm
doublé dans la partie réfléchie; fortement et rugueusement granulé; d'u
brun peu brillant; garni d'une assez dense pubescence d'un roux doré
redressée sur la partie gibbeuse, plus grisâtre et couchée sur la partie dé
primée; offrant sur le dos quatre éminences ou dents plus (♀) ou moin
(♂) prononcées, plus (♀) ou moins (♂) angulaires, sur lesquelles le
poils se réunissent et convergent en épais fascicules dentiformes : les deu
latérales à fascicules plus aigus, sensiblement moins (♂) ou beaucou
moins (♀) élevées que les intermédiaires, dont elles sont séparées par u
court sillon plus (♀) ou moins (♂) prononcé et subdénudé : celles-ci plu
(♂) ou moins (♀) rapprochées, à fascicules moins angulaires, plus obtu
et plus obscurs, séparées l'une de l'autre par un sillon plus (♀) ou moin
(♂) profond, subdénudé, assez court ou non prolongé jusqu'au bord an
térieur ni jusqu'à la partie déprimée.

Écusson subogival ou subsemicirculaire, voilé par un épais duvet blan
châtre.

Élytres d'un brun un peu roussâtre (♂) ou d'un noir de poix brillant
plus (♂) ou moins (♀) pubescentes, avec une large bande transversale
obscure et subdénudée; plus (♀) ou moins (♂) fortement ponctuées-striées
avec les rangées striales au nombre de dix et le commencement d'une
onzième vers l'écusson, et les points carrés et plus ou moins distinctemen
traversés dans leur milieu par une soie pâle et couchée en long. *Intervalle*
subconvexes, à peine aussi larges ou à peine plus larges que les points,
pubescents (♂) ou sétosellés (♀) (1) : *le marginal* plus épais et finemen
chagriné postérieurement, subrelevé et roussâtre vers son sommet. *Épaules*
plus (♂) ou moins (♀) saillantes, plus (♂) ou moins (♀) largement
arrondies en dehors.

____

(1) Nous ne décrirons pas davantage ici la nature de la pubescence déjà signalée
dans la définition respective de chaque sexe.

Dessous du corps densement, très-finement, très-obsolètement et à peine pointillé ; d'un brun de poix assez brillant et parfois un peu roussâtre vers l'extrémité du ventre ; recouvert d'une fine pubescence couchée, assez serrée, d'un cendré pâle. *Lame du mésosternum* densement pubescente, grisâtre (1). *Métasternum* plus (♂) ou moins (♀) convexe surtout postérieurement, plus (♂) ou moins (♀) grand, plus (♂) ou moins (♀) canaliculé en arrière sur son milieu, ordinairement un peu plus lisse sur sa partie postérieure.

Hanches antérieures très-rapprochées ou subcontiguës, *les intermédiaires* un peu moins rapprochées : *les postérieures* plus ou moins distantes l'une de l'autre.

Ventre plus (♀) ou moins (♂) convexe ; à premier arceau fortement resserré de chaque côté au-dessous de la partie interne des hanches postérieures ; plus (♀) ou moins (♂) largement obtus entre celles-ci ; plus ou moins court dans son milieu mais toutefois beaucoup plus court que le suivant, plus (♂) ou moins (♀) sinué sur le milieu de son bord postérieur : le deuxième grand, presque régulièrement arqué en arrière (2) : le troisième aussi grand ou à peine moins grand, un peu recourbé en arrière sur les côtés de son bord apical : le quatrième beaucoup plus court que le précédent, sensiblement sinué ou recourbé en arrière sur les côtés de son bord postérieur, creusé de chaque côté, tout à fait vers sa base, d'un petit sillon ou fossette transversale linéaire : le dernier assez grand, semi-lunaire.

Pieds plus ou moins allongés, finement chagrinés, d'un roux ferrugineux plus ou moins clair avec les cuisses parfois (♀) un peu plus foncées ; revêtus d'une fine pubescence pâle, couchée et assez serrée. *Cuisses* un peu plus étroites à leur base que les trochanters, sensiblement ou même assez fortement renflées après leur milieu, à peine recourbées en dessous avant leur sommet. *Tibias* plus ou moins allongés, plus ou moins grêles à leur base, faiblement et graduellement élargis vers leur extrémité, légèrement ciliés sur leur tranche supérieure ; avec *les éperons* assez petits, grêles et égaux. *Tarses* plus (♂) ou moins (♀) développés, plus (♀) ou moins

______

(1) Cette lame mésosternale, dans toutes les espèces qui suivent, paraît un peu moins large dans le ♂ que dans la ♀. Ici, bien que subparallèle, elle semble parfois un peu rétrécie postérieurement.

(2) Cependant chez le ♂, le bord postérieur de cet arceau paraît se redresser un peu de chaque côté.

(♂) épais, subrétrécis à leur base; à premier article plus ou moins allongé
les deuxième à quatrième graduellement plus courts : le deuxième obconique, suboblong ou oblong : le troisième plus ou moins court, triangulai
ou obcordiforme : le quatrième un peu plus large que le précédent, subd
primé, fortement échancré au sommet ou bilobé : le dernier grêle, ample
ment aussi long que les deux précédents réunis, graduellement subélar
de la base à l'extrémité. *Ongles* assez saillants, assez grêles, arqués.

PATRIE. Cette belle espèce, propre au nord de l'Italie, se rencontre r
rement dans la Provence et dans le Dauphiné. Elle a été capturée dans cett
dernière province, aux environs de Sassenage, par M. Gabillot.

OBS. Chez les ♂, les pieds sont plus allongés et plus grêles dans toute
leurs parties, avec les cuisses paraissant un peu plus brusquement renflées
étant un peu plus grêles à leur base et sur une un peu plus grande lon
gueur. Les trochanters sont aussi plus grands, suballongés.

Cette espèce commence, avec les *Ptinus vrais*, cette nombreuse séri
d'espèces dont les femelles diffèrent abondamment des mâles, soit pa
leur facies général, soit par la structure des diverses parties de leu
corps (1).

14. **Ptinus rufipes.** FABRICIUS.

*Très-allongé (♂) ou ovalaire-oblong (♀), d'un noir brun, avec les pal
pes, les antennes et les pieds d'un roux testacé. Front légèrement pubes
cent, distinctement canaliculé sur son milieu. Antennes à deuxième articl
oblong. Prothorax suboblong, creusé sur sa ligne médiane d'un sillon cour
et peu profond ; avec quatre éminences ou dents fasciculées légèremen
saillantes dans les deux sexes, dont les intermédiaires plus élevées. Elytre
allongées (♂) ou ovalaire-oblongues (♀), assez fortement ponctuées-striées
tomenteuses (♂) ou sérialement sétoscllées (♀); mates et uniformémen
grisâtres chez les ♂ ; d'un noir de poix brillant et avec deux étroites ban-*

(1) En raison de ces différences nombreuses du ♂ à la ♀, nous avons cru devoi
donner une description séparée de chaque sexe, et de plus, une troisième description
des caractères communs à chacun d'eux. Dans celle-ci, pour éviter les longueurs, nous
nous sommes abstenus, autant que possible, de répéter les signes particuliers à chaque
sexe.

᾽ *des transversales flexueuses et un point subapical, blanchâtres chez les*
♀ . *Tarses plus ou moins épais, à quatrième article subbilobé.*

♂ *Ptinus rufipes.* Fabricius, Syst. El., t. I, p. 325, 3 ; — Illiger, Käf. Pr., t. I,
p. 345, 2 ; — Olivier, Ent., t. II, n⁰ 17, p. 8, 7, pl. 2, fig. 8; — Gyllenhal, Ins.
Suec., t. I., p. 305, 2 ; — ♂ ♀ . Sturm. Deuts. Faun., t. XII, p. 59, 6, pl. 252; —
Redtenbacher, Faun. Austr., 2ᵉ édit., p. 556 ; — Boieldieu, Mon. Ptin., Ann. Soc. Ent.
Fr., 1856, t. IV, p. 631, 30.

♂ *Ptinus germanus.* Paykull, Faun. succ., t. I, p. 312, 1.

♀ *Ptinus elegans.* Fabricius, Syst. El., t. I, 325, 5 ; — Illiger, Käf. Pr., t I,
p. 346, 4 ; — Gyllenhal, Ins. Suec., t. I, p. 305, 3.

♂ . Long. 0ᵐ,0033 à 0ᵐ,0044 (1 l. 1/2 à 2 l.);— larg. 0ᵐ,0012 à 0ᵐ,0018
(1/2 l. à 3/4 l.)

♀ . Long. 0ᵐ,0033 à 0ᵐ,0040 (1 l. 1/2 à 1 l. 516) ; — larg. 0ᵐ,0017
à 0ᵐ,0022 (3/4 l. à 1 l.)

♂ . *Corps* très-allongé. *Yeux* grands, assez saillants. *Tête,* compris ceux-
ci, un peu plus large que la partie antérieure du prothorax. *Antennes*
grêles, environ de la longueur du corps, à troisième article allongé, coni-
co-subcylindrique : les quatrième à dixième très-allongés, subcylindriques :
le dernier encore un peu plus allongé, cylindrique. *Prothorax* obscur, à
éminences peu saillantes : les deux intermédiaires séparées entre elles
par un sillon très-court et faible, postérieurement relevé sur le dos en une
légère carène lisse. *Écusson* gris, en ogive oblongue. *Élytres* allongées,
quatre fois aussi longues que le prothorax, parallèles sur au moins les deux
tiers de leur longueur, subdéprimées sur le dos le long de la suture, largement arrondies au sommet ; paraissant entièrement grisâtres par l'effet
d'une dense pubescence pâle, couchée, subtomenteuse et presque uniforme ; avec *les intervalles* ornés, en outre, chacun d'une série régulière
de soies assez courtes, semi-couchées et d'un jaune doré pâle. *Épaules*
très-saillantes, largement arrondies, limitées intérieurement par une légère
impression. *Dessous du corps* toujours d'un noir de poix plus ou moins
brillant. *Métasternum* grand, presque aussi long que trois fois le premier
arceau ventral dans son milieu ; postérieurement convexe ; creusé sur la
dernière moitié de sa ligne médiane d'un sillon canaliculé plus ou moins
prononcé, un peu plus large et plus profond en arrière, ne touchant pas au
bord apical et simulant une fossette allongée ou lanciforme. *Ventre* à pre-

mier arceau fortement, le deuxième sensiblement mais plus largement sinués sur le milieu de leur bord apical : le premier avancé entre les hanches
postérieures en forme de lame triangulaire assez étroitement et obtusément
tronquée en avant : le quatrième nu ou sans point ombiliqué sétifère sur
son milieu. *Intervalle* compris entre les insertions des pieds postérieurs
moindre que celui compris entre celles-ci et les côtés. *Pieds* assez grêles.
Tibias grêles, un peu plus longs que les cuisses, à peine recourbés en arrière avant leur extrémité. *Tarses* étroits, à premier article très-allongé,
presque aussi long que les trois suivants réunis : le deuxième suballongé :
le troisième oblong, obconique.

♀ . *Corps* ovalaire-oblong. *Yeux* médiocres, peu saillants. *Tête*, compris ceux-ci, un peu moins large que la partie antérieure du prothorax. *Antennes* sensiblement moins longues que le corps, à troisième et quatrième
articles oblongs, obconiques : les cinquième à dixième suballongés, subco-
nico-cylindriques : le dernier allongé, fusiforme. *Prothorax* rougeâtre, à
éminences un peu plus prononcées que chez le ♂ : les deux intermédiaires séparées entre elles par un sillon un peu plus profond, moins
court, souvent plus lisse mais non relevé en carène légère postérieurement.
Écusson blanc, en ogive transverse. *Élytres* ovalaire-oblongues, trois fois
aussi longues que le prothorax, sensiblement arrondies sur les côtés, rétrécies et assez étroitement arrondies au sommet, assez convexes sur le
dos ; d'un noir de poix brillant ; simultanément traversées par deux étroites bandes blanches, fortement flexueuses et composées de poils couchés
et serrés : la première située sur le premier tiers, la deuxième vers le tiers
postérieur ; offrant en outre une tache ponctiforme de même nature située
sur chacune au-dessus de l'angle apical ; avec *les intervalles* des rangées
striales, ornés chacun d'une série régulière de longues soies d'un jaune
pâle doré, plus ou moins redressées, avec les soies des séries impaires ou
alternes encore plus longues (1). *Épaules* très-peu saillantes, légèrement
arrondies, limitées intérieurement par une légère impression. *Dessous du
corps* presque toujours plus ou moins rougeâtre et assez brillant. *Métasternum* assez court, à peine une fois et demie aussi long que le premier arceau ventral dans son milieu, très-peu convexe ou subdéprimé, non distinctement sillonné ou canaliculé postérieurement. *Ventre* à premier et
deuxième arceaux largement et faiblement sinués dans le milieu de leur

_____

(1) Toutes ces soies, comme dans la plupart des espèces, paraissent plus obscures
quand on les examine d'arrière en avant.

bord apical : le premier avancé entre les hanches postérieures en forme de lame triangulaire largement tronquée en avant : le quatrième muni sur son milieu d'un petit point ombiliqué d'où sort une longue soie pâle, souvent un peu frisée, bifide ou subgéminée au sommet. *Intervalle* compris entre les insertions des pieds postérieurs un peu plus large que celui compris entre celles-ci et les côtés. *Pieds* moins grêles. *Tibias* assez grêles, aussi longs que les cuisses, presque droits. *Tarses* assez épais, à premier article oblong, aussi long ou à peine plus long que les deux suivants réunis : le deuxième suboblong, obconique : le troisième assez court, triangulaire.

♂ ♀ . *Corps* très-allongé (♂) ou ovalaire-oblong (♀), densement tomenteux et grisâtre chez les ♂, d'un noir de poix brillant avec deux étroites bandes transversales blanchâtres chez les ♀ ,

Tête infléchie, ruguleuse, obscure ; revêtue d'une fine pubescence couchée, d'un gris blanchâtre, médiocrement serrée et laissant apparaître la couleur foncière ; avec la région de l'épistome subdénudée mais très-finement ciliée. *Front* large, subconvexe, distinctement et finement canaliculé antérieurement sur son milieu au-dessus de la tranche interantennaire. *Labre* subconvexe, finement chagriné, plus ou moins rougeâtre, mat, densement cilié en avant de poils blonds et brillants. *Mandibules* rougeâtres, ruguleuses et longuement ciliées à leur base ; d'un noir de poix, lisses et glabres à leur sommet ; assez brusquement coudées sur leurs côtés. *Palpes* d'un roux-testacé.

Yeux subarrondis, noirs.

Antennes plus ou moins allongées, plus ou moins grêles, subfiliformes, finement chagrinées ; d'un roux ferrugineux ou testacé ; revêtues d'une fine pubescence cendrée, couchée et assez serrée, plus (♀) ou moins (♂) mélangée sur les premiers articles de soies plus couchées, plus brillantes et semi-dorées : en outre finement ciliées en dehors et légèrement fasciculées en dedans surtout vers le sommet de chaque article, plus obsolètement vers celui des derniers ; le premier sensiblement soyeux, assez fortement épaissi en massue oblongue et subarquée : le deuxième oblong, obconique, subarrondi sur sa tranche interne, beaucoup moins (♂) ou sensiblement (♀) moins long que le troisième : celui-ci et les suivants plus (♂) ou moins (♀) allongés, subcylindriques ou obconico-cylindriques : le dernier un peu plus long que le pénultième, très-allongé et cylindrique (♂) ou allongé et fusiforme (♀), subacuminé au sommet.

Prothorax beaucoup plus étroit que les élytres, un peu plus long que large ; fortement étranglé et transversalement déprimé au-devant de sa base, avec l'étranglement situé environ vers le quart postérieur ; paraissant, vu de dessus, subangulairement mais obtusément dilaté sur les côtés de sa partie globuleuse ; largement et obtusément arrondi à son bord antérieur qui est obsolètement rebordé en forme d'étroit bourrelet(1)et qui paraît parfois subéchancré à la rencontre de la ligne médiane ; faiblement arrondi à sa base, avec celle-ci à peine subsinuée ou en ligne droite dans son milieu au-dessus de l'écusson, étroitement rebordée sur tout son développement mais plus distinctement sur les côtés où le rebord est comme doublé dans la partie réfléchie ; fortement granulé ; peu brillant ; d'un brun obscur (♂) ou rougeâtre (♀) ; garni d'une assez dense pubescence d'un fauve doré, ordinairement plus grisâtre chez les ♂, plus ou moins redressée sur toute la partie antérieure, plus ou moins couchée sur toute la postérieure ; offrant sur le dos quatre éminences ou dents plus ou moins obtuses et disposées sur une ligne transversale, sur lesquelles les poils se réunissent et convergent en épais fascicules dentiformes : les deux latérales à fascicule aigu, sensiblement moins élevées que les intermédiaires dont elles sont séparées par un sillon très-court, obsolète, parfois subdénudé et plus lisse en arrière : celles-ci à fascicule plus obtus, situées un peu plus en avant, séparées l'une de l'autre par un sillon assez large, subdénudé, peu profond et plus ou moins court (2).

Écusson subconvexe, plus ou moins court, subogival, voilé par une épaisse pubescence tomenteuse, grise (♀) ou blanche (♂).

Élytres allongées (♂) ou ovalaire-oblongues (♀), plus ou moins arrondies à leur sommet, avec l'angle apical légèrement arrondi ; brunes et densement couvertes d'un épais duvet cendré et couché, subuniforme chez les ♂ ; d'un] noir brillant chez les ♀, avec deux bandes transversales blanches on blanchâtres, étroites, fortement flexueuses et subinterrompues à la suture, et de plus une tache subapicale de même nature et ponctiforme, sur chacune ; assez fortement ponctuées-striées, avec les rangées striales au nombre de dix et le commencement d'une onzième vers l'écusson, formées de points carrés, serrés, assez profonds, traversés dans leur milieu par une fine soie pâle, couchée en long et plus (♂) ou moins (♀) distincte, avec la rangée suturale un peu plus profonde, divergeant un peu en arrière où elle

----

(1) Chez les ♀, le bord antérieur est généralement un peu relevé en capuchon au-dessus du niveau du vertex.

(2) Cependant chez quelques femelles, ce sillon paraît se prolonger en avant jusqu'au rebord antérieur, et même, rarement, en arrière jusque sur la partie déprimée.

se réunit à l'externe en enclosant ainsi entre elles deux toutes les autres. *Intervalles* assez larges, plans, lisses, plus (♂) ou moins (♀) pubescents et plus (♀) ou moins (♂) longuement sétosellés : *le marginal* un peu épaissi et finement chagriné postérieurement. *Épaules* plus (♂) ou moins (♀) saillantes et plus (♂) ou moins (♀) arrondies.

Dessous du corps très-obsolètement et finement chagriné et en outre éparsement et obsolètement ponctué ; d'un noir de poix (♂) ou d'un roux (♀) assez brillant ; revêtu d'une fine pubescence cendrée, couchée et assez serrée. *Lame du mésosternum* densement tomenteuse, obscure. *Métasternum* parfois un peu plus lisse sur le milieu de sa partie postérieure.

Hanches antérieures très-rapprochées ou subcontiguës, *les intermédiaires* un peu moins rapprochées, *les postérieures* plus (♀) ou moins (♂) distantes l'une de l'autre.

Ventre plus ou moins convexe à sa base, plus ou moins subdéprimé sur le milieu du quatrième et vers l'extrémité du troisième arceau ; le premier, court, beaucoup moins long dans son milieu que le deuxième, fortement resserré de chaque côté par la partie interne des hanches postérieures, avancé entre celles-ci en forme d'angle plus (♀) ou moins (♂) largement arrondi au sommet : les deuxième et troisième subégaux dans leur milieu : les troisième et quatrième légèrement recourbés en arrière sur les côtés de leur bord postérieur : le quatrième court, marqué de chaque côté à son extrême base d'une petite fossette transverse située près des sinus (1) : le dernier assez grand, semi-lunaire.

Pieds plus ou moins allongés, plus ou moins grêles, obsolètement chagrinés ; d'un roux-testacé ; recouverts d'une fine pubescence grisâtre, couchée et médiocrement serrée. *Cuisses* plus ou moins brusquement renflées dès leur premier quart (♂) ou dès leur base (♀), à peine recourbées en dessous avant leur sommet. *Tibias* plus ou moins grêles, plus ou moins allongés, légèrement ciliés sur leur tranche supérieure, graduellement et faiblement élargis vers leur extrémité ; avec *les éperons* assez petits, grêles et égaux ; *Tarses* plus (♂) ou moins (♀) étroits, plus (♂) ou moins (♀) développés, à peine (♂) ou un peu (♀) moins longs que les tibias ; à premier article plus ou moins allongé : les deuxième à quatrième graduellement plus courts : le deuxième plus ou moins oblong : le troisième plus ou

(1) Les deuxième et troisième sont légèrement et transversalement impressionnés à leur extrême base contre l'intersection et sur les côtés de celle-ci qui se redressent un peu.

moins court, triangulaire ou obconique : le quatrième un peu plus large que le précédent, assez fortement échancré au sommet et subbilobé : le dernier plus ou moins grêle, aussi long (σ) ou à peine aussi long (φ) que les deux précédents réunis, graduellement subélargi vers son extrémité, légèrement arqué vu de côté. *Ongles* petits, grêles, arqués.

PATRIE. Cette espèce est assez commune sur le chêne, dans toute la France : les environs de Paris et de Lyon, la Bourgogne, le Beaujolais, le Bugey, la Bresse, le Dauphiné, etc.

OBS. Elle a beaucoup d'analogie, pour le port et le facies, avec le *Ptinus italicus*. Le σ se distingue du σ de cette dernière espèce par l'absence de la bande transversale brune subdénudée sur les élytres. La φ diffère de la φ de la même espèce par son prothorax toujours plus ou moins rougeâtre, moins sensiblement sillonné sur sa ligne médiane et à dents beaucoup moins prononcées; par ses élytres non garnies de poils blancs, mais notées d'une tache subapicale constante; par ses épaules un peu moins saillantes; par son dernier arceau ventral, dépourvu sur son milieu de point ombiliqué sétifère (1), etc.

Quant aux différences communes aux deux sexes, nous répéterons en partie ce qui a été dit dans le tableau : 1° que le premier article des antennes est proportionnellement un peu plus développé dans le *Ptinus rufipes* que dans le *Ptinus italicus*; — 2° que la tête est moins pubescente et plus obscure; — 3° que les éminences ou dents du prothorax sont moins saillantes. Nous ajouterons que la taille est un peu moindre, que les antennes et les pieds sont d'un roux généralement plus clair, que les élytres sont moins fortement ponctuées-striées avec les intervalles moins convexes, etc.

15. Ptinus ornatus. MULL.

Allongé (σ) *ou ovalaire* (φ), *d'un noir brun plus ou moins plombé et assez brillant, avec les palpes testacés, les antennes et les pieds d'un roux ferrugineux. Front blanchâtre, finement canaliculé sur son milieu. Antennes*

---

(1) Ce caractère remarquable d'un ombilic sétifère sur les deux derniers segments ventraux chez la φ du *Ptinus italicus*, sur le pénultième seulement chez la φ du *Ptinus rufipes*, malgré les autres affinités, rapprocherait nécessairement ces deux espèces; car il ne se rencontre dans aucune autre.

à deuxième article presque aussi long que le troisième chez la ♀. Prothorax oblong, obsolètement sillonné en arrière sur sa ligne médiane, avec quatre éminences fasciculées très-obsolètes ; paré postérieurement sur son milieu d'une ligne longitudinale écailleuse blanche, et, en avant de chaque côté, d'une tache subarrondie de même nature. Écusson blanc. Élytres allongées (♂) ou ovalaires (♀), assez fortement ponctuées-striées, brièvement et sérialement sétosellées, parées de deux bandes transversales flexueuses, blanches et écailleuses. Tarses plus ou moins grêles et plus ou moins développés, à quatrième article simple.

Ptinus ornatus. MULLER, in Germ. Mag., 1821, IV, p. 218, 18 ; — GERMAR, Coll. Spec., 78, 134 ; — REDTENBACHER, Faun. Austr., 2e édit., p. 556 ; — BOIELDIEU, Mon. Ptin., Ann. Soc. Ent. Fr., 1856, t. IV, p. 633, 31.
Ptinus fuscus. STURM, Deuts. Faun., t. XII., p. 62, 7, pl. 253.

Variété a. Dessus du corps d'un roux submétallique, avec les taches du prothorax et les bandes des élytres plus ou moins obsolètes.

♂. Long. 0m,0033 (1 l. 1/2) ; — larg. 0m,0015 (2/3 l.).
♀. Long. 0m,0030 (1 l. 1/3) ; — larg. 0m,0017 (3/4 l.).

♂. *Corps* allongé. *Yeux* assez gros et assez saillants. *Tête,* compris ceux-ci, un peu plus large que la partie antérieure du prothorax. *Antennes* presque aussi longues que le corps, subatténuées et assez grêles vers leur extrémité ; à deuxième article sensiblement moins long que le troisième : celui-ci oblong, obconique : le quatrième suballongé, obconico-cylindrique : les cinquième à dixième allongés, subcylindriques, paraissant graduellement un peu plus allongés par le fait qu'ils sont graduellement un peu plus étroits : le dernier très-allongé, cylindrique. *Prothorax* assez fortement étranglé au devant de sa base, avec l'étranglement situé vers le dernier tiers de la longueur. *Élytres* allongées, trois fois et demie aussi longues que le prothorax, parallèles sur leurs côtés sur environ les trois quarts de leur longueur, et puis assez largement arrondies au sommet ; peu convexes ou subdéprimées le long de la suture ; densement et assez fortement ponctuées-striées, avec les points assez profonds, serrés et subtransverses, et *les intervalles* assez étroits, paraissant parfois subconvexes et plus ou moins ridés en travers vus de côté. *Épaules* saillantes, fortement arrondies, débordant sensiblement les angles postérieurs du prothorax, limitées intérieurement par une légère impression. *Dessous du corps* d'un brun obscur.

Métasternum grand, assez convexe postérieurement, environ trois fois aussi long que le premier arceau ventral dans son milieu, ordinairement lisse, glabre et brillant sur la partie postérieure de son disque, creusé sur la deuxième moitié de sa ligne médiane d'un sillon canaliculé profond. *Ventre* à premier arceau sensiblement sinué sur le milieu de son bord apical, avancé entre les branches postérieures en forme d'angle assez large, mais assez étroitement arrondi au sommet. *Intervalle* compris entre les insertions des pieds postérieurs sensiblement moindre que celui compris entre celles-ci et les côtés. *Pieds* assez grêles. *Tibias* assez étroits à leur base, faiblement et graduellement subélargis vers leur extrêmité ; sensiblement plus longs que les cuisses : *les intermédiaires et postérieurs* parfois à peine recourbés en arrière. *Tarses* assez grêles, assez développés, mais néanmoins un peu moins longs que les tibias : *les antérieurs* à premier article suballongé, aussi long que les deux suivants réunis ; le deuxième obconique, un peu oblong : le troisième à peine plus long que large : le quatrième assez court ; *les intermédiaires et postérieurs* à premier article plus ou moins allongé, un peu moins long que les trois suivants réunis : le deuxième plus ou moins oblong, obconique : le troisième un peu oblong, subtriangulaire : le quatrième assez court.

♀. *Corps* ovalaire. *Yeux* médiocres et peu saillants. *Tête*, compris ceux-ci, à peine aussi large que la partie antérieure du prothorax. *Antennes* sensiblement moins longues que le corps, atteignant environ les deux tiers de la longueur de celui-ci ; subfiliformes, mais assez épaisses, à peine plus grêles vers leurs extrémité : à deuxième article à peine moins long sur sa tranche externe que le troisième : celui-ci et les suivants oblongs, obconiques, presque subégaux ou paraissant graduellement à peine plus allongés par le fait qu'ils sont graduellement à peine plus étroits : le dernier ovalaire, oblong ou subelliptique. *Prothorax* fortement étranglé au devant de sa base, avec l'étranglement situé vers le dernier quart de la longueur (1). *Élytres* ovalaires, environ deux fois et demie aussi longues que le prothorax, sensiblement arrondies sur les côtés, visiblement rétrécies en arrière et puis assez étroitement arrondies au sommet ; assez fortement convexes sur le dos ; assez densement et médiocrement ponctuées-striées, avec les

(1) Le prothorax paraît un peu plus fortement ou un peu plus brusquement étranglé vers sa base, chez la ♀ que chez le ♂, parce que, les éminences latérales étant un peu plus prononcées chez ce premier sexe, il paraît, vu de dessus, plus sensiblement dilaté sur les côtés de sa partie globuleuse.

points assez profonds, mais moins gros et un peu moins serrés que chez le ♂, subcarrés et subarrondis, avec *les intervalles* plus larges, plans et lisses. *Épaules* effacées, rejetées en arrière dès les angles postérieurs du prothorax, sans impression sensible intérieurement. *Dessous du corps* d'un brun plus ou moins rougeâtre, parfois assez clair. *Métasternum* assez court, peu convexe ou subdéprimé, sensiblement plus long dans son milieu que le premier arceau ventral, uniformément pubescent, marqué à l'extrémité de sa ligne médiane d'un petit canal, souvent indistinct, d'autrefois très-court ou réduit à une petite fossette ponctiforme. *Ventre à premier arceau* légèrement et largement sinué sur le milieu de son bord postérieur, avancé entre les hanches en forme d'angle large, obtusément tronqué ou largement subarrondi au sommet. *Intervalle* compris entre les insertions des pieds postérieurs sensiblement plus large que celui compris entre celles-ci et les côtés. *Pieds* moins grêles. *Tibias* assez robustes, graduellement et visiblement élargis de la base à l'extrémité, aussi longs ou à peine plus longs que les cuisses, droits ou presque droits. *Tarses* assez épais, médiocrement développés, sensiblement moins longs que les tibias ; à premier article oblong ou suballongé, aussi long que les deux suivants réunis : le deuxième plus ou moins oblong, obconique : le troisième assez court, triangulaire : le quatrième court.

♂ ♀ . *Corps* d'un brun noir plombé et assez brillant.

Tête infléchie, finement rugueuse, d'un brun mat ; recouverte d'une dense pubescence écailleuse et blanche qui voile presque complétement la couleur foncière ; avec la région de l'épistome dénudée mais ciliée de fines soies assez longues et d'un flave brillant. *Front* large, subdéprimé, offrant sur sa ligne médiane un sillon canaliculé, fin mais bien distinct, non prolongé en arrière jusqu'au vertex et plus ou moins dénudé d'écailles sur ses bords. *Labre* finement chagriné, obscur, densement cilié de poils pâles à son bord antérieur. *Mandibules* plus ou moins rougeâtres, chagrinées et légèrement ciliées à leur base ; d'un noir de poix, lisses et glabres à leur extrémité ; brusquement coudées sur leurs côtés. *Palpes* testacés ou d'un roux-testacé assez clair.

Yeux subarrondis, noirs.

Antennes finement chagrinées, d'un roux-ferrugineux plus ou moins clair ; revêtues d'une fine et courte pubescence cendrée, assez serrée, variée, surtout sur les premiers articles, de poils couchés, un peu plus grossiers ou subécailleux et blanchâtres ; en outre, distinctement ciliées en dehors de soies un peu plus raides, et fasciculées en dessous vers le sommet de chaque article, avec les soies et les fascicules plus obsolètes dans les derniers articles; le premier distinctement subécailleux, sensiblement épaissi en massue ovale-oblongue : le deuxième subarrondi sur sa tranche interne : le dernier sensiblement plus long que le pénultième, obtusément acuminé au sommet.

Prothorax plus étroit que les élytres, sensiblement plus long que large, plus ou moins fortement étranglé et transversalement déprimé au-devant de sa base; paraissant, vu de dessus, subangulairement et plus (♂) ou moins (♀) obtusément dilaté sur les côtés de sa partie globuleuse; très-largement et très-obtusément arrondi à son bord antérieur qui est à peine relevé au-dessus du niveau du vertex et à peine ou très-obsolètement rebordé; obtusément subtronqué ou à peine arrondi à sa base qui est finement rebordée, avec le rebord comme doublé sur les côtés dans sa partie réfléchie; assez fortement granulé; d'un brun obscur; garni d'une assez dense pubescence, assez courte, flave ou fauve ou quelquefois plus pâle, plus ou moins redressée sur la partie antérieure, plus ou moins couchée sur la postérieure; offrant sur le dos quatre éminences obtuses, arrondies, obsolètes, disposées sur une ligne transversale, à peine sensibles ou seulement indiquées par les petits fascicules de poils convergents dont elles sont surmontées : les deux latérales beaucoup plus inférieures, parfois un peu plus accusées, séparées des intermédiaires par un sillon très-court et presque indistinct ou plutôt idéal : celles-ci à fascicules plus obtus, séparées l'une de l'autre par un sillon canaliculé, tantôt obsolète surtout en avant, tantôt prolongé mais d'une manière très-légère depuis le bord antérieur jusqu'au postérieur ; paré en arrière sur le sillon médian d'une ligne longitudinale blanche assez étroite, composée d'écailles déprimées, parfois subdilatée vers sa base; et, en avant de chaque côté de la ligne médiane, d'une petite tache de même nature mais plus ou moins obsolète et composée d'écailles moins condensées ; parfois parsemé (1) en outre, sur tout son disque, de petites écailles semblables, plus ou moins distantes l'une de l'autre.

Écusson subogival, voilé par un épais duvet blanc.

Élytres plus ou moins arrondies au sommet, avec l'angle apical droit et non émoussé; d'un noir brun assez brillant et plus ou moins plombé; parées de deux bandes transversales blanches, composées d'écailles déprimées et plus ou moins condensées, et subinterrompues vers la suture : la

____

(1) Ceci se remarque surtout chez les individus bien frais et récemment éclos.

première située vers le tiers antérieur, assez étroite en dedans, dilatée en avant sur le septième intervalle (en comptant le sutural) jusqu'aux épaules : la deuxième située vers le tiers postérieur, un peu plus large, fortement flexueuse ; parfois parsemées, chez les individus bien frais, sur toute leur surface, d'écailles blanches plus ou moins distantes et qui lui impriment une teinte cendrée ; plus ou moins fortement ponctuées-striées, avec les rangées striales au nombre de dix et le commencement d'une onzième vers l'écusson, traversées chacune dans leur milieu par une chaînette de petites soies pâles, plus ou moins distinctes et couchées en long. *Intervalles* ornés chacun d'une série régulière de soies courtes, blondes et semi-inclinées en arrière : *le marginal* subélargi, finement chagriné et un peu roussâtre postérieurement, un peu relevé et finement et unisérialement granulé vers son extrémité.

Dessous du corps plus ou moins brillant, très-obsolètement chagriné et en outre obsolètement et éparsement ponctué, avec les points plus ou moins subdénudés et formant comme de petites taches obscures, plus distinctes sur les troisième et quatrième arceaux du ventre; recouvert d'une fine pubescence couchée, grisâtre et assez serrée. *Hanches antérieures* très-rapprochées, *les intermédiaires* un peu moins, *les postérieures* plus ou moins distantes l'une de l'autre.

Ventre assez convexe mais plus ou moins subdéprimé sur sa région médiane; à premier arceau court, fortement resserré de chaque côté par la partie interne des hanches postérieures, beaucoup moins long dans son milieu que le deuxième : celui-ci grand, assez régulièrement arqué à son bord postérieur : les troisième et quatrième assez sensiblement sinués ou recourbés en arrière sur les côtés de leur bord apical : le troisième un peu moins grand que le précédent : le quatrième (1) court : le dernier assez grand, semi-lunaire, plus obsolètement ponctué, plus finement et moins densement pubescent que les autres.

Pieds plus ou moins allongés, plus ou moins grêles, finement ruguleux, d'un roux ferrugineux assez clair avec les cuisses parfois un peu plus foncées; revêtus d'une dense pubescence couchée, subécailleuse, d'un gris blanchâtre, avec de petits points subdénudés, obscurs et plus ou moins apparents. *Cuisses* assez grêles à leur base, sensiblement et graduellement renflées dès celle-ci, sensiblement recourbées en dessous avant leur som-

_____

(1) Les intersections des segments ventraux sont plus ou moins enfoncées sur leurs côtés, et cela dans plusieurs espèces.

met. *Tibias* distinctement ciliés sur leur tranche externe, plus ou moins élargis vers leur extrémité ; avec les *éperons* petits et égaux. *Tarses* plus ou moins développés, à premier article plus ou moins allongé : les deuxième à quatrième graduellement un peu plus courts : le quatrième pas plus épais que les précédents, obcordiforme et non subbilobé : le dernier plus ou moins grêle, aussi long ou presque aussi long que les deux précédents réunis, graduellement subélargi vers son extrémité. *Ongles* petits, grêles, légèrement arqués.

Patrie. Cette espèce habite la majeure partie de la France : les environs de Paris et de Lyon, la Bourgogne, le Beaujolais, le Languedoc, la Provence, etc. On la rencontre assez communément parmi les vieux lierres, dans les vieux fagots, sur les haies de bois mort, sur les haies touffues qui sont près des habitations, et quelquefois aussi dans l'intérieur des maisons de campagne.

Obs. Quelquefois, sans doute dans les sujets immatures, le dessus du corps est d'une teinte roussâtre ou ferrugineuse, avec un léger éclat submétallique. D'autres fois, le prothorax et les élytres, outre les taches ou bandes ordinaires, sont entièrement parsemés de petites écailles blanches plus ou moins écartées, au point de paraître d'une couleur cendrée presque uniforme.

16. Ptinus Lepidus. Villa.

Allongé (♂) ou ovalaire-oblong (♀), brun ou noir, subplombé, assez brillant, avec les palpes, les antennes et les pieds d'un roux-testacé, et les cuisses un peu plus obscures. Front grisâtre, finement canaliculé sur son milieu. Antennes à deuxième article sensiblement moins long que le troisième. Prothorax oblong, avec quatre éminences fasciculées à peine distinctes; paré postérieurement de deux taches blanchâtres, situées derrière les fascicules latéraux. Écusson d'un blanc cendré. Élytres allongées (♂) ou ovalaire-oblongues (♀), assez fortement ponctuées-striées, assez longuement (♀) et sérialement sétosellées, ornées de deux bandes transversales blanchâtres, formées de plaques de poils couchés mais non écailleux, plus ou moins séparées les unes des autres. Pieds plus ou moins grêles et plus ou moins allongés. Tarses à quatrième article obcordiforme.

Ptinus lepidus. VILLA, Alt. Suppl. Col., 1838, 62 ; — BOIELDIEU, Mon. Ptin. , Ann. Soc. Ent. Fr., 1856, t. IV, p. 634, 32.

Variété a. Dessus du corps d'un roux ferrugineux, avec le front, le disque du prothorax, le calus huméral et la page inférieure, plus obscurs. *Élytres* un peu plus claires, finement mouchetées de cendré. *(Pt. debilicornis. Rey.)*

Ptinus germanus var. b, debilicornis. BOIELDIEU, Mon. Ptin., Ann. Soc. Ent. Fr., 1856, t. IV, p. 488.

Long. 0,0018 à 0,0030 (3/4 à 1 l. 1/3); — larg. 0,0011 à 0,0015 (1/2 l. à 2/3 l.).

♂. *Corps* allongé. *Yeux* gros et très-saillants. *Tête*, compris ceux-ci, beaucoup plus large que le prothorax. *Antennes* presque aussi longues que le corps, grêles, subfiliformes ; à deuxième article oblong, obconique, beaucoup moins long que le troisième : celui-ci et le quatrième allongés, subcylindriques : les suivants encore plus allongés, cylindriques : le dernier très-allongé, cylindrique. *Prothorax* très-fortement étranglé au-devant de sa base, avec l'étranglement situé vers le dernier tiers de sa longueur ; relevé postérieurement sur sa ligne médiane, au-devant de la partie déprimée, en une légère carène assez distincte. *Élytres* d'un brun brillant un peu roussâtre et parfois submétallique; allongées, quatre fois aussi longues que le prothorax, parallèles sur leurs côtés jusqu'aux trois quarts de leur longueur, subsinueusement rétrécies en arrière et puis assez largement arrondies au sommet avec l'angle apical subarrondi ; peu convexes ou subdéprimées le long de la suture ; assez fortement et assez densement ponctuée-sstriées, avec les points assez profonds et subcarrés; et *les intervalles* à peine subconvexes, un peu plus larges que les points, ornés chacun d'une série assez régulière de soies pâles ou blanches, médiocrement longues et semi-couchées, avec *les intervalles sutural et marginal* simultanément épaissis en arrière en forme de bourrelet assez large, et liés à leur sommet de manière à figurer, à l'angle apical, un *calus* assez prononcé et en équerre. *Epaules* saillantes, fortement arrondies, débordant sensiblement les angles postérieurs du prothorax, limitées intérieurement par une faible impression oblongue et subarquée. *Métasternum* grand, assez convexe, au moins deux fois aussi long que le premier arceau ventral dans son milieu, fortement canaliculé sur la deuxième moitié de sa ligne médiane. *Intervalle* compris entre les insertions des pieds postérieurs sensiblement moindre que celui compris entre celles-ci et les côtés. *Pieds* allongés, grêles. *Cuisses* très-grêles à leur base, assez brusquement renflées après leur milieu. *Tibias* étroits à leur base, faiblement et graduellement subélargis après leur milieu, un peu plus longs que les cuisses, à peine ou faiblement recourbés en arrière dans la dernière moitié de leur tranche supérieure : *les postérieurs* en même temps un peu cambrés en dedans vers le milieu de leur face interne. *Tarses* grêles, très-développés, presque aussi longs que les tibias : *les antérieurs* un peu moins développés, à premier article allongé, aussi long que les deux suivants réunis : le deuxième oblong, obconique : le troisième à peine plus long que large, subtriangulaire ; *les intermédiaires et postérieurs* à premier article grêle et très-allongé, aussi long que les trois suivants réunis : le deuxième suballongé ou allongé, aussi long que les deux suivants réunis : le troisième oblong, obconique : le quatrième de tous les tarses à peine plus large que le précédent, obcordiforme.

♀ *Corps* ovalaire-oblong. *Yeux* médiocres et peu saillants. *Tête*, compris ceux-ci, à peine aussi large que la partie antérieure du prothorax. *Antennes* beaucoup moins longues que le corps, atteignant à peine les deux tiers de la longueur de celui-ci, moins grêles, subfiliformes ou même un peu plus épaisses vers leur extrémité : à deuxième article suboblong, sensiblement moins long que le troisième : celui-ci et les suivants oblongs, obconiques, graduellement et à peine plus épais en approchant de l'extrémité, subégaux avec le troisième néanmoins un peu moins grand que les suivants : le dernier suballongé, subelliptique. *Prothorax* fortement étranglé au-devant de sa base, avec l'étranglement situé environ vers le dernier quart de la longueur ; à peine subsillonné et sans carène sur sa ligne médiane. *Elytres* d'un noir subplombé brillant, ovalaire-oblongues, assez sensiblement arrondies sur les côtés, subacuminément rétrécies en arrière et très-étroitement arrondies au sommet, avec l'angle apical assez aigu ; assez convexes sur le dos ; fortement ponctuées-striées, avec les points profonds, un peu moins serrés mais plus gros que chez les ♂, carrés ou un peu oblongs ; et *les intervalles* plans, un peu moins larges ou à peine aussi larges que les points, ornés chacun d'une série régulière de soies flaves, longues et redressées, avec celles des intervalles impairs ou alternes encore plus longues ; avec *les sutural et marginal* seulement un peu plus larges en arrière et non épaissis en calus distinct. *Epaules* effacées, rejetées en arrière dès les angles postérieurs du prothorax, sans impression

sensible intérieurement. *Métasternum* assez court, subdéprimé, sensiblement plus long que le premier arceau ventral dans son milieu, non ou à
peine canaliculé en arrière sur sa ligne médiane. *Intervalle* compris entre
les insertions des pieds postérieurs un peu plus large que celui compris
entre celles-ci et les côtés. *Pieds* assez allongés, médiocrement grêles.
Cuisses grêles à leur base, sensiblement renflées après leur milieu. *Tibias*
graduellement et assez sensiblement élargis de la base à leur extrémité,
aussi longs ou à peine plus longs que les cuisses, presque droits. *Tarses*
moins grêles que chez les ♂, assez développés, un peu moins longs que
les tibias ; à premier article oblong, aussi long ou à peine plus long que
les deux suivants réunis : le deuxième assez court, triangulaire : le troisième court, moins long que large : le quatrième court, pas plus large
que le précédent, triangulaire ou subcordiforme.

♂ ♀ *Corps* allongé (♂) ou ovalaire-oblong (♀), d'un brun ou d'un
noir subplombé brillant.

Tête infléchie ou subinfléchie, finement rugueuse, obscure ou d'un brun
mat ; revêtue d'une fine pubescence, couchée, grisâtre, médiocrement
serrée et ne voilant pas complétement la couleur foncière ; avec la région
de l'épistome dénudée ou légèrement ciliée de quelques soies blondes.
Front large, subdéprimé ou à peine subconvexe, distinctement canaliculé sur sa ligne médiane au-dessus de la tranche interantennaire. *Labre*
obscur, finement chagriné, densement et brièvement cilié en avant de soies
pâles et brillantes. *Mandibules* obscures, finement ruguleuses et légèrement
ciliées à leur base ; d'un noir de poix brillant, lisses et glabres à leur
extrémité, subarcuément coudées sur leurs côtés. *Palpes* d'un roux-testacé.

Yeux subarrondis, noirs.

Antennes plus ou moins allongées, finement chagrinées, d'un roux-
testacé ; assez densement et finement pubescentes, avec la pubescence
grisâtre, variée, surtout sur les premiers articles, de quelques soies brillantes et couchées ; légèrement ciliées, en outre, sur leur tranche supérieure et plus ou moins fasciculées en dedans surtout vers le sommet de
chaque article, avec tous les cils plus rares ou obsolètes en approchant de
l'extrémité ; à premier article un peu soyeux, fortement épaissi en massue
plus (♂) ou moins (♀) oblongue et subarquée : le deuxième le plus
court de tous, souvent un peu brillant, plus ou moins arrondi sur sa
tranche interne : les troisième à dixième plus (♂) ou moins (♀) allongés :
le dernier beaucoup plus long que le pénultième obtusément acuminé
au sommet.

Prothorax plus étroit que les élytres, sensiblement plus long que large ; plus ou moins fortement étranglé et transversalement déprimé au-devant de sa base ; paraissant, vu de dessus, plus ou moins obtusément et subangulairement dilaté sur les côtés de sa partie globuleuse ; très-largement et obtusément arrondi à son bord antérieur qui est à peine relevé et indistinctement rebordé ; assez largement subtronqué sur le milieu de sa base avec celle-ci étroitement et distinctement rebordée et le rebord plus épais et comme doublé sur les côtés dans la partie réfléchie ; couvert d'une granulation subrugueuse, assez grossière mais plus ou moins aplatie et en partie subombiliquée ; d'un brun obscur et peu brillant ; revêtu d'une fine pubescence blonde ou cendrée, médiocrement serrée, assez courte et un peu redressée, couchée et plus pâle ou blanchâtre sur la partie déprimée ; offrant sur le dos quatre éminences obtuses, disposées sur une ligne transversale, à peine distinctes ou seulement accusées par les fascicules dentiformes dont elles sont surmontées : ceux-ci peu aigus, séparés entre eux par un très-faible sillon, formé seulement par la divergence des poils, avec les latéraux beaucoup plus inférieurs ; paré en outre de deux taches blanchâtres composées de poils blancs couchés et condensés, situées, une de chaque côté, sur la pente postéro-interne des dents latérales.

Écusson transverse, subogival, subarrondi au sommet, voilé par un épais duvet blanchâtre ou cendré.

Élytres d'un brun ou d'un noir brillant et subplombé ; parées de deux bandes transversales obsolètes et blanchâtres, largement interrompues à la suture et formées de taches de poils blancs et couchés, mais non écailleux : la première subhumérale : la deuxième vers le tiers postérieur, souvent accompagnée en arrière de quelques soies blanches plus ou moins distinctes ; plus ou moins fortement ponctuées-striées, avec les rangées striales au nombre de dix et le commencement d'une onzième vers l'écusson, traversées chacune dans leur milieu par une chaînette de soies pâles et blanchâtres, bien distinctes et couchées en long. *Intervalles* plus ou moins étroits, lisses, plus ou moins fortement sétosellés : *le marginal* chagriné en arrière.

Dessous du corps très-finement et obsolètement chagriné et en outre obsolètement et éparsement ponctué ; d'un noir brun assez brillant, et recouvert d'une très-fine pubescence cendrée, couchée et peu serrée. *Métasternum* souvent plus glabre, plus lisse et brillant sur son milieu.

Hanches antérieures rapprochées, *les intermédiaires* un peu moins, *les postérieures* plus ou moins distantes l'une de l'autre.

Ventre assez convexe à sa base ; à premier arceau fortement resserré de chaque côté par la partie interne des hanches postérieures, avancé entre celles-ci en angle plus (♀) ou moins (♂) largement arrondi au sommet ; sensiblement moins long dans son milieu que le deuxième, assez régulièrement arqué à son bord postérieur ou avec celui-ci à peine coudé au-dessous de chaque trochanter : le deuxième grand, régulièrement arqué postérieurement ; le troisième légèrement, le quatrième plus sensiblement sinués ou recourbés en arrière sur les côtés de leur bord apical : le troisième un peu moins grand que le précédent : le quatrième court : le dernier grand, subdéprimé, semi-lunaire, parfois assez étroitement arrondi au sommet, souvent creusé, chez les ♂, de chaque côté près de sa base d'une fossette subarrondie plus ou moins marquée ; le pénultième quelquefois également creusé de chaque côté, mais tout à fait à sa base, d'une fossette transversale joignant le bord postérieur du troisième arceau : celui-ci également, mais plus rarement, creusé de chaque côté à sa base d'une fossette affaiblie, plus prolongée latéralement ou réduite à un léger sillon transversal mais en partie enfoui (1) sous le bord postérieur l'arceau précédent.

Pieds plus ou moins allongés, plus ou moins grêles, finement chagrinés, d'un roux-testacé, recouverts d'une assez fine pubescence grisâtre, couchée et médiocrement serrée. *Cuisses* plus ou moins grêles à leur base, plus ou moins sensiblement et assez brusquement renflées après leur milieu, un peu recourbées en dessous avant leur sommet. *Tibias* plus (♂) ou moins (♀) grêles, finement ciliés de poils semi-couchés sur leurs tranches, surtout sur la supérieure, plus ou moins élargis vers leur extrémité ; avec *les éperons* petits et égaux. *Tarses* plus ou moins grêles, plus ou moins développés : à premier article plus ou moins allongé : les deuxième à quatrième graduellement plus courts : le dernier grêle, aussi long que les deux précédents réunis, sublinéaire vu de dessus, subarqué vu de côté. *Ongles* petits, très-grêles, subarqués.

PATRIE. Cette espèce, particulière à la Lombardie, se rencontre rarement dans les provinces méridionales de la France. Nous l'avons prise aux environs d'Hyères, en hiver, dans le tronc carié d'un olivier. Elle a été

---

(1) Il arrive assez souvent que les segments ventraux, les derniers surtout, offrent de chaque côté à leur base, une faible impression plus ou moins enfouie sous le bord postérieur du segment précédent : et cela dans plusieurs espèces, mais d'une manière plus confuse que dans celle-ci.

trouvée, en novembre, sur les ajoncs, dans les montagnes des environs de Collioure, par M. Charles Brisout de Barneville, à qui la faune française doit tant de découvertes intéressantes.

Obs. Pour la couleur et le port, elle ressemble au *Ptinus ornatus*. Mais elle est un peu plus allongée, un peu plus grande ; le prothorax manque de ligne longitudinale blanche, et les taches latérales sont postérieures au lieu d'être antérieures ; ces taches et les bandes des élytres sont simplement pubescentes au lieu d'être écailleuses. Les élytres des ♀ sont plus fortement et plus profondément ponctuées-striées, avec les intervalles à soies plus longues et plus redressées, etc.

Mais si par les taches du prothorax cette espèce se rapproche du *Ptinus ornatus*, elle nous paraît s'en éloigner un peu quant aux autres caractères et conduire au *Ptinus fur* qui se trouve dans la deuxième subdivision. En effet, comme chez ce dernier et comme aussi chez les *Ptinus latro, brunneus, testaceus*, etc., le prothorax du ♂ du *Ptinus lepidus* offre en arrière sur son milieu une légère carène ou ligne élevée, et en même temps le premier arceau ventral montre son bord postérieur plus régulièrement arqué.

La variété *a* mérite une mention spéciale. C'est un exemplaire ♂ qui a le dessus du corps d'un roux-ferrugineux, avec les élytres plus claires, recouvertes d'une pubescence blanchâtre plus apparente, et de quelques mouchetures plus condensées indiquant les bandes transversales. Nous l'avions jadis communiqué sous le nom de *Ptinus debilicornis*, inédit, à M. Boieldieu, qui l'a regardé comme une variété du *Ptinus germanus ;* mais après l'avoir bien examiné, nous avons cru devoir le rapporter au ♂ du *Ptinus lepidus*.

DEUXIÈME SUBDIVISION. — *PTINUS VRAIS* (suite).

Caractères. *Premier arceau ventral* un peu plus court dans son milieu que le suivant, faiblement et régulièrement arqué à son bord postérieur. Le *quatrième* très-court, moins long ou pas plus long que la moitié du précédent. *Lame médiane du prosternum* étroite, linéaire : celle du *mésosternum* large, en forme de triangle mousse au sommet.

Les insectes de cette deuxième subdivision peuvent se ranger dans l'ordre suivant :

D *Deuxième article des antennes* sensiblement moins long que le troisième dans les deux sexes. *Elytres* testacées, brunes ou ferrugineuses, avec deux fascies blanches écailleuses.

  e *Épaules* coupées carrément et assez saillantes dans les deux sexes. *Prothorax* à pubescence concolore. *Eperons des tibias postérieurs des* ♂ grêles et égaux. *Taille* petite.   SPITZYI.

ee *Épaules* effacées et rejetées en arrière dès les angles postérieurs du prothorax chez les ♀. *Prothorax* avec deux fascicules allongés, bien apparents, convergeant en arrière et composés de poils blanchâtres. *Éperons des tibias postérieurs* inégaux chez les ♂. *Taille* moyenne.   FUR.

DD *Deuxième article des antennes* à peine moins long que le troisième sur sa tranche externe, chez les ♀ seulement (1). *Prothorax* sans fascicules de poils plus pâles. *Epaules* effacées chez les ♀.

  f *Intervalles des rangées striales*, chez les ♀, avec des séries régulières, semblables, de soies courtes et semi-couchées.

    g *Elytres* brunâtres, assez fortement ponctuées-striées, avec deux larges fascies blanchâtres. *Taille* petite.   BICINCTUS.

    gg *Elytres* d'un roux ferrugineux, finement ponctuées-striées, concolores ou sans fascies blanchâtres. *Taille* assez grande.   LATRO.

  ff *Intervalles des rangées striales*, chez les ♀, avec des séries de soies assez longues et semi-couchées, un peu plus longues sur les intervalles alternes.

    h *Élytres* médiocrement ponctuées-striées, avec une fascie subhumérale grisâtre, chez les ♀. *Taille* moyenne.   BRUNNEUS.

    hh *Élytres* assez fortement ponctuées-striées, concolores dans les deux sexes. *Taille* petite.   TESTACEUS.

  fff *Intervalles des rangées striales*, chez les ♀, avec des séries de longues soies redressées, beaucoup plus longues sur les intervalles alternes. *Taille* petite.

    i *Dessus du corps* noir ou brunâtre.

      j *Élytres* fortement ponctuées-striées, avec deux larges fascies blanches. *Dessous du corps* fortement ponctué.   PERPLEXUS.

      jj *Élytres* assez fortement ponctuées-striées avec une seule fascie subhumérale blanchâtre et obsolète. *Dessous du corps* assez finement ponctué.   PILOSUS.

    ii *Dessus du corps* d'un brun roussâtre ou testacé. *Élytres* assez fortement ponctuées-striées, avec deux fascies obsolètes de poils blanchâtres.   SUBPILOSUS.

---

(1) Les ♂, généralement beaucoup plus rares que les ♀ surtout chez les espèces suivantes, diffèrent très-peu entre eux : ce qui nous a obligés, à notre grand regret, d'emprunter souvent nos caractères au seul sexe féminin.

17. Ptinus Spitzyi. Villa.

Suballongé (♂) ou ovalaire (♀), d'un roux-testacé ou brunâtre assez brillant, avec les palpes, les antennes et les pieds d'un roux-testacé. Front flave, obsolètement canaliculé sur son milieu. Antennes à deuxième article sensiblement moins long que le troisième. Prothorax subsillonné sur sa ligne médiane, avec quatre fascicules dentiformes plus ou moins distincts. Ecusson blanchâtre. Elytres oblongues (♂) ou ovalaires(♀), assez fortement ponctuées-striées, sérialement et plus (♀) ou moins (♂) longuement sétosellées; parées de deux bandes transversales écailleuses et blanches, dont la postérieure interrompue. Epaules saillantes dans les deux sexes. Pieds assez allongés. Eperons des tibias postérieurs égaux.

Ptinus spitzyi. Villa, Alt. Suppl. Col., 1838, p. 62; — Boieldieu, Mon. Ptin., Ann. Soc. Ent. Fr., 1856, t. IV, p. 647, 42, pl. 18, fig. 23.

Variété a. Bandes des élytres plus ou moins obsolètes ou presque nulles.

Long. 0,0017 à 0,0023 (3/4 l. à 1 l.); — larg. 0,0011 (1/2 l.).

♂. *Corps* suballongé, d'un roux-testacé. *Yeux* très-gros et saillants. *Tête,* compris ceux-ci, sensiblement plus large que le prothorax. *Antennes* presque aussi longues que le corps, à deuxième article beaucoup moins long que le troisième : celui-ci et le suivant un peu rétrécis vers leur base : les troisième à cinquième suballongés : les sixième à dixième allongés, subcylindriques : le dernier en massue très-allongée et subcylindrique. *Prothorax* à peine plus long que large, beaucoup plus étroit que les élytres ; indistinctement sillonné sur sa ligne médiane ; à éminences latérales obsolètes ; graduellement et médiocrement étranglé derrière celles-ci. *Élytres* oblongues ou suballongées, trois fois et demie aussi longues que le prothorax, parallèles sur leurs côtés jusqu'au moins les deux tiers de leur longueur, rétrécies en arrière et assez largement arrondies au sommet ; peu convexes sur le dos ou subdéprimées sur la suture ; assez fortement ponctuées-striées, avec les points peu profonds et assez serrés ; et *les intervalles* subconvexes, plus étroits que les points, parés chacun d'une série régulière de soies pâles, médiocrement longues et semi-couchées. *Épaules* très-saillantes, largement arrondies en dehors, limitées intérieurement par une impression oblongue assez prononcée. *Métasternum* grand. *Insertions des pieds postérieurs* assez écartées l'une de l'autre. *Pieds* assez grêles. *Tibias* assez étroits à leur base, graduellement et faiblement élargis vers leur extrémité. *Tarses*, les postérieurs surtout, à premier article allongé, à peine plus long que les deux suivants réunis.

♀ *Corps* ovalaire, d'un brun-rougeâtre ou ferrugineux, quelquefois assez foncé. *Yeux* assez gros et médiocrement saillants. *Têtes*, compris ceux-ci, aussi large ou à peine aussi large que la partie antérieure du prothorax. *Antennes* beaucoup moins longues que le corps, atteignant à peine les deux tiers de la longueur de celui-ci ; à deuxième article évidemment un peu moins long que le troisième : celui-ci et les suivants, plus ou moins oblongs, obconiques : le dernier allongé, subelliptique. *Prothorax* subtransverse, sensiblement plus étroit que les élytres ; assez distinctement sillonné sur sa ligne médiane ; à éminences latérales très-saillantes mais arrondies ; brusquement et fortement étranglé derrière celles-ci. *Élytres* ovalaires, à peine trois fois aussi longues que le prothorax, assez sensiblement arrondies sur les côtés, rétrécies en arrière et assez étroitement arrondies au sommet ; assez convexes sur le dos ; assez fortement ponctuées-striées, avec les points assez profonds , mais moins serrés que chez les ♂ ; et *les intervalles* au moins aussi larges que les points, plans, parés chacun d'une série régulière de longues soies pâles et redressées, encore plus longues sur les intervalles impairs ou alternes. *Epaules* assez saillantes, étroitement arrondies en dehors, sans impression sensible intérieurement. *Métasternum* assez court. *Insertions des pieds postérieurs* très-écartées l'une de l'autre. *Pieds* médiocrement grêles. *Tibias* graduellement et assez sensiblement élargis vers leur extrémité. *Tarses* à premier article oblong, à peine aussi long que les deux suivants réunis, un peu plus allongé dans les postérieurs.

♂ ♀ . *Corps* assez brillant, d'un roux-testacé ou d'un brun-ferrugineux.

Tête verticale ou infléchie, ruguleuse ; peu brillante, brune ou d'un roux-testacé ; voilée par une épaisse pubescence flave et couchée ; avec la région de l'épistome dénudée mais légèrement ciliée. *Front* large, subdéprimé, obsolètement canaliculé sur sa ligne médiane au-dessus de la tranche interantennaire. *Labre* obscur, densement cilié en avant. *Mandibules* brunâtres ou roussâtres, ruguleuses et ciliées à leur base ; d'un noir de poix, lisses et glabres à leur extrémité. *Palpes* d'un roux-testacé.

Yeux subarrondis, noirs.

Antennes subfiliformes, finement chagrinées, garnies d'une légère pubescence cendrée, couchée et assez serrée, et en outre distinctement ciliées en dehors et en dedans, mais plus obsolètement dans les deux ou trois derniers articles : le premier plus ou moins soyeux, sensiblement épaissi en massue ovale-suboblongue : le deuxième sensiblement plus court que le troisième : celui-ci et les suivants plus ou moins allongés : le dernier sensiblement plus long que le pénultième, subacuminé au sommet.

Prothorax plus étroit que les élytres ; fortement étranglé et transversalement déprimé au-devant de sa base, avec l'étranglement situé vers le quart postérieur et indiqué par un sillon assez profond ; plus (♀) ou moins (♂) dilaté en arrière, sur les côtés de sa partie globuleuse ; largement arrondi à son bord antérieur qui est à peine ou obtusément rebordé en forme de bourrelet assez étroit ; légèrement arrondi à sa base, avec celle-ci assez distinctement mais étroitement rebordée et le rebord comme doublé sur les côtés dans la partie réfléchie ; rugueusement et fortement granulé, avec les grains souvent un peu aplatis et subombiliqués ; d'un brun-roussâtre ou testacé, peu brillant ; plus ou moins élevé sur le dos ; plus (♂) ou moins (♀) obsolètement sillonné sur sa ligne médiane ; revêtu d'une pubescence blonde ou semi-dorée, médiocrement longue, peu serrée, plus ou moins redressée sur le dos, obliquement couchée sur la partie déprimée ; offrant sur son disque quatre éminences, disposées sur une ligne transversale, obtuses, surmontées d'un fascicule de poils plus redressés : les deux latérales plus (♀) ou moins (♂) prononcées, à fascicules angulaires aussi élevés que ceux des éminences intermédiaires : celles-ci obsolètes, à fascicules obtus et à poils moins redressés, presque confondues ensemble ou seulement séparées l'une de l'autre par un sillon très-obsolète, presque idéal ou indiqué uniquement par la divergence des poils.

Écusson subogival, voilé par un dense duvet blanchâtre.

Élytres d'un roux-testacé ou d'un brun-roussâtre assez brillant ; plus ou moins arrondies au sommet avec l'angle apical à peine émoussé ; parées chacune de deux bandes transversales, écailleuses et blanches : la première subhumérale, un peu oblique, ne touchant pas aux côtés et s'arrêtant assez loin de la suture : la deuxième située vers le tiers postérieur, oblique, ne touchant ni aux côtés ni à la suture, interrompue dans son milieu et réduite à deux taches ; assez fortement ponctuées-striées, avec les points carrés, longitudinalement traversés dans leur milieu chacun par une soie pâle, tout à fait couchée et plus ou moins distincte ; avec les rangées striales au nombre de dix et le commencement d'une onzième vers l'écusson, la suturale plus enfoncée surtout postérieurement où elle se lie par son sommet à l'extérieure. *Intervalles* lisses : *le marginal* très-finement chagriné et plus ou moins relevé en arrière. *Épaules* plus (♂) ou moins (♀) saillantes.

Dessous du corps finement et éparsement ponctué, d'un brun plus ou moins roussâtre, voilé par une épaisse pubescence grisâtre ou couchée (1).

Hanches antérieures et intermédiaires assez rapprochées, *les postérieures* plus ou moins distantes.

Ventre peu convexe, à premier arceau assez fortement resserré de chaque côté par la partie interne des hanches postérieures, un peu moins long dans son milieu que le deuxième, régulièrement arqué à son bord postérieur : les troisième et quatrième sensiblement sinués ou recourbés en arrière sur les côtés de leur bord apical : le troisième à peine moins grand que le précédent : le quatrième très-court : le dernier grand, semi-lunaire.

Pieds assez allongés, plus ou moins grêles, obsolètement chagrinés. d'un roux-testacé ; recouverts d'une pubescence flave, couchée et médiocrement serrée. *Cuisses* plus (♂) ou moins (♀) étroites à leur base, sensiblement renflées après leur milieu, un peu recourbées en dessous avant leur sommet. *Tibias* un peu plus longs que les cuisses, obsolètement ciliés en dehors, graduellement et faiblement élargis vers leur extrémité, droits ou presque droits, à *éperons* petits et égaux. *Tarses* assez développés, un peu moins longs que les cuisses, sublinéaires, à premier article plus ou moins allongé : les deuxième à quatrième graduellement plus courts : le deuxième plus ou moins oblong et obconique : le troisième triangulaire : le quatrième assez court, pas plus épais que les précédents, triangulaire ou obcordiforme : le dernier grêle, aussi long que les deux précédents réunis, sublinéaire vu de dessus, subarqué vu de côté. *Ongles* petits, arqués.

PATRIE. Cette espèce se rencontre assez rarement en Illyrie, en Lom-

(1) N'ayant eu sous les yeux que des individus collés, nous n'avons pas pu examiner les parties inférieures du corps ; mais sans doute, ainsi que dans les espèces voisines, le *métasternum* est ici plus ou moins canaliculé en arrière sur sa ligne médiane, chez les ♂.

bardie, en Espagne, et même dans les Pyrénées-Orientales, où M. Charles Brisout de Barneville l'a capturée aux environs du Vernet (1). Il se prend sur les cistes. M. Henri Tournier nous en a communiqué un exemplaire venant des environs de Genève.

Obs. Quelquefois les bandes des élytres sont plus ou moins effacées ou même presque nulles, surtout chez les ♂, chez lesquels elles sont souvent réduites à de petites taches blanches isolées.

18. Ptinus fur. Linné.

Allongé (♂) ou ovalaire-oblong (♀), d'un brun noir assez brillant, souvent roussâtre ou ferrugineux, avec les palpes testacés, les antennes et les pieds d'un roux plus ou moins testacé. Front d'un blanc flave, finement canaliculé sur son milieu. Antennes à deuxième article moins long que le troisième. Prothorax oblong, légèrement sillonné sur sa ligne médiane, avec deux dents latérales fasciculées bien distinctes, et deux intermédiaires oblongues, en forme de linéoles pâles, densement tomenteuses et convergeant en arrière. Écusson blanchâtre. Élytres allongées (♂) ou ovalaire-oblongues (♀), assez fortement ponctuées-striées, brièvement et sérialement sétosellées, parées de deux bandes transversales écailleuses et blanches, la postérieure interrompue. Épaules effacées chez les ♀ . Pieds allongés. Éperons des tibias postérieurs inégaux chez les ♂.

Ptinus fur. Linné, Syst. Nat., t. II, p. 566, 5 ; — Fabricius, Syst. El., t. I, 325, 6 ; — Olivier, Ent., t. II, n° 17, 6, 3, pl. 1, fig. 1 ; — Illiger, Käf. Preufs., t. I, p. 345, 3 ; — Paykull, Faun. Suec., t. I, 313, 3 ; — Schoenher, Syn. Ins., t. II, 107, 5 ; — Gyllenhal, Ins. Suec., t. I, p. 307, 5 ; — Sturm, Deut. Faun., t. XII, p. 48, 3, pl. 249 ; — Redtenbacher, Faun. Austr., 2ᵉ édit., p. 556 ; — Boieldieu, Mon. Ptin., Ann. Soc. Ent. Fr., 1856, t. IV, p. 641, 38.

♂ *Cerambyx fur*. Linné, Faun. Suec., n° 651.

♂ *Ptinus germanus*. Fabricius, Syst. El., t I, 324, 2.

(1) Près de cette espèce viendrait le *Ptinus phlomidis* (Kiesenwetter) de Boieldieu (Mon. Ptin., Ann. Soc. Ent. Fr., 1856, t. IV, p. 497, 23, pl. 17. fig. 14 et 15), espèce de Grèce, également à épaules assez saillantes dans les deux sexes, mais dont le prothorax est moins dilaté sur les côtés dans la ♀ ; dont les élytres, chez ce même sexe, sont un peu plus oblongues, un peu plus convexes, beaucoup moins fortement ponctuées-striées avec les intervalles moins longuement sétosellés.

Variété a. Corps d'un roux-testacé. *Élytres* à bandes transversales obsolètes ou nulles.

♂. Long. 0^m,0023 à 0^m,0045 (1 à 2 l.) ; — larg. 0^m,0008 à 0^m,0017
(1/3 à 3/4 l.)

♀. Long. 0^m,0022 à 0^m,0039 (1 à 1 l. 3/4) ; — larg. 0^m,0012 à 0^m,0022
(1/2 à 1 l.)

♂. *Corps* allongé. *Yeux* très-gros et plus ou moins saillants. *Tête*, compris ceux-ci, sensiblement plus large que le prothorax. *Antennes* un peu plus longues que le corps, grêles, filiformes ; à premier article légèrement épaissi en massue suballongée, subarquée, subtronquée au bout : le troisième allongé, subcylindrique, deux fois aussi long que le deuxième : les quatrième à dixième très-allongés, cylindriques : le dernier encore plus allongé, linéaire. *Prothorax* assez faiblement élevé au-devant de l'étranglement, avec celui-ci situé vers le tiers postérieur, à sillon médian légèrement relevé en arrière en forme de carène lisse, assez prolongée. *Elytres* brunes, ferrugineuses ou d'un roux-testacé ; allongées, quatre fois aussi longues que le prothorax, parallèles sur leurs côtés jusqu'aux trois quarts ou aux quatre cinquièmes de leur longueur, et puis assez largement arrondies au sommet ; peu convexes ou subdéprimées le long de la suture ; très-fortement et densement ponctuées-striées, avec les points assez profonds, en carré subtransverse, très-serrés, et *les intervalles* subconvexes, un peu plus étroits ou à peine aussi larges que les points, paraissant subcrénelés vus de côté, ornés chacun d'une série régulière de courtes soies pâles et presque tout à fait couchées. *Epaules* assez saillantes, largement arrondies, débordant un peu les angles postérieurs du prothorax, limitées intérieurement par une impression sensible. *Métasternum* grand, trois fois aussi long que le premier arceau ventral dans son milieu, assez convexe, mais déprimé sur le milieu de la région postérieure de son disque, fortement canaliculé dans la deuxième moitié de sa ligne médiane. *Premier arceau ventral* avancé entre les hanches postérieures en forme d'angle mousse ou étroitement arrondi au sommet. *Intervalle* compris entre les insertions des pieds postérieurs subégal à celui compris entre celles-ci et les côtés. *Pieds* très-allongés, grêles. *Cuisses* très-grêles à leur base sur au moins la moitié de leur longueur, puis brusquement et assez fortement renflées dans leur dernière moitié. *Tibias* grêles, très-faiblement et graduellement élargis vers leur extrémité : *les antérieurs* droits, *les intermédiaires* légèrement, *les postérieurs* sensiblement recourbés en dedans après le milieu de leur face interne, vus de dessus leur tranche supérieure, et, en même temps, parfois plus ou moins distinctement recourbés en arrière sur celle-ci : *les postérieurs* à *éperons* inégaux : l'externe droit, grêle : l'interne un peu plus long et surtout plus robuste, parfois mais à peine arqué. *Tarses* allongés, assez grêles, à premier article très-allongé, aussi long que les trois suivants réunis ; *les antérieurs et intermédiaires* à deuxième article suballongé, presque aussi long que les deux suivants réunis : le troisième oblong, obconique ; *les postérieurs* à deuxième article allongé, un peu plus long que les deux suivants réunis : le troisième oblong, obconique.

♀ . *Corps* ovalaire-oblong. *Yeux* médiocres et peu saillants. *Tête*, compris ceux-ci, à peine aussi large que la partie antérieure du prothorax. *Antennes* beaucoup moins longues que le corps, atteignant à peine les trois quarts de la longueur de celui-ci ; moins grêles que chez les ♂, subfiliformes ou un peu plus épaisses à leur base ; à premier article sensiblement épaissi en massue ovale-oblongue : le troisième oblong, obconique, seulement à peine d'une moitié plus long que le précédent : les quatrième à dixième plus ou moins suballongés, obconico-cylindriques : le dernier allongé, subcylindrico-fusiforme. *Prothorax* assez fortement élevé au-devant de l'étranglement, avec celui-ci situé environ vers le quart postérieur : à sillon médian assez marqué mais non relevé en carène postérieurement. *Élytres* noirâtres ou d'un brun ferrugineux plus ou moins roussâtre ; ovalaire-oblongues, environ trois fois aussi longues que le prothorax, sensiblement arrondies sur leurs côtés, assez fortement rétrécies en arrière et assez étroitement arrondies au sommet ; subconvexes sur le dos : fortement ponctuées-striées, avec les points profonds, subcarrés ou subarrondis et médiocrement serrés ; et *les intervalles* légèrement subconvexes, un peu plus larges ou au moins aussi larges que les points, parés chacun d'une série régulière de courtes soies d'un blond brillant, subarquées et semi-couchées en arrière. *Épaules* effacées ou fortement rejetées en arrière dès les angles postérieurs du prothorax, sans impression sensible intérieurement. *Métasternum* assez court, seulement une fois et demie aussi long dans son milieu que le premier arceau ventral, subdéprimé, marqué à l'extrémité de sa ligne médiane d'une légère entaille ou d'un très-court sillon canaliculé. *Premier arceau ventral* avancé entre les hanches postérieures en forme de lame transversale largement et obtusément tronquée en avant. *Intervalle* compris entre les insertions des pieds postérieurs beaucoup plus grand que celui compris entre celles-ci et les côtés. *Pieds* allongés, moins grêles que chez le ♂. *Cuisses* assez étroites à leur base : *les antérieures* graduellement renflées vers leur extrémité dès leur base : *les intermédiaires et postérieures* assez brusquement renflées, les premières dans leurs deux derniers tiers, les secondes dans leur dernière moitié. *Tibias* assez forts, graduellement et sensiblement élargis vers leur extrémité : *les antérieurs et intermédiaires* droits : les postérieurs, vus de dessus leur tranche supérieure, sensiblement recourbés en dedans, à *éperons* égaux, droits, grêles et semblables. *Tarses* médiocrement allongés, moins grêles que chez le ♂ ; *les antérieurs et intermédiaires* à premier article suballongé, au moins aussi long que les deux suivants réunis : le deuxième oblong, obconique : le troisième assez court, subtriangulaire ; *les postérieurs* à premier article très-allongé, presque auss long que les trois suivants réunis : le deuxième suballongé, obconique : le troisième oblong, obconique.

♂ ♀ . Corps d'un noir brun assez brillant, souvent ferrugineux, roussâtre ou même testacé.

Téte verticale ou infléchie, rugueusement chagrinée, mate, brune ou d'un brun-ferrugineux ; presque entièrement voilée par une épaisse pubescence blonde ; avec la région de l'épistome dénudée et seulement éparsement ciliée de soies blondes et brillantes. *Front* large, subdéprimé, finement canaliculé sur sa ligne médiane. *Labre* plus ou moins obscur, chagriné, densement cilié à son bord antérieur de poils blonds et brillants. *Mandibules* brunâtres ou ferrugineuses, ruguleuses et distinctement ciliées à leur base ; d'un noir de poix, lisses et glabres à leur extrémité. *Palpes* testacés.

Yeux subarrondis, noirs.

Antennes très-finement chagrinées, d'un roux-testacé plus ou moins clair ; densement pubescentes, avec la pubescence d'un gris flave, variée sur les premiers articles de quelques soies couchées et plus brillantes, obsolète sur les derniers où elle est réduite à un très-court duvet cendré ; ciliées en outre en dedans, surtout vers le sommet de chaque article, de quelques poils un peu plus longs, un peu plus redressés et plus ou moins fasciculés dans les premiers articles ; le premier plus ou moins soyeux, plus ou moins épaissi ; le deuxième oblong, sensiblement ou beaucoup moins long que le suivant, subarrondi à sa tranche interne : les troisième à dixième plus (♂) ou moins (♀) allongés : le dernier sensiblement plus long que le pénultième, subacuminé au sommet.

Prothorax plus étroit que les élytres, un peu plus long que large ; forte-

ment étranglé et transversalement déprimé au-devant de sa base, avec l'é-
tranglement indiqué par un sillon profond; paraissant, vu de dessus, plus
ou moins obtusément et arcuément dilaté sur les côtés de sa partie globuleuse; largement arrondi à son bord antérieur qui est un peu relevé et
assez largement rebordé en forme de bourrelet peu saillant; très-légèrement arrondi à sa base, avec celle-ci distinctement et assez fortement
rebordée (1) et le rebord épaissi et comme doublé sur les côtés dans la
partie réfléchie; rugueusement et assez fortement granulé, avec la partie
déprimée de la base plus finement et plus éparsement surtout chez les ♂;
brun, ferrugineux ou roussâtre, peu brillant; revêtu d'une pubescence d'un
flave assez brillant, médiocrement longue, assez serrée et transversalement
couchée sur le bourrelet antérieur, moins serrée et couchée en travers sur
la partie déprimée de la base où elle forme comme des séries transversales
irrégulières, peu serrée et renversée en arrière sur le reste du disque;
offrant sur le dos quatre éminences plus ou moins prononcées et disposées
sur une ligne transversale : les latérales angulaires, surmontées d'un fascicule dentiforme aigu, formé de poils redressés et convergents, et séparées
des intermédiaires par un léger sillon : celles-ci à peine plus élevées, à
point culminant situé un peu plus en avant, plus obtuses, surmontées
chacune d'un fascicule de poils frisés, serrés, renversés en arrière, pâles et
condensés, lesquels fascicules se prolongent postérieurement de manière à
former comme deux linéoles allongées, blanchâtres, bien apparentes, convergeant en arrière, étendues jusqu'à l'étranglement et enclosant ainsi la
partie postérieure d'un sillon médian assez large, assez prononcé, souvent
étendu depuis le bourrelet antérieur jusqu'à la partie déprimée, sur le milieu de laquelle les poils couchés en travers s'entr'ouvrent souvent en affectant, surtout chez le ♂, une direction longitudinale comme pour continuer
ledit sillon.

Écusson subogival, voilé par un épais duvet blanchâtre.

Élytres d'un brun assez brillant et souvent plus ou moins roussâtre; plus
ou moins arrondies au sommet avec l'angle apical émoussé ou subarrondi;
parées chacune de deux bandes transversales blanchâtres, assez larges et
composées de poils blancs, condensés, subécailleux et déprimés : la première
subhumérale, irrégulière, ne touchant pas aux côtés, rétrécie en dedans et

____

(1) Comme ici l'étranglement est indiqué par un fort sillon, l'arète postérieure de
celui-ci simule assez bien un second rebord épais, ou bourrelet, situé au-devant du rebord de la base, plus apparent chez les ♂.

n'atteignant pas la suture : la deuxième située avant l'extrémité, un peu oblique, ne touchant ni aux côtés ni à la suture, plus ou moins interrompue,
semblant parfois formée de trois ou quatre linéoles ou taches rapprochées,
et souvent accompagnée d'une petite tache subapicale, obsolète ou peu
condensée, avec l'intervalle qui sépare celle-ci des bandes postérieures
parsemé de quelques petites écailles blanches ; plus ou moins fortement ponctuées-striées, avec les rangées striales au nombre de dix et le commencement d'une onzième vers l'écusson, traversées chacune dans leur milieu
par une chaînette de soies pâles, couchées en long et plus ou moins distinctes, et la rangée suturale divergeant un peu et plus marquée postérieurement où elle se lie à l'externe. *Intervalles* lisses, subconvexes, sérialement
et brièvement sétosellés : *le marginal* finement chagriné, un peu élargi et
à peine relevé en arrière, finement cilié vers son sommet.

Dessous du corps très-finement et très-obsolètement chagriné et en outre
assez fortement mais peu densement ponctué, avec les points assez profonds
et plus ou moins oblongs : d'un brun plus ou moins roussâtre et peu brillant ;
revêtu d'une dense pubescence flave et couchée, avec les points enfoncés
subdénudés et formant comme de petites taches ponctiformes, plus obscures.

Hanches antérieures assez rapprochées, *les intermédiaires* un peu plus
écartées, *les postérieures* plus ou moins largement distantes l'une de l'autre.

Ventre subconvexe, à premier arceau assez fortement resserré de chaque côté par la partie interne des hanches postérieures, un peu moins long
dans son milieu que le deuxième, assez régulièrement arqué à son bord
postérieur : le deuxième grand, régulièrement arqué postérieurement : les
troisième et quatrième sinués ou sensiblement recourbés en arrière sur les
côtés de leur bord apical : le troisième à peine moins grand que le précédent : le quatrième très-court, moins long dans son milieu que la moitié
du précédent : le dernier grand, subdéprimé ainsi que la région médiane
du précédent, parfois transversalement subimpressionné, plus obsolètement
ponctué que les autres et à peine pubescent, subarrondi au sommet.

Pieds plus ou moins allongés, plus ou moins grêles, très-obsolètement
chagrinés, d'un roux-testacé plus ou moins clair ; recouverts d'un assez
dense pubescence flave et couchée. *Cuisses* plus ou moins brusquement
renflées après leur milieu, sensiblement recourbées en dessous avant leur
sommet, plus ou moins distinctement ciliées sur leur tranche inférieure.
Tibias obsolètement ciliés en dehors, plus ou moins légèrement élargis vers
leur extrémité. *Tarses* plus ou moins développés, à premier article plus ou
moins allongé : les deuxième à quatrième graduellement plus courts : le

quatrième court ou assez court, pas plus épais que le précédent, triangulaire ou subcordiforme : le dernier grêle, aussi long que les deux précédents réunis, sublinéaire vu de dessus, subarqué vu de côté. *Ongles* assez saillants, grêles, arqués.

PATRIE. Cette espèce est commune dans toute la France, dans nos habitations, nos greniers, nos celliers.

OBS. Elle varie beaucoup pour la taille et surtout pour la couleur. Celle-ci passe insensiblement du noir-brun au roux-ferrugineux et jusqu'au testacé assez clair. Chez cette dernière variété les bandes blanchâtres deviennent plus ou moins obsolètes, au point de disparaître complétement, et alors, elle ne diffère du *Ptinus testaceus*, décrit plus loin, le ♂, que par les intervalles des rangées striales plus convexes et par les éperons des tibias postérieurs inégaux ; la ♀, par ses élytres moins courtement ovalaires, plus profondément ponctuées-striées, à intervalles moins plans et plus brièvement sétosellés.

De plus elle est sensiblement et généralement plus grande que le *Ptinus testaceus*, et son prothorax offre toujours deux linéoles de poils plus pâles et plus condensés, plus ou moins apparentes.

La larve du *Ptinus fur* a été décrite et figurée par de Géer (MÉM., t. IV, mém. 5, p. 234, pl. 9, fig. 1—3).

19. **Ptinus bicinctus**. STURM.

Ovalaire-oblong, d'un brun de poix ou d'un brun-ferrugineux assez brillant, avec les palpes, les antennes et les pieds d'un roux-testacé. Front pâle, finement canaliculé. Antennes à deuxième article presque aussi long que le troisième (♀). Prothorax subglobuleux, obsolètement sillonné sur sa ligne médiane, avec quatre éminences fasciculées obsolètes. Écusson blanc. Élytres ovalaires, assez profondément ponctuées-striées, brièvement, assez densement et sérialement sétosellées, parées de deux bandes transversales écailleuses blanchâtres. Pieds assez allongés. Tarses peu développés (♀). Éperons des tibias égaux.

Ptinus bicinctus. STURM, Deuts. Faun., t. XII, p. 56, 5, pl. 251, C; — REDTENBACHER, Faun. Aust., 2ᵉ éd., p. 556; — BOIELDIEU, Mon. Ptin., Ann. Soc. Ent. Fr., 1856, t. IV, p. 639, 36.

Long. 0^m,0027 (1 l. 1/4) ; — larg. 0^m,0014 (2/3 l.).

♂. Nous est inconnu. Mais, d'après la description de M. Boieldieu, il ressemblerait à celui des espèces voisines, c'est-à-dire qu'il aurait les élytres allongées et subparallèles.

♀. *Corps* ovalaire-oblong, d'un brun de poix ou d'un roux-ferrugineux assez brillant.

Tête infléchie, à peine aussi large, compris les yeux, que la partie antérieure du prothorax ; ruguleuse, brune ou ferrugineuse ; voilée par une épaisse pubescence flave et couchée ; avec la région de l'épistome subdénudée, mais distinctement ciliée. *Front* large, subdéprimé, finement et parfois obsolètement canaliculé sur sa ligne médiane au-dessus de la tranche interantennaire. *Labre* très-finement chagriné, obscur, densement et brièvement cilié en avant. *Mandibules* d'un rouge obscur, mates et ciliées à leur base ; d'un noir de poix, glabres et lisses à leur extrémité. *Palpes* testacés ou d'un roux-testacé.

Yeux médiocres, peu saillants, subarrondis, noirs.

Antennes subfiliformes, atteignant environ les deux tiers de la longueur du corps ; très-finement chagrinées, d'un roux-testacé ; revêtues d'une dense pubescence pâle ou cendrée, couchée, et en outre distinctement ciliées ou fasciculées en dehors et en dedans, mais plus obsolètement dans les deux derniers articles, avec les premiers variés de soies plus brillantes : le premier assez densement soyeux, sensiblement épaissi en massue ovale-oblongue : le deuxième obconique, aussi long ou à peine moins long sur sa tranche externe que le troisième : celui-ci et le suivant oblongs, obconiques : les cinquième à dixième un peu plus oblongs, obconiques, subégaux : le dernier suballongé, elliptique.

Prothorax plus étroit que les élytres, à peine ou pas plus long que large ; subglobuleux dans sa partie antérieure ; assez fortement étranglé et transversalement déprimé au-devant de sa base, avec l'étranglement marqué par un sillon assez profond, situé tout près de celle-là vers le dernier huitième de la longueur ; paraissant, vu de dessus, angulairement, mais plus ou moins obtusément dilaté sur les côtés de sa partie globuleuse ; très-largement et obtusément arrondi à son bord antérieur qui est légèrement rebordé en forme d'étroit bourrelet ; faiblement arqué ou arrondi à sa base, avec celle-ci distinctement et finement rebordée et le rebord comme doublé sur les côtés dans la partie réfléchie ; rugueusement et assez fortement granulé ; d'un rouge brun ou ferrugineux peu brillant ; revêtu d'une pubescence blonde et brillante, concolore, assez serrée et couchée en travers sur le bourrelet antérieur, un peu moins serrée et renversée en arrière sur le reste du disque, transversalement et obliquement couchée sur la partie déprimée ; offrant sur le dos quatre éminences obsolètes, fasciculées et disposées sur une ligne transversale : les latérales à fascicules subangulaires, à poils redressés et convergents, à peine aussi élevés que ceux des intermédiaires : celles-ci à fascicules plus obtus, à poils moins redressés, séparées entre elles par un sillon très-obsolète et subdénudé, prolongé parfois du bourrelet antérieur jusqu'à l'étranglement postérieur.

Écusson subconvexe, subsemi-circulaire, voilé par un épais duvet blanchâtre.

Elytres ovalaires, à peine trois fois aussi longues que le prothorax, sensiblement arrondies sur les côtés, rétrécies en arrière et assez étroitement arrondies au sommet avec l'angle apical à peine émoussé ; convexes sur le dos ; d'un brun de poix ou d'un brun-ferrugineux assez brillant ; parées chacune de deux bandes transversales fortement raccourcies en dedans, ne touchant pas aux côtés, blanchâtres et formées d'écailles déprimées : la première subhumérale, assez large, irrégulière ou lunulée : la deuxième située avant l'extrémité, oblique, un peu plus étroite, souvent plus ou moins effacée ; offrant chacune dix rangées striales de points enfoncés et le commencement d'une onzième vers l'écusson, avec les points médiocres, mais assez profonds, carrés ou en carré oblong, longitudinalement traversés dans leur milieu par une petite soie pâle tout à fait couchée. *Intervalles* lisses, plans, assez larges, ornés chacun d'une série très-régulière de soies courtes, blondes, assez serrées, subarquées et semi-couchées en arrière : *le marginal* un peu plus large, obsolètement chagriné et à peine relevé postérieurement. *Épaules* effacées, sans impression sensible intérieurement.

Dessous du corps finement et éparsement pointillé, d'un roux-ferrugineux, entièrement voilé par une dense pubescence couchée et d'un blond clair. *Métasternum* subdéprimé, assez court, un peu plus long dans son milieu que le premier arceau ventral, offrant à l'extrémité de sa ligne médiane un très-léger canal, court et très-fin.

Hanches antérieures assez rapprochées, *les intermédiaires* un peu plus écartées, *les postérieures* très-distantes l'une de l'autre.

Ventre subconvexe, à premier arceau assez fortement resserré de chaque côté par la partie interne des hanches postérieures, avancé entre celles-ci en forme de lame transversale largement et obtusément tronquée en avant, moins long dans son milieu que le suivant, faiblement et régulièrement arqué en arrière : le deuxième grand, assez régulièrement arqué à son bord postérieur : les troisième et quatrième assez sensiblement sinués ou recourbés en arrière sur les côtés de leur bord apical : le troisième à peine moins grand que le deuxième : le quatrième très-court, moins long que la moitié du précédent : le dernier grand, semi-lunaire.

Pieds assez allongés, médiocrement grêles, finement chagrinés, d'un roux-testacé ; revêtus d'une dense pubescence couchée et d'un blond brillant. *Intervalle* compris entre les insertions des pieds postérieurs beaucoup plus large que celui compris entre celles-ci et les côtés. *Cuisses* peu rétrécies vers leur base, graduellement et médiocrement renflées vers leur extrémité, assez sensiblement recourbées en dessous avant leur sommet. *Tibias* graduellement et assez sensiblement élargis vers leur extrémité, un peu plus longs que les cuisses, presque droits : *les postérieurs*, vus de dessus, un peu recourbés en dedans après leur milieu, et aussi un peu en arrière, à *éperons* petits et égaux. *Tarses* sensiblement plus courts que les tibias, assez étroits ; *les antérieurs et intermédiaires* à premier article oblong, obconique, à peine aussi long que les deux suivants réunis : les deuxième à quatrième subtriangulaires, graduellement plus courts ; *les postérieurs* à premier article allongé, presque aussi long que les trois suivants réunis : le deuxième oblong, obconique : le troisième suboblong, obconique : le quatrième court, subtriangulaire : le dernier de tous les tarses grêle, aussi long que les deux précédents réunis, sublinéaire vu de dessus, subarqué vu de côté. *Les ongles* petits, grêles, arqués.

Patrie. Cette espèce est assez rare en France. On la trouve aux environs de Paris et de Lyon, et M. Ch. Brisout nous en a communiqué un exemplaire venant des Landes. Elle habite sous les lichens et sous les écorces des chênes.

Obs. Elle ressemble pour la forme aux petits individus du *Ptinus fur*. Mais elle a le deuxième article des antennes un peu moins court ; le prothorax à pubescence concolore et sans linéoles pâles apparentes ; les élytres moins grossièrement ponctuées-striées et à intervalles moins étroits et moins convexes ; les cuisses moins brusquement et moins sensiblement renflées. Le prothorax est aussi un peu plus court et plus globuleux, et la forme des élytres est un peu moins oblongue avec les épaules un peu moins effacées, etc.

Elle diffère de la ♀ du *Ptinus pusillus* par une taille un peu plus forte, par ses élytres plus fortement ponctuées-striées et à couleur ordinairement plus foncée, par ses pieds et surtout ses tibias plus robustes, avec les éperons de ceux-ci plus petits et tous égaux.

20. Ptinus latro. Fabricius.

Allongé (♂) ou ovalaire-suballongé (♀), d'un roux plus ou moins brunâtre et assez brillant, avec les palpes, les antennes et les pieds d'un roux testacé. Front flave. Antennes à deuxième article presque aussi long que le suivant chez les ♀. Prothorax oblong, à peine sillonné sur sa ligne médiane, avec quatre éminences obtuses, fasciculées. Écusson pâle. Élytres allongées (♂) ou ovalaire-suballongées (♀), assez légèrement ponctuées-striées, brièvement et sérialement mais peu densement sétosellées, concolores ou sans trace aucune de bandes transversales. Pieds très-allongés, grêles. Cuisses très-étroites à leur base, brusquement renflées, après leur milieu. Éperons des tibias tous égaux dans les deux sexes.

Ptinus latro. Fabricius, Syst. Eleut., t. I, 326, 9 (♂) ; — Olivier, Ent., t. II, n° 17, p. 7, 4, pl. 1, fig. 3 (♀) ; — Dufschmidt, Faun. Austr., t. III, p. 64 ; — Sturm, Deuts. Faun., t. XII, p. 68, 9, pl. 254 ; — Redtenbacher, Faun. Austr., 2ᵉ édit., p. 556 ; — Boieldieu, Mon. Ptin., Ann. Soc. Ent. Fr., 1856, t. IV, p. 652, 47.
Ptinus clavipes. Panzer, Faun. Germ., 99, 4 (♂).
Ptinus fur. Var. b, *Gyllenhal*, Ins. Suec., t. I, p. 308.

Variété a. Corps d'un roux testacé assez clair.

♂ Long. 0ᵐ,0029 à 0ᵐ,0037 (1 l. 1/3 à 1 l. 2/3); — larg. 0ᵐ,0012 à 0ᵐ,0014 (1/2 à 2/3 l.)
♀ Long. 0ᵐ,0029 à 0ᵐ,0044 (1 l. 1/3 à 2 l.) ; — larg. 0ᵐ,0015 à 0ᵐ,0022 (2/3 à 1 l.)

♂ *Corps* allongé, d'un roux-ferrugineux parfois assez clair. *Yeux* gros et assez saillants. *Tête*, compris ceux-ci, un peu plus large que le prothorax. *Antennes* un peu plus longues que le corps, grêles, filiformes, à premier article légèrement épaissi en massue suballongée, arquée : le deuxième beaucoup moins long que le suivant : celui-ci assez allongé : les quatrième à dixième très-allongés, subcylindriques, le dernier encore plus allongé, subcylindrique. *Prothorax* offrant en arrière sur sa ligne médiane une saillie longitudinale ou carène plus ou moins lisse, prolongée depuis le milieu de la partie dorsale jusque vers l'étranglement postérieur. *Elytres* allongées, quatre fois aussi longues que le prothorax, subparallèles sur au moins les deux tiers de leur longueur après lesquels elles se rétrécissent subrectilinéairement, et puis largement arrondies au sommet avec l'angle apical presque droit, subémoussé; peu convexes ou même parfois subdéprimées vers la base; avec des rangées striales de points médiocres, plus ou moins profonds, subcarrés, assez serrés. *Intervalles* étroits, à peine plus larges que les points, et paraissant plus ou moins subconvexes surtout antérieurement, parés chacun d'une série de soies pâles, courtes, arquées et presque couchées. *Épaules* assez saillantes, largement arrondies en dehors, limitées intérieurement par une impression sensible. *Métasternum* grand, au moins deux fois aussi long dans son milieu que le premier arceau ventral, assez convexe, subdéprimé en arrière sur son milieu, finement canaliculé sur la dernière moitié de sa ligne médiane. *Premier arceau ventral* avancé entre les hanches postérieures en forme d'angle assez large et subarrondi au sommet. *Intervalle* compris entre les insertions des pieds postérieurs pas plus ou à peine plus grand que celui compris entre celles-ci et les côtés. *Tarses postérieurs* à premier article aussi long que les trois suivants réunis.

♀ *Corps* ovalaire, suballongé, d'un roux ferrugineux plus ou moins foncé. *Yeux* médiocres et peu saillants. *Tête*, compris ceux-ci, un peu moins large que la partie antérieure du prothorax. *Antennes* sensiblement moins longues que le corps, atteignant à peine les trois quarts de la longueur de celui-ci, assez grêles, subfiliformes ou un peu plus épaisses vers la base; à premier article sensiblement épaissi en massue ovale-oblongue : le deuxième aussi long ou à peine moins long sur sa tranche externe que le suivant : les troisième à dixième suballongés, évidemment rétrécis vers leur base : le dernier allongé, fusiforme. *Prothorax* seulement à peine sillonné sur sa ligne médiane mais sans carène en arrière. *Élytres* en ovale assez allongé, sensiblement arrondies sur leurs côtés, trois fois et demie aussi longues que le prothorax, rétrécies en arrière et assez étroitement arrondies au sommet avec l'angle apical droit, non ou à peine émoussé; assez convexes sur le dos; avec des rangées striales de points enfoncés, assez petits, peu profonds, subarrondis, moins serrés que chez le ♂. *Intervalles* très-larges, quatre ou cinq fois aussi larges que les points, tout à fait plans, parés chacun d'une série régulière de soies blondes, courtes, arquées, assez raides, un peu plus redressées que chez le ♂ ou semi-couchées. *Épaules* effacées. *Métasternum* assez court, un peu plus long que le premier arceau ventral dans son milieu, peu convexe, très-finement et brièvement canaliculé en arrière sur sa ligne médiane. *Premier arceau ventral* avancé entre les hanches postérieures en un angle très-large, obtusément tronqué ou très-largement arrondi au sommet. *Intervalles* compris entre les insertions des pieds postérieurs beaucoup plus grand que celui compris entre celles-ci et les côtés. *Tarses postérieurs* à premier article à peine plus long que les deux suivants réunis.

♂ ♀ . *Corps* d'un roux-ferrugineux assez brillant et plus ou moins foncé.

Tête verticale ou infléchie, ruguleuse, d'un roux-ferrugineux peu brillant ; voilée par une épaisse pubescence blonde, déprimée, subécailleuse ; avec la région de l'épistome dénudée ou légèrement ciliée.

Front large, subdéprimé, très-obsolètement canaliculé ou simplement subimpressionné au-dessus de la tranche inter-antennaire. *Labre* finement rugueux, plus ou moins obscur, densement cilié en avant de soies blondes et brillantes. *Mandibules* rugueuses, ciliées et plus ou moins ferrugineuses à leur base ; lisses, glabres et d'un noir brillant vers leur pointe.

Palpes d'un roux-testacé assez clair.

Yeux subarrondis, noirs.

Antennes très-finement chagrinées, d'un roux-testacé plus ou moins clair ; densement et finement pubescentes, avec la pubescence flave, couchée, plus ou moins soyeuse ou subécailleuse sur les premiers articles ; en outre, plus ou moins ciliées ou fasciculées surtout en dessous et vers le sommet de chaque article, à peine ou obsolètement dans les derniers ; le premier soyeux ou subécailleux : le deuxième oblong, obconique : les suivants plus (♂) ou moins (♀) allongés, avec les troisième et quatrième cependant un peu moins que les autres : le dernier beaucoup plus long que le pénultième, subacuminé au sommet.

Prothorax plus étroit que les élytres, oblong ou un peu plus long que large ; sensiblement étranglé et transversalement déprimé au-devant de sa base avec l'étranglement situé environ vers le dernier quart ; paraissant, vu de dessus, arcuément et obtusément plus ou moins dilaté sur les côtés ; assez largement arrondi à son bord antérieur qui est un peu relevé en capuchon au-dessus du niveau du vertex et légèrement rebordé avec le rebord en forme de bourrelet étroit ; faiblement arrondi à sa base avec celle-ci étroitement rebordée et le rebord comme doublé en avant, surtout chez les ♂, par un épais bourrelet peu saillant ; rugueusement granulé avec les grains assez forts mais plus ou moins aplatis à leur sommet ; d'un roux plus ou moins foncé et peu brillant ; revêtu d'une pubescence soyeuse, blonde, plus ou moins raide, transversalement couchée sur les rebords antérieur et postérieur, couchée en divers sens sur le disque et plus ou moins obliquement sur la partie déprimée ; offrant sur le dos quatre éminences obsolètes, très-obtuses, sur lesquelles les soies se redressent et convergent en fascicules dentiformes : les deux latéraux à peine aussi élevés mais plus aigus que les intermédiaires dont ils sont séparés par un sillon court, très-obsolète ou pratiqué dans la pubescence : ceux-ci un peu plus obtus, situés un peu plus en avant, séparés l'un de l'autre par un sillon assez large, subdénudé, très-obsolète ou seulement indiqué par la divergence des soies.

Écusson subogival, voilé par un épais duvet d'un blanc flave.

Élytres d'un roux assez brillant et plus ou moins foncé ; plus ou moins arrondies au sommet ; concolores ; assez légèrement ponctuées-striées, avec les rangées striales au nombre de dix et le commencement d'une onzième vers l'écusson, traversées chacune dans leur milieu par une chaînette de soies pâles et couchées en long ; avec la rangée suturale un peu plus enfoncée surtout en arrière. *Intervalles* lisses : *le marginal* très-finement chagriné, plus large et à peine relevé postérieurement.

Dessous du corps éparsement ponctué, avec les points un peu oblongs et assez enfoncés ; d'un roux assez brillant et plus ou moins clair ; revêtu d'une pubescence pâle, couchée et médiocrement serrée.

Hanches antérieures assez rapprochées, *les intermédiaires* un peu moins, *les postérieures* plus ou moins largement distantes.

Ventre subdéprimé sur sa région médiane ; à premier arceau assez fortement resserré de chaque côté par la partie interne des hanches postérieures, un peu moins long dans son milieu que le deuxième, à bord postérieur faiblement et régulièrement arqué ; le deuxième assez grand, assez régulièrement arqué postérieurement : les troisième et quatrième sensiblement sinués ou recourbés en arrière sur les côtés de leur bord apical ; le troisième aussi long dans son milieu que le précédent : les deux derniers plus ou moins déprimés : le quatrième très-court : le dernier assez grand, semilunaire, plus obsolètement ponctué et moins pubescent que les autres.

Pieds très-allongés, grêles, très-obsolètement chagrinés, d'un roux-testacé plus ou moins clair ; revêtus d'une assez dense pubescence pâle et couchée. *Cuisses* très-grêles à leur base où elles sont beaucoup plus étroites

que les trochanters, brusquement et sensiblement renflées vers leur extrémité, *les antérieures* dès leur premier tiers, *les intermédiaires* dès leur milieu, *les postérieures* après leur milieu ; distinctement ciliées vers la base
de leur tranche inférieure, à peine recourbées en dessous avant le sommet
de celle-ci. *Tibias* grêles, un peu moins longs que les cuisses, graduellement ou même assez subitement élargis après leur milieu, finement et assez
longuement ciliés sur leur tranche inférieure, plus éparsement, plus brièvement et plus grossièrement (1) sur leur tranche supérieure ; à *éperons*
assez longs mais égaux : *tibias intermédiaires* à peine, *les postérieurs* sensiblement recourbés en arrière après leur milieu, et ceux-ci en même temps
paraissant, vus de dessus leur tranche supérieure, un peu cambrés en
dedans.

Tarses grêles, un peu moins longs que les tibias, plus ou moins ciliés,
avec les deuxième à quatrième articles obconiques et graduellement plus
courts ; *les antérieurs* à premier article suballongé ou allongé, aussi long
que les deux suivants réunis : le deuxième oblong, le troisième suboblong,
le quatrième à peine plus long que large ; *les postérieurs* à premier article
très-allongé, aussi long que les deux (♀) ou trois (♂) suivants réunis : le
deuxième allongé, le troisième suballongé, le quatrième oblong ; le dernier
de tous les tarses étroit, grêle, aussi long que les deux précédents réunis,
un peu voûté en dessus vers sa base, à peine élargi vers son extrémité où
il est à peine aussi épais que le précédent. *Ongles* longs, très-grêles, à peine
arqués.

Patrie. Cette espèce se rencontre dans nos greniers, dans toute la
France ; les environs de Paris et de Lyon, l'Alsace, la Provence, etc.

Obs. Elle a le port du *Ptinus fur* dont elle se distingue par son prothorax
et ses élytres concolores ; par celles-ci plus oblongues et plus finement ponctuées chez les ♀ , et à intervalles plus larges et non convexes ; par ses tibias
postérieurs à éperons égaux dans les deux sexes. Elle est surtout remarquable par ses pieds grêles et presque semblables dans l'un et l'autre sexe.

Quelquefois la couleur passe du brun ferrugineux au roux-testacé. Nous
avons vu un exemplaire ♀ dont les points des élytres sont un peu plus
forts, et qui semble conduire à l'espèce suivante.

Le ♂ est beaucoup plus rare que la ♀ , et en diffère encore par ses antennes et ses tarses moins fortement ciliés et par les soies dont le corps est
recouvert, plus fines et moins raides.

(1) Ces cils, plus épars et plus grossiers, sont aussi arqués et assez couchés.

Les ♂ sont non-seulement plus étroits mais encore moins grands que les ♀. Chez celles-ci les points des rangées striales sont souvent masqués par les soies qui les longent.

21. Ptinus brunneus. DUFTSCHMIDT.

Suballongé (♂) ou ovalaire (♀), d'un brun-ferrugineux assez brillant, avec les palpes, les antennes et les pieds d'un roux-testacé. Front d'un blanc flave. Antennes à deuxième article presque aussi long que le troisième dans les ♀. Prothorax pas plus long que large, à peine sillonné sur sa ligne médiane, avec quatre éminences obtuses mais fortement fasciculées de soies frisées. Écusson blanc. Élytres suballongées (♂) ou ovalaires (♀), médiocrement ponctuées-striées, assez longuement (♀) et sérialement sétosellées, parées chacune d'une bande subhumérale blanchâtre, souvent obsolète. Pieds allongés, grêles. Cuisses étroites à leur base, assez brusquement renflées, après leur milieu. Éperons des tibias égaux.

Ptinus brunneus. DUFSCHMIDT, Faun. Austr., 65, 9 ; — REDTENBACHER, Faun. Austr., 2e édit., p. 556 ; — BOIELDIEU, Mon. Ptin., Ann. Soc. Ent. Fr., 1856, t. IV, p. 649, 44, pl. 18, fig. 24.

Variété a. Élytres sans bande subhumérale blanchâtre.

♂. Long. 0m,0023 (1 l.) ; — larg. 0m,0011 (1/2 l.). — ♀. Long. 0m,0034 (1 1/2 l.) ; — larg. 0m,0021 (1 l.)

♂. *Corps* suballongé. *Yeux* grands, assez saillants. *Tête*, compris ceux-ci, un peu plus ou à peine plus large que la partie antérieure du prothorax. *Antennes* aussi longues que le corps, filiformes ; à premier article légèrement épaissi en massue suballongée : le deuxième beaucoup moins long que le suivant : celui-ci suballongé : les quatrième à dixième allongés, subcylindriques : le dernier encore plus allongé, cylindrico-fusiforme. *Prothorax* offrant en arrière sur sa ligne médiane une carène lisse mais courte et réduite à une dent obtuse, située au-devant de l'étranglement postérieur. *Élytres* suballongées, environ trois fois aussi longues que le prothorax, subparallèles sur les deux tiers de leur longueur, rétrécies en arrière suivant une ligne presque rectiligne et puis largement arrondies au sommet, avec l'angle apical émoussé ou subarrondi ; peu convexes sur le dos ; à bande subhumérale nulle ou obsolète ; avec des rangées striales de points peu profonds, médiocres et assez serrés. *Intervalles* non ou à peine plus larges que les points, subconvexes à un certain jour, ornés chacun d'une série régulière de soies pâles, courtes, arquées et presque couchées. *Épaules* peu saillantes, assez étroitement arrondies en dehors, sans impression sensible intérieurement. *Métasternum* grand, au moins deux fois aussi long dans son milieu que le premier arceau ventral, très-finement canaliculé en arrière sur la seconde moitié de sa ligne médiane. *Premier arceau ventral* avancé entre les hanches postérieures en forme d'angle assez large et subarrondi au sommet. *Intervalle* compris entre les insertions des pieds postérieurs aussi large ou à peine plus large que celui compris entre celles-ci et les côtés. *Cuisses* très-grêles à leur base, brusquement renflées vers leur extrémité. *Tibias* grêles, faiblement et graduellement élargis après leur milieu. *Tarses* étroits, sublinéaires, un peu moins longs que les tibias ; *les antérieurs et intermédiaires* à premier article plus ou moins allongé, aussi long que les deux suivants réunis : le deuxième suballongé ou allongé : le troisième oblong, obconique ; *les postérieurs* à premier article trèsallongé, à peine moins long que les trois suivants réunis : le deuxième allongé : le troisième oblong, obconique.

♀ . *Corps* ovalaire. *Yeux* médiocres et peu saillants. *Tête*, compris ceux-ci, à peine aussi large que la partie antérieure du prothorax. *Antennes* sensiblement moins longues que le corps, atteignant les trois quarts de la longueur de celui-ci ; assez grêles, subfiliformes ou un peu plus épaisses vers leur base ; à premier article sensiblement épaissi en massue ovale-oblongue : le deuxième aussi long ou à peine moins long sur sa tranche externe que le suivant : celui-ci et les suivants obconiques : les troisième à cinquième oblongs, les autres suballongés : le dernier allongé, subelliptique. *Prothorax* seulement à peine sillonné sur sa ligne médiane mais sans carène postérieurement. *Élytres* ovalaires, deux fois et demie aussi longues que le prothorax, plus ou moins arrondies sur les côtés, rétrécies en arrière et assez étroitement arrondies au sommet avec l'angle apical droit et à peine émoussé ; assez convexes sur le dos ; parées chacune d'une bande subhumérale blanchâtre, formée de poils couchés et condensés ; avec des rangées striales de points enfoncés, assez forts, un peu moins serrés mais un peu plus profonds que chez les ♂. *Intervalles* beaucoup plus larges que les points, parés chacun d'une série régulière de soies pâles, assez longues, arquées un peu redressées avec celles des intervalles alternes un peu plus longues. *Épaules* effacées. *Métasternum* assez court, un peu plus long dans son milieu que le premier arceau ventral, non ou très-brièvement canaliculé en arrière sur sa ligne médiane. *Premier arceau ventral* avancé entre les hanches postérieures en forme d'angle très-large, obtusément tronqué ou très-largement arrondi en avant. *Intervalle* compris entre les insertions des pieds postérieurs presque deux fois aussi grand que celui compris entre celles-ci et les côtés. *Cuisses* assez grêles à leur base, assez brusquement renflées vers leur extrémité. *Tibias* médiocrement grêles : *les antérieurs et intermédiaires* sensiblement et graduellement élargis vers leur sommet dès leur base, *les postérieurs* seulement après leur milieu. *Tarses* subcomprimés, paraissant, vus de dessus, assez étroits mais un peu subatténués vers leur extrémité, beaucoup moins longs que les tibias ; *les antérieurs et intermédiaires* à premier article suballongé, à peine plus long que les deux suivants réunis : le deuxième oblong : le troisième suboblong, obconique ; *les postérieurs* à premier article allongé, un peu moins long que les trois suivants réunis : le deuxième suballongé : le troisième oblong, obconique.

♂ ♀ . *Corps* d'un roux-ferrugineux assez brillant et plus ou moins foncé.

Tête infléchie, ruguleuse, brune ou d'un roux-ferrugineux peu brillant ; voilée par une épaisse pubescence déprimée et d'un blanc flave ; avec la région de l'épistome dénudée et légèrement ciliée. *Front* large, subdéprimé, très-obsolètement et souvent indistinctement canaliculé sur sa ligne médiane au-dessus de la tranche interantennaire. *Labre* rugueux, plus ou moins obscur, densement cilié en avant de poils blonds et brillants. *Mandibules* obscurément ferrugineuses, ruguleuses et ciliées à leur base ; d'un noir de poix, lisses et glabres à leur extrémité. *Palpes* d'un roux-testacé assez clair.

Yeux subarrondis, noirs.

Antennes très-finement chagrinées, d'un roux-testacé plus ou moins clair ; densement et finement pubescentes, avec la pubescence flave, couchée, plus ou moins soyeuse ou subécailleuse sur les premiers articles ; en outre, plus ou moins ciliées ou fasciculées, surtout en dessous et vers le sommet de chaque article, à peine ou obsolètement dans les derniers ; le premier soyeux ou subécailleux, subtronqué au sommet : le deuxième oblong, obconique : les suivants plus (♂) ou moins (♀) allongés, le troisième et même le quatrième cependant moins longs que les autres : le dernier beaucoup plus long que le pénultième, subacuminé au sommet.

Prothorax plus étroit que les élytres, pas plus (♀) ou à peine (♂) plus long que large ; plus ou moins fortement étranglé et transversalement déprimé au-devant de sa base, avec l'étranglement situé vers le dernier quart et marqué par un sillon assez prononcé ; paraissant, vu de dessus, plus ou moins obtusément dilaté sur les côtés de sa partie globuleuse ; largement arrondi à son bord antérieur qui est sensiblement rebordé en forme de bourrelet assez étroit ; faiblement arrondi à sa base, avec celle-ci étroitement rebordée et le rebord comme doublé sur les côtés dans la partie réfléchie ; assez fortement et rugueusement granulé ; d'un roux-ferrugineux plus ou moins foncé et peu brillant ; hérissé d'une pubescence d'un blond pâle, couchée en travers sur une seule rangée le long du rebord postérieur où cette rangée forme comme un angle obtus au-devant de l'écusson, couchée en divers sens sur la partie déprimée, assez longue, frisée et plus ou moins redressée sur le disque, formant sur le bourrelet antérieur comme une frange verticale de soies transversalement arquées et entre-croisées ; offrant sur le dos quatre légères éminences sur lesquelles les poils frisés convergent et se redressent davantage, de manière à former des fascicules dentiformes bien marqués : les deux latéraux un peu moins élevés, subangulaires, séparés des intermédiaires par un sillon court, subdénudé, très-obsolète ou seulement pratiqué dans la pubescence : ceux-ci plus obtus, situés un peu plus en avant, séparés l'un de l'autre par un sillon médian assez large, subdénudé, plus ou moins prolongé, mais bien accusé par l'effet de la divergence des poils.

Écusson subsemicirculaire, subconvexe, voilé par un épais duvet blanchâtre.

Élytres plus ou moins arrondies au sommet, d'un brun-ferrugineux plus ou moins roussâtre et brillant, concolores (♂) ou parées d'une bande subhumérale blanchâtre (♀) non écailleuse mais composée de poils couchés et plus ou moins condensés, parfois assez large et fortement raccourcie en dedans, souvent plus ou moins obsolète ou même entièrement effacée ; médiocrement ponctuées-striées, avec les rangées striales au nombre de dix et le commencement d'une onzième vers l'écusson, à points carrés, traversées chacune dans leur milieu par une chaînette plus ou moins distincte de fines soies pâles et couchées en long. *Intervalles* plans et lisses : *le marginal* très-finement chagriné, un peu plus large et à peine relevé postérieurement, finement cilié vers son extrémité.

Dessous du corps éparsement et finement ponctué, d'un roux assez brillant ; revêtu d'une pubescence pâle, assez longue, couchée et médiocrement serrée. *Métasternum* peu convexe, plus ou moins déprimé sur son milieu.

Hanches antérieures rapprochées, *les intermédiaires* un peu moins, *les postérieures* plus ou moins largement distantes.

Ventre subconvexe à sa base, plus ou moins déprimé sur les deux derniers arceaux ; le premier assez fortement resserré de chaque côté par la partie interne des hanches postérieures, un peu moins long dans son milieu que le deuxième, à bord postérieur régulièrement arqué : le deuxième grand, assez régulièrement arqué postérieurement, quoique presque subrectiligne sur le milieu et légèrement coudé près des côtés de son bord apical : les troisième et quatrième sensiblement sinués ou assez brusquement recourbés en arrière vers les côtés de leur bord postérieur : le troisième aussi long dans son milieu que le précédent : le quatrième très-court : le dernier assez grand, semi-lunaire, parfois plus ou moins impressionné sur son milieu.

Pieds allongés, grêles, obsolètement chagrinés, d'un roux plus ou moins testacé ; revêtus d'une assez dense pubescence d'un flave cendré et couchée. *Cuisses* plus ou moins grêles à leur base où elles sont un peu plus étroites que les trochanters, plus ou moins brusquement et sensiblement renflées vers leur extrémité dès leur premier tiers, plus ou moins ciliées en dessous où elles sont à peine recourbées avant leur sommet. *Tibias* plus ou moins grêles, un peu plus longs que les cuisses, finement ciliés sur leur tranche inférieure, ciliés sur leur supérieure de soies plus grossières, arquées, couchées et peu serrées : *les antérieurs* droits, *les intermédiaires* à peine, *les postérieurs* sensiblement recourbés en arrière après leur milieu, et ceux-ci, vus de dessus leur tranche supérieure, paraissant en même temps un peu cambrés en dedans ; tous *les éperons* petits et égaux. *Tarses* assez grêles, plus ou moins ciliés, à premier article plus ou moins allongé ; les deuxième à quatrième graduellement plus courts : le quatrième court ou assez court, subtriangulaire : le dernier grêle, aussi long que les deux précédents réunis, à peine élargi vers son extrémité où il est un peu moins épais que le précédent, un peu voûté en dessus vers sa base. *Ongles* assez longs, très-grêles, à peine arqués.

PATRIE. Cette espèce se trouve assez souvent dans les greniers. Elle est assez répandue dans toute la France : les environs de Paris et de Lyon, les Landes, le Languedoc, la Provence, etc.

OBS. Elle est bien voisine du *Ptinus latro.* Les ♂ sont un peu moins allongés que ceux de cette dernière espèce, et ils ont les épaules un peu moins saillantes et sans impression bien sensible intérieurement. Le prothorax est aussi un peu moins oblong et à carène médiane plus obtuse et moins prolongée. En tous cas, ils se distinguent difficilement des ♂ du *Ptinus latro*.

Les ♀ ont les élytres plus courtement ovalaires et un peu plus fortement ponctuées-striées que les ♀ du *Ptinus latro*. En outre, le prothorax est un peu plus court, à pubescence plus longue, plus redressée et frisée, avec les fascicules beaucoup plus prononcés ainsi que la frange redressée du bord antérieur (1). Les soies des intervalles des rangées striales des élytres sont aussi plus longues et moins couchées, et celles-ci sont souvent parées d'une bande subhumérale blanchâtre. Les tarses sont proportionnellement plus courts, moins grêles et à articles moins allongés, et surtout, les cuisses sont beaucoup plus épaisses à leur base, et quoique plus fortement renflées, elles le sont bien moins brusquement.

Elle varie pour la couleur qui passe d'un brun-roux au roux-testacé.

Le ♂ se distingue encore de la ♀ par son prothorax un peu moins large, à fascicules moins saillants; par ses antennes et ses tarses moins distinctement ciliés.

22. Ptinus testaceus. Olivier.

Suballongé (♂) ou ovalaire (♀), d'un roux-testacé assez brillant, avec les palpes, les antennes et les pieds un peu plus clairs. Front flave, finement canaliculé. Antennes à deuxième article presque aussi long que le troisième chez les ♀. Prothorax pas plus long que large, à peine sillonné sur sa ligne médiane, avec quatre éminences obtuses mais assez fortement fasciculées de soies arquées. Écusson blanchâtre. Élytres suballongées (♂) ou ovalaires (♀), concolores, assez fortement ponctuées-striées, assez longuement (♀) et sérialement sétosellées. Pieds allongés, grêles. Cuisses étroites à leur base, brusquement renflées après leur milieu. Éperons des tibias tous égaux.

Ptinus testaceus. Olivier. Ent., t. II, n° 17, p. 9, 8, pl. 2, fig. 9 (♂); —Reutenba-

____

(1) Cette frange ici est plus accentuée que dans toutes les espèces voisines.

CHER, Faun. Austr., 2e édit., p. 557; — BOIELDIEU, Mon. Ptin., Ann. Soc. Ent. Fr., 1856, t, IV, p. 654, 48.

Ptinus hirtellus. STURM, Deuts, Faun., t. XII, p. 80, pl. 258, a A (♀).

Variété a. Corps d'un roux assez foncé.

♂. Long. 0^m,0023 (1 l.); — larg. 0^m,0011 (1/2 l.). — ♀. Long. 0^m,0022 (1 l.); — larg. 0^m,0014 (2/3 l.).

♂. *Corps* suballongé ou même allongé. *Yeux* grands, assez saillants. *Tête*, compris ceux-ci, un peu plus large que la partie antérieure du prothorax. *Antennes* aussi longues que le corps, grêles, filiformes, à deuxième article sensiblement moins long que le troisième : celui-ci allongé : les quatrième à dixième très-allongés, subcylindriques : le dernier encore plus allongé, cylindrique. *Prothorax* offrant sur sa ligne médiane une carène lisse, assez courte, obsolète, située au-devant de l'étranglement postérieur. *Élytres* suballongées ou allongées, au moins trois fois aussi longues que le prothorax, subparallèles sur leurs côtés sur au moins les deux tiers de leur longueur; paraissant parfois un peu ou à peine plus larges vers leur dernier tiers après lequel elles se rétrécissent un peu, et puis assez largement arrondies au sommet, avec l'angle apical sensiblement arrondi, de manière que les étuis paraissent individuellement arrondis à leur sommet et que, pris ensemble, ils forment un angle rentrant sensible en arrière à la suture; peu convexes sur le dos; avec des rangées striales de points assez gros, assez serrés et peu profonds. *Intervalles* non ou à peine plus larges que les points, ornés chacun d'une série régulière de soies pâles, assez courtes, arquées et semi-couchées. *Epaules* peu saillantes, assez étroitement arrondies en dehors, sans impression sensible en dedans. *Métasternum* grand, subconvexe, aussi long dans son milieu que deux fois le premier arceau ventral, très-finement ou obsolètement canaliculé en arrière sur sa ligne médiane. *Intervalle* compris entre les insertions des pieds postérieurs à peine aussi grand que celui compris entre celles-ci et les côtés. *Premier arceau ventral* avancé entre les hanches postérieures en forme d'angle large et étroitement arrondi au sommet : *les quatrième et cinquième* plus ou moins déprimés, celui-ci largement impressionné vers le milieu de sa base. *Cuisses* très-grêles à leur base, brusquement renflées dans leur dernière moitié. *Tibias* grêles, faiblement et graduellement élargis après leur milieu. *Tarses* étroits, sublinéaires, un peu moins longs que les tibias; *les antérieurs* à premier article suballongé, à peine aussi long que les deux suivants réunis : le deuxième oblong, obconique : le troisième à peine oblong, triangulaire ; *les intermédiaires* à premier article allongé, aussi long que les deux suivants réunis : le deuxième suballongé : le troisième oblong ; *les postérieurs* à premier article très-allongé, aussi long que les trois suivants réunis : le deuxième allongé : le troisième oblong ou suballongé.

♀ . *Corps* ovalaire. *Yeux* médiocres et peu saillants. *Tête*, compris ceux-ci, à peine aussi large que la partie antérieure du prothorax. *Antennes* sensiblement moins longues que le corps, atteignant environ les trois quarts de la longueur de celui-ci, assez grêles, subfiliformes ; à deuxième article aussi long ou à peine moins long sur sa tranche externe que le troisième : celui-ci et les suivants plus ou moins oblongs ou suballongés, obconiques, les troisième et quatrième cependant un peu plus courts : le dernier allongé, subelliptique, paraissant, vu d'un certain côté, un peu plus épais que le précédent. *Prothorax* seulement à peine sillonné sur sa ligne médiane, mais sans carène postérieurement. *Elytres* ovalaires, environ deux fois et demie aussi longues que le prothorax, sensiblement arrondies sur les côtés, rétrécies en arrière et assez étroitement arrondies au sommet, avec l'angle apical droit et à peine émoussé ; convexes sur le dos ; avec des rangées striales de points enfoncés assez gros, un peu plus profonds mais moins serrés que chez les ♂ . *Intervalles* beaucoup plus larges que les points, ornés chacun d'une série régulière de soies pâles, assez longues, arquées, un peu redressées, avec celles des intervalles impairs ou alternes un peu plus longues. *Epaules* effacées. *Métasternum* assez court, subdéprimé, un peu plus long dans son milieu que le premier arceau ventral, non visiblement canaliculé en arrière sur sa ligne médiane. *Intervalle* compris entre les insertions des pieds postérieurs environ deux fois aussi grand que celui compris entre celles-ci et les côtés. *Premier arceau ventral* avancé entre les hanches postérieures en forme d'angle très-large, obtusément tronqué ou très-largement arrondi au sommet : *les quatrième et cinquième* à peine subdéprimés sur leur milieu. *Cuisses* assez grêles à leur base, *les antérieures et intermédiaires* assez brusquement renflées à leur extrémité dès leur premier tiers, *les postérieures* plus brusquement dès leur milieu. *Tibias antérieurs et intermédiaires* assez grêles, graduellement et légèrement élargis vers leur extrémité à partir de leur base ou environ : *les postérieurs* plus grêles, assez subitement élargis dans leur dernier tiers. *Tarses* assez étroits, sublinéaires, sensiblement moins longs que les tibias ; *les antérieurs* à premier article oblong, à peine aussi long que les deux suivants réunis : les deuxième et troisième à peine oblongs, subtriangulaires ; *les intermédiaires* à premier article suballongé, aussi long que les deux suivants réunis : le deuxième suboblong : le troisième à peine plus long que large : *les postérieurs* à premier article allongé, à peine ou un peu plus long que les deux suivants réunis : le deuxième oblong : le troisième suboblong.

(♀ ♂) *Corps* d'un roux-testacé assez brillant, parfois plus foncé.

Tête verticale ou infléchie, ruguleuse, d'un roux-testacé peu brillant ; revêtue d'une dense pubescence couchée, flave, assez serrée mais laissant parfois apparaître un peu la couleur foncière ; avec la région de l'épistome subdénudée et finement ciliée. *Front* large; subdéprimé, très-finement canaliculé sur son milieu. *Labre* chagriné, plus ou moins obscur, densement cilié en avant de poils pâles. *Mandibules* ruguleuses, ciliées et plus ou moins ferrugineuses à leur base ; lisses, glabres et d'un noir de poix brillant à leur extrémité. *Palpes* testacés. *Yeux* subarrondis, noirs.

Antennes très-finement chagrinées, d'un roux-testacé assez clair ; densement et finement pubescentes, avec la pubescence flave et couchée, plus ou moins soyeuse et brillante sur les premiers articles ; en outre, plus ou moins ciliées ou fasciculées, surtout en dessous et vers le sommet de chaque article; plus obsolètement dans les quatre ou cinq derniers ; le premier soyeux, sensiblement épaissi en massue oblongue et subarquée : le deuxième oblong, obconique mais subarrondi sur sa tranche interne : les suivants plus (♂) ou moins (♀) allongés, avec le troisième souvent moins long que les autres : le dernier beaucoup plus long que le pénultième, acuminé au sommet.

Prothorax plus étroit que les élytres, pas plus ou à peine plus long que large; assez fortement étranglé et transversalement déprimé au-devant de sa base avec l'étranglement situé environ vers le quart postérieur et indiqué par un sillon assez profond ; paraissant, vu de dessus, plus ou moins légèrement et arcuément dilaté sur les côtés de sa partie globuleuse ; largement arrondi à son bord antérieur qui est assez sensiblement rebordé en forme d'étroit bourrelet ; faiblement arqué ou arrondi à sa base avec celle-ci étroitement rebordée et le rebord comme doublé sur les côtés dans la partie réfléchie : assez fortement mais subobsolètement granulé ; d'un roux-testacé peu brillant ; hérissé d'une pubescence d'un blond pâle, couchée sur une seule rangée transversale le long du rebord postérieur où cette rangée forme comme un angle très-obtus au-devant de l'écusson, couchée en divers sens sur la partie déprimée, assez longue, frisée et plus ou moins redressée sur le disque, formant sur le bourrelet antérieur comme une frange subverticale de soies transversalement arquées et croisées ; offrant sur le dos quatre très-légères éminences, disposées sur une ligne transversale et sur lesquelles les poils frisés convergent et se redressent davantage de manière à former des fascicules dentiformes assez marqués : les deux latéraux à peine moins élevés, subangulaires, séparés des intermédiaires par un sillon court, très-obsolète ou pratiqué seulement dans la pubescence : ceux-ci plus obtus, situés un peu plus en avant, séparés entre eux par un sillon médian assez large, subdénudé, plus ou moins prolongé, obsolète mais assez accusé par suite de la divergence des poils.

Écusson semicirculaire ou subogival, voilé par un épais duvet blanchâtre.

Élytres d'un roux-testacé assez brillant, parfois plus foncé ; concolores ; plus ou moins arrondies au sommet ; assez fortement ponctuées-striées, avec les rangés striales au nombre de dix et le commencement d'une onzième vers l'écusson, à points carrés, longitudinalement traversées chacune dans leur milieu par une chaînette plus ou moins distincte de soies pâles et tout à fait couchées. *Intervalles* plans et lisses : *le marginal* très-finement chagriné, un peu plus large et à peine relevé postérieurement, finement cilié vers son sommet.

Dessous du corps éparsement et obsolètement pointillé, d'un roux-testacé assez brillant ; revêtu d'une fine pubescence blonde ; couchée et médiocrement serrée. *Métasternum* peu convexe.

Hanches antérieures rapprochées, *les intermédiaires* un peu plus écartées, *les postérieures* plus ou moins largement distantes.

Ventre subconvexe à sa base, avec les deux premiers arceaux assez régulièrement arqués à leur bord postérieur : le premier assez fortement resserré de chaque côté par la partie interne des hanches postérieures, à peine moins long dans son milieu que le deuxième : celui-ci assez grand : les troisième et quatrième sensiblement sinués ou assez brusquement recourbés en arrière vers les côtés de leur bord apical : le deuxième presque aussi long dans son milieu que le précédent : le quatrième très-court : le dernier assez grand, semi-lunaire, plus ou moins déprimé ou impressionné, moins pubescent que les autres, très-finement et obsolètement chagriné.

Pieds allongés, grêles, très-obsolètement chagrinés, d'un roux-testacé assez clair ; revêtus d'une fine pubescence d'un flave cendré, assez serrée et couchée. *Cuisses* plus ou moins grêles à leur base où elles sont un peu plus étroites que les trochanters, plus ou moins brusquement et assez sensiblement renflées vers leur extrémité dès leur premier tiers, *les postérieures* dès leur milieu seulement ou environ ; à peine recourbées en-dessous avant leur sommet ; légèrement ciliées vers la base de leur tranche inférieure, plus fortement et comme fasciculées vers l'extrémité de celle-ci. *Tibias* plus ou moins grêles, un peu plus longs que les cuisses, très-finement ciliés sur leur tranche inférieure, plus grossièrement et comme frangés sur la supérieure : *les antérieurs* droits ou presque droits, *les intermédiaires* à peine, *les postérieurs* sensiblement recourbés en arrière après leur milieu, et ceuxci, vus de dessus leur tranche supérieure, paraissant sensiblement cambrés en dedans ; tous *les éperons* égaux. *Tarses* assez grêles, plus ou moins ciliés ou fasciculés ; à premier article plus ou moins allongé : les deuxième à quatrième graduellement plus courts : le quatrième assez court, triangulaire : le dernier grêle, aussi long que les deux précédents réunis, sublinéaire, faiblement arqué vu de côté. *Ongles* assez petits, grêles, arqués.

PATRIE. Cette espèce se trouve peu communément, dans les greniers, dans presque toute la France : les environs de Paris et de Lyon, le Beaujolais, la Gascogne, la Provence, etc.

OBS. Elle ressemble beaucoup au *Ptinus brunneus* dont elle diffère par sa taille moindre, par sa couleur généralement moins foncée, par ses élytres ordinairement un peu plus fortement ponctuées-striées et toujours concolores. Les fascicules dentiformes du prothorax sont un peu moins accusés ; les antennes des ♀ sont un peu moins épaisses vers leur base ; les points des rangées striales des ♂ sont un peu moins serrés et un peu plus obsolètes en arrière avec l'angle apical plus rentré et plus arrondi, et les tarses un peu moins développés avec les postérieurs à premier article moins allongé.

La couleur est rarement d'un roux-ferrugineux sombre.

Le ♂ se distingue encore de la ♀ par son prothorax un peu moins dilaté sur les côtés, par ses antennes et par ses tarses moins fortement ciliés.

Olivier a dû confondre plusieurs espèces, car la figure qu'il donne s'applique aussi bien au *Ptinus dubius ?*

23. Ptinus perplexus. M. et R.

Ovalaire-oblong, d'un noir de poix assez brillant, avec les palpes testacés, les antennes et les pieds d'un roux-ferrugineux. Front blanchâtre, très-finement canaliculé. Antennes à deuxième article aussi long que le troisième. Prothorax oblong, à peine sillonné sur sa ligne médiane, avec quatre éminences obsolètes mais distinctement fasciculées. Élytres ovalaire-oblongues, fortement ponctuées-striées, longuement et sérialement sétosellées, parées chacune de deux bandes transversales écailleuses blanches. Dessous du corps fortement ponctué. Pieds assez robustes. Cuisses faiblement renflées après leur milieu. Éperons des tibias tous égaux (♀).

Long 0ᵐ,0028 (1 l. 1/4) ; — larg. 0ᵐ,0014 (2/3 l.)

♂ . Nous est inconnu.

♀ . *Corps* ovalaire-oblong, d'un noir de poix assez brillant, avec deux bandes transversales blanches sur les élytres.

Tête infléchie, aussi large, les yeux compris, que la partie antérieure du prothorax ; ruguleuse, peu brillante ; brune mais entièrement voilée par une épaisse pubescence déprimée, d'un flave blanchâtre ; avec la région de l'épistome dénudée et légèrement ciliée. *Front* large, subdéprimé, très-finement et obsolètement canaliculé sur sa ligne médiane. *Labre* rugueux, obscur, densement cilié en avant de soies courtes et d'un blond brillant. *Mandibules* obscures, rugueuses et ciliées à leur base ; d'un noir brillant, lisses et glabres à leur extrémité. *Palpes* testacés.

Yeux assez gros et assez saillants, subarrondis, noirs.

Antennes médiocrement grêles, atteignant environ les trois quarts de la longueur du corps, subfiliformes ; finement chagrinées ; d'un roux-ferrugineux ; revêtues d'un léger duvet grisâtre et couché, plus grossier, soyeux ou subécailleux sur les quatre premiers articles ; et en outre, distinctement fasciculées en dessous vers le sommet de chaque article, plus obsolètement vers celui des trois ou quatre derniers : le premier soyeux, sensiblement épaissi en massue ovale-oblongue et subtronquée au bout : le deuxième à peine moins long ou aussi long sur sa tranche externe que le troisième : les troisième à dixième obconiques : les troisième à sixième oblongs, subégaux, avec le troisième néanmoins paraissant un peu plus long que le suivant : les septième à dixième un peu plus oblongs ou suballongés : le dernier allongé, beaucoup plus long que le pénultième, cylindrico-subelliptique, obtusément acuminé au sommet.

Prothorax plus étroit que les élytres, oblong ou visiblement plus long que large ; sensiblement étranglé et transversalement déprimé au-devant de sa base, avec l'étranglement situé vers le cinquième postérieur ; paraissant, vu de dessus, arcuément et obtusément dilaté vers le milieu des côtés de sa partie globuleuse ; largement arrondi à son bord antérieur qui est à peine rebordé en forme de bourrelet assez étroit et obsolète ; subtronqué ou à peine arrondi à sa base, avec celle-ci assez étroitement rebordée et le rebord comme doublé sur les côtés dans la partie réfléchie ; assez fortement et rugueusement granulé, avec la granulation parfois un peu aplatie et subombiliquée ; d'un brun-noir et peu brillant, recouvert d'une pubescence d'un blond pâle, assez longue et subredressée sur le bourrelet antérieur où elle forme comme une frange verticale composée de soies subarquées en travers, plus fine et obliquement couchée sur la partie déprimée où elle converge au-devant de l'écusson, plus ou moins longue et plus ou moins couchée sur le reste du disque ; offrant sur le dos quatre légères éminences obtuses, disposées sur une ligne transversale arquée et sur lesquelles les poils convergent et se redressent de manière à former des fascicules dentiformes assez prononcés : les deux latéraux aussi élevés que les intermédiaires, assez aigus, un peu rejetés en arrière et sur le côté, séparés de ceux-ci par un court sillon obsolète et subdénudé : *les intermédiaires* situés sensiblement plus en avant, plus obtus, subangulaires, séparés entre eux par un sillon assez large, court, dénudé, très-obsolète ou seulement indiqué par la divergence des poils.

Écusson subogival, subconvexe, légèrement soyeux, d'un gris obscur et ne tranchant pas sensiblement sur le fond des élytres.

Élytres ovalaire-oblongues, deux fois et demie aussi longues que le prothorax ; sensiblement arrondies sur les côtés, rétrécies en arrière et assez étroitement arrondies au sommet, avec l'angle apical droit et à peine émoussé ; assez convexes sur le dos ; d'un noir de poix assez brillant ; parées chacune de deux bandes transversales blanches, bien distinctes, assez larges, composées d'écailles déprimées et condensées, ne touchant pas aux côtés : la première subhumérale, assez grande, subtriangulaire, s'arrêtant loin de la suture environ vers le milieu de la largeur [de l'étui : la deuxième située avant l'extrémité, un peu moins large, en forme de bande oblique, s'étendant intérieurement jusque près de la suture, formée de linéoles latéralement réunies et qui émettent en arrière des traînées d'écailles éparses jusque près du sommet où se trouve une petite tache blanche, écailleuse et plus ou moins obsolète ; offrant sur leur surface dix rangées striales de points enfoncés et le commencement d'une onzième vers l'écusson, avec les points gros, profonds, carrés et assez serrés, longitudinalement traversées dans leur milieu par une chaînette bien distincte de soies pâles et tout à fait couchées. *Intervalles* plans, un peu plus larges que les points, ornés chacun d'une série régulière de soies pâles, assez longues et redressées, avec celles des intervalles impairs ou alternes beaucoup plus longues : *le marginal* un peu plus large et finement chagriné, à peine relevé et parfois d'un roux de poix à son extrémité, finement cilié vers son sommet. *Épaules* effacées.

Dessous du corps fortement ponctué, avec les points ronds, profonds et médiocrement serrés ; d'un noir de poix entièrement voilé par une épaisse pubescence blonde, soyeuse, assez longue et couchée. *Métasternum* court, un peu plus long dans son milieu que le premier arceau ventral, subdéprimé, subsillonné en arrière sur sa ligne médiane. *Intervalle* compris entre les insertions des pieds postérieurs sensiblement plus grand que celui compris entre celles-ci et les côtés.

Hanches antérieures et intermédiaires légèrement écartées, *les postérieures* largement distantes l'une de l'autre.

Ventre subconvexe à sa base, subdéprimé sur les deux derniers arceaux : les deux premiers assez régulièrement arqués à leur bord postérieur : le premier assez fortement resserré de chaque côté par la partie interne des hanches postérieures, avancé entre celles-ci en forme d'angle très-large, subtronqué ou très-largement arrondi en avant ; un peu moins long dans son milieu que le deuxième : celui-ci grand : les troisième et quatrième à peine sinués ou très-faiblement recourbés en arrière, vers les côtés de leur bord apical : le troisième un peu moins long dans son milieu que le précédent : le quatrième très-court : le dernier assez grand, semi-lunaire, parfois subimpressionné sur son milieu.

Pieds assez allongés mais assez robustes, densement et rugueusement pointillés : d'un roux-ferrugineux avec les cuisses parfois plus obscures ; revêtus d'une dense pubescence blonde, soyeuse, assez grossière et couchée.

Cuisses assez épaisses à leur base où elles sont à peine plus étroites que les trochanters, graduellement et faiblement élargies vers leur extrémité, un peu recourbées en dessous vers leur bout. *Tibias* un peu plus longs que les cuisses, graduellement et sensiblement élargis de la base à leur sommet : *les antérieurs et intermédiaires* droits : *les postérieurs,* vus de dessus leur tranche supérieure, légèrement recourbés en dedans vers le milieu de leur face interne, et en même temps à peine recourbés en arrière ; *éperons* égaux, petits mais bien distincts. *Tarses* sensiblement plus courts que les tibias, légèrement ciliés en dessus, subatténués vers leur extrémité, avec les premier à quatrième articles graduellement plus courts ; *les antérieurs et intermédiaires* à premier article suballongé, à peine aussi long que les deux suivants réunis : le deuxième obconique, à peine plus long que large : les troisième et quatrième assez courts, subtriangulaires ; *les postérieurs* à premier article allongé, à peine plus long que les deux suivants réunis : le deuxième oblong, obconique : le troisième suboblong : le quatrième court, subtriangulaire ou obcordiforme : le dernier de tous les tarses assez grêle, aussi long que les deux précédents réunis, sublinéaire ou à peine élargi vers son extrémité, un peu voûté sur le dos. *Ongles* assez grands, grêles, arqués.

Patrie. Cette espèce a été trouvée par l'un de nous aux environs d'Hyères (Provence), en janvier, sous les écorces d'olivier.

Obs. Elle ressemble à première vue au *Ptinus bicinctus,* mais elle en diffère par son prothorax un peu plus oblong, par ses élytres plus noires, un peu moins convexes, un peu moins arrondies sur les côtés, plus fortement ponctuées-striées et surtout beaucoup plus longuement sétosellées.

La forte ponctuation du dessous du corps et des rangées striales, une forme un peu plus oblongue ajoutée à une taille un peu plus grande, et la présence de deux bandes transversales sur les élytres, sont des caractères qui la distinguent suffisamment de l'espèce suivante (*Ptinus pilosus*), avec laquelle elle a, quant au reste, beaucoup d'analogie (1).

(1) Ici se placerait une espèce de Madrid, qui nous a été communiquée par M. Ch. Brisout de Barneville :

Ptinus timidus. Ch .Bris. (Ann. Soc. Ent. Fr., 1866. p. 382.)

Elle est bien voisine de notre *Ptinus perplexus,* mais elle est un peu plus oblongue ; les antennes sont plus longues, plus densement ciliées, plus obscures, avec les quatrième à onzième articles plus allongés ; les soies du prothorax et des élytres sont moins pâles et tirant plus sur le fauve ; les fascicules dentiformes de celui-là sont plus saillants, et les bandes blanches de celles-ci sont formées de poils moins écailleux, c'est-à-dire que les écailles déprimées qui les composent sont plus allongées, avec la bande postérieure largement interrompue et réduite à deux taches subarrondies ; l'écusson est plus blanc ; enfin les tibias et les tarses paraissent un peu plus allongés et un peu plus

24. Ptinus pilosus. MULLER.

Subovalaire, d'un noir ou d'un brun de poix assez brillant, avec les palpes, les antennes et les pieds d'un roux-testacé. Front d'un blond cendré. Antennes à deuxième article aussi long que le troisième. Prothorax pas plus long que large, obsolètement et à peine canaliculé sur sa ligne médiane, avec une légère éminence de chaque côté et quatre légers fascicules dentiformes. Écusson blanc. Élytres ovalaires, assez fortement ponctuées-striées, longuement (♀) et sérialement sétosellées, parées chacune d'une bande transversale subhumérale blanchâtre, obsolète ou à peine distincte. Dessous du corps assez finement ponctué. Pieds peu grêles. Cuisses médiocrement renflées. Éperons des tibias égaux(♀).

Ptinus pilosus. MULLER, in Germ. Mag., t. IV, 220 (♀); —REDTENBACHER, Faun. Austr., 2e édit., p. 557; — BOIELDIEU, Mon. Ptin., Ann. Soc. Ent. Fr., 1856, t. IV, p. 648, 43.

Ptinus pallipes. DUFTSCHMIDT, Faun. Austr., t. III, p. 66, 11 (♂); — STURM. Deuts. Faun., t. XII, p. 73, 11, pl. 356 (♂♀).

Long. 0^m,0022 (1 l); — larg. 0^m,0014 (2/3 l.).

♂. Nous ne l'avons pas vu en nature, mais d'après la figure de Sturm et suivant M. Boieldieu, le ♂ aurait, comme dans les autres espèces, les élytres-allongées et parallèles, et les antennes et les pieds plus développés que dans les ♀.

♀ . *Corps* subovalaire, d'un noir ou d'un brun de poix assez brillant. *Tête* verticale ou infléchie, à peine aussi large, compris les yeux, que la

grêles, avec les tibias postérieurs plus sensiblement cambrés. Les élytres sont aussi un peu moins convexes avec les points de l'extrême base plus impressionnés.

Près du *Ptinus perplexus* se placerait aussi le *Ptinus obesus, Lucas* (Expéd. scient. Alg., Ins. col , 221, 551, pl. 20, fig. 10); *Boieldieu* (Mon. Ptin., Ann. Soc. Ent. Fr.,1856, t. IV, p. 638), espèce d'Afrique et de Sicile, dont la pubescence du prothorax est plus longue et plus redressée avec les fascicules dentiformes plus prononcés ainsi que les éminences qu'ils surmontent; dont les élytres des ♀, également parées de deux bandes blanches, sont plus convexes, un peu plus courtement ovalaires et moins grossièrement ponctuées-striées; et dont les pieds sont revêtus d'une longue pubescence.

partie antérieure du prothorax ; ruguleuse, peu brillante, d'un brun de poix ; revêtue d'une pubescence d'un blond cendré, déprimée, assez serrée, mais ne cachant pas complétement la couleur foncière ; avec la région de l'épistome subdénudée et légèrement ciliée. *Front* large, subdéprimé, obsolètement canaliculé sur son milieu. *Labre* très-finement rugueux, obscur, densement cilié en avant de soies argentées et brillantes. *Mandibules* obscures, finement ciliées et ruguleuses à leur base ; d'un noir de poix, glabres et lisses à leur extrémité. *Palpes* testacés, avec la pointe du dernier article parfois un peu plus foncée.

Yeux médiocres, assez saillants, subarrondis, noirs.

Antennes médiocrement grêles, atteignant environ les trois quarts de la longueur du corps ; subfiliformes ou à peine plus épaisses vers leur base ; finement chagrinées ; d'un roux-testacé souvent assez clair ; revêtues d'une fine pubescence cendrée et couchée, et en outre distinctement ciliées en dessus et surtout en dessous, mais plus obsolètement dans les deux ou trois derniers articles : le premier sensiblement épaissi en massue ovale-oblongue : le deuxième obconique, à peine moins long ou aussi long sur sa tranche externe que le troisième : les troisième à dixième oblongs, obconiques, avec les septième à dixième un peu plus oblongs ou même suballongés, subégaux : le dernier allongé, beaucoup plus long que le pénultième, subacuminé au sommet.

Prothorax plus étroit que les élytres, pas plus ou à peine plus long que large ; assez fortement étranglé et transversalement déprimé au-devant de sa base, avec l'étranglement situé vers le quart postérieur ; paraissant, vu de dessus, obtusément et subangulairement dilaté en arrière sur les côtés de sa partie globuleuse ; largement arrondi à son bord antérieur qui est légèrement rebordé en forme de bourrelet assez étroit ; subtronqué ou à peine arrondi à sa base, avec celle-ci étroitement rebordée et le rebord un peu plus épais et comme doublé sur les côtés dans la partie réfléchie ; densement et rugueusement granulé ; d'un brun peu brillant ; revêtu d'une pubescence d'un fauve doré, peu serrée, couchée en travers sur le rebord antérieur, plus fine et couchée en divers sens sur la partie déprimée, plus ou moins couchée sur le reste du disque ; offrant de chaque côté une éminence obtuse, arrondie, assez sensible, située un peu en arrière et surmontée d'un fascicule dentiforme subangulaire et formé de poils plus redressés et convergents, entre lesquels on aperçoit sur le milieu du dos deux autres fascicules à peu près semblables, situés un peu plus en avant sur un plan plus élevé bien qu'ils ne surmontent aucune éminence sensible, et séparés entre eux par un sillon canaliculé obsolète, sudénudé et plus ou moins raccourci.

Écusson subsemi-circulaire, voilé par un épais duvet blanchâtre.

Élytres ovalaires, environ deux fois et demie aussi longues que le prothorax ; sensiblement arrondies sur les côtés, rétrécies en arrière et assez étroitement arrondies au sommet, avec l'angle apical droit et non émoussé ; assez convexes sur le dos ; d'un noir ou d'un brun de poix assez brillant ; concolores ou parées chacune d'une bande transversale subhumérale, blanchâtre, très-obsolète ou formée de quelques taches ponctiformes de poils écailleux et plus ou moins épars ; offrant sur leur surface dix rangées striales de points enfoncés et le commencement d'une onzième vers l'écusson, avec les points assez gros, profonds, carrés, assez serrés et longitudinalement traversés chacun dans leur milieu par une soie pâle, très-fine et tout à fait couchée. *Intervalles* plans et lisses, un peu plus larges que les points, ornés chacun d'une série régulière de soies d'une flave doré, assez longues et redressées, avec celles des intervalles impairs ou alternes beaucoup plus longues : le *marginal* plus large et très-finement chagriné dans sa partie postérieure, à peine relevé et distinctement cilié vers son extrémité. *Épaules* effacées.

Dessous du corps assez finement et éparsement ponctué avec les points oblongs ; d'un brun plus ou moins ferrugineux ; revêtu d'une pubescence d'un blond cendré, couchée, assez fine et assez serrée mais ne voilant pas toujours complétement la couleur foncière. *Métasternum* court, subdéprimé, un peu plus long dans son milieu que le premier arceau ventral.

Hanches antérieures et intermédiaires légèrement écartées, *les postérieures* largement distantes l'une de l'autre. *Intervalle* compris entre les insertions des pieds postérieurs sensiblement plus grand que celui compris entre celles-ci et les côtés.

Ventre subconvexe, avec les deux premiers arceaux assez régulièrement arqués à leur bord postérieur : le premier assez fortement resserré de chaque côté par la partie interne des hanches postérieures, avancé entre celles-ci en forme d'angle très-large, subtronqué ou très-largement arrondi en avant ; un peu moins long dans son milieu que le deuxième : celui-ci grand : les troisième et quatrième légèrement sinués ou un peu recourbés en arrière vers les côtés de leur bord apical : le troisième à peine moins long dans son milieu que le précédent : le quatrième très-court : le dernier grand, semi-lunaire, subdéprimé, plus obsolètement ponctué et beaucoup moins pubescent que les autres.

Pieds assez allongés, peu grêles, finement chagrinés, d'un roux-testacé souvent assez clair ; revêtus d'une fine pubescence blonde, soyeuse, couchée et assez serrée. *Cuisses* peu rétrécies à leur base où elles sont un peu plus étroites que les trochanters, graduellement et assez sensiblement renflées vers leur extrémité. *Tibias* un peu plus longs que les cuisses, graduellement et assez sensiblement élargis de la base au sommet : *les antérieurs et intermédiaires* droits ou presque droits : *les postérieurs* à peine recourbés en arrière avant le sommet de leur tranche supérieure, mais paraissant, vus de dessus celle-ci, légèrement cambrés en dedans vers le milieu de leur face interne ; à *éperons* petits et égaux. *Tarses* sensiblement plus courts que les tibias, très-légèrement ciliés en dessus, subatténués vers leur extrémité ; à premier article suballongé, presque aussi long ou aussi long que les deux suivants réunis : les deuxième à quatrième graduellement plus courts : le deuxième oblong, obconique : le troisième pas plus long que large ou suboblong, subtriangulaire : le quatrième plus ou moins court, subcordiforme : le dernier grêle, sublinéaire, aussi long que les deux précédents réunis. *Ongles* petits, grêles, faiblement arqués.

Patrie. Cette espèce est rare en France. M. Boieldieu l'indique des environs de Mont-de-Marsan. Elle est plus particulière à l'Autriche et à l'Allemagne.

Obs. Nous avons dit plus haut en quoi elle différait du *Ptinus perplexus.* On peut ajouter qu'elle a le vertex plus finement et moins densement pubescent, avec les troisième et quatrième arceaux du ventre plus sensiblement sinués sur les côtés de leur bord postérieur, et le dernier beaucoup moins densement pubescent que les autres, tandis qu'ils le sont tous également dans le *Ptinus perplexus.*

Nous n'avons vu de cette espèce que des exemplaires foncés en couleur. Mais d'après Sturm et M. Boieldieu, il paraît que, comme beaucoup d'autres, elle est parfois plus ou moins ferrugineuse ou roussâtre (1).

---

(1) Près du *Ptinus pilosus* viendraient se ranger deux autres espèces : 1° Le *Ptinus Lucasi.* Boieldieu (Mon. Ptin., Ann. Soc. Ent. Fr., 1856, t. IV, p. 636, 34), espèce d'Algérie et de Sicile, dont la couleur est d'un roux-ferrugineux. Les ♂ n'ont pas de carène sur la ligne médiane du prothorax, et ont leurs élytres longuement sétosellées ainsi que les ♀. La pubescence du prothorax est longue et redressée, avec les fascicules dentiformes bien prononcés. Dans les deux sexes, les élytres sont parées de deux bandes transversales de taches ponctiformes blanches et écailleuses, plus ou moins obsolètes :

25. Ptinus subpilosus. STURM.

Allongé (♂) ou ovalaire (♀), d'un roux-testacé plus ou moins foncé et assez brillant, avec les palpes, les antennes et les pieds testacés. Front flave ou blanchâtre. Antennes à deuxième article aussi long que le suivant chez les ♀. Prothorax suboblong, subsillonné sur sa ligne médiane, avec quatre légères éminences distinctement fasciculées. Écusson blanchâtre. Élytres allongées (♂) ou ovalaires (♀); assez fortement ponctuées-striées. longuement (♀) et sérialement sétosellées, parées chacune de deux bandes transversales formées de taches ponctiformes blanches et écailleuses. Pieds plus ou moins grêles. Cuisses assez fortement renflées. Éperons des tibias égaux.

Ptinus *subpilosus*. STURM, Deuts, Faun., t. XII, p. 82, 15, pl. 258, cc; — REDTEN-BACHER, Faun. Austr., 2e édit., p. 557; — BOIELDIEU, Mon. Ptin., Ann. Soc. Ent. Fr., 1856, t. IV, p. 657.

♂ *Variété a. Élytres* complétement dépourvues de taches blanchâtres.
♀. *Variété b. Corps* d'un roux-ferrugineux assez foncé.

♂. Long. 0m,0030 (1 l. 1/3) ; — larg. 0m,0014 (2/3 l.)
♀. Long. 0m,0016 à 0m,0027 (3/4 l. à l. 1/4) ;— larg. 0m,0011 à 0m,0016 (1/2 l. à 3/4 l.)

♂. *Corps* allongé. *Yeux* très-gros et très-saillants. *Téte*, compris ceux-ci, beaucoup plus large que le prothorax. *Front* finement et distinctement caniculé sur son milieu au-dessus de la tranche interantennaire, à pubescence flave et médiocrement serrée. *Antennes* un peu plus longues que le corps, grêles, subfiliformes ou un peu plus épaisses vers leur base ; à premier article légèrement épaissi en massue allongée et arquée : le deuxième

2o Le *Ptinus intermedius*, *Boieldieu* (Mon. Ptin., Ann. Soc. Ent. Fr., 1856, t. VI, p. 646, 41, pl. 18, fig. 22), espèce de Styrie, qui diffère du *Ptinus pilosus* par son prothorax plus large dans sa partie globuleuse et plus fortement étranglé au-devant de sa base, et par ses élytres plus convexes. Les articles des antennes sont aussi proportionnellement plus courts.

6à peine plus long que la moitié du suivant : le troisième allongé : les quatrième à dixième très-allongés, subcylindriques : le dernier encore plus
allongé, cylindrique ou linéaire. *Prothorax* obsolètement granulé surtout
sur la partie déprimée, un peu plus long que large, sensiblement relevé en
carène lisse vers l'extrémité postérieure du sillon médian. *Élytres* allongées,
environ quatre fois aussi longues que le prothorax, subparallèles sur leurs
côtés jusqu'au moins les deux tiers de leur longueur, et puis rétrécies en
arrière et légèrement arrondies au sommet ; peu convexes sur le dos ou
même subdéprimées à la base derrière l'écusson ; avec des rangées striales
de gros points enfoncés, carrés, peu profonds mais serrés. *Intervalles*
étroits, moins larges que les points, subconvexes, ornés chacun d'une série régulière de soies pâles, courtes, assez serrées et semi-inclinées en arrière.
Épaules assez saillantes, subarrondies en dehors, limitées intérieurement
par une impression sensible. *Métasternum* très-grand, subconvexe, trois
fois aussi long que le premier arceau ventral, fortement sillonné-canaliculé sur la dernière moitié de sa ligne médiane. *Premier arceau ventral*
avancé entre les hanches postérieures en forme d'angle assez large mais
étroitement arrondi en avant. *Intervalle* compris entre les insertions des
pieds postérieurs à peu près égal à celui compris entre celles-ci et les
côtés. *Cuisses* très-grêles à leur base, brusquement renflées dans leur deuxième moitié. *Tibias* très-grêles, faiblement élargis vers leur extrémité, *les
antérieurs* seulement après leur milieu. *Tarses* grêles, linéaires, à peine
moins longs que les tibias ; à premier article très-allongé, presque aussi
long dans les antérieurs et intermédiaires, aussi long dans les postérieurs
que les trois suivants réunis : le deuxième suballongé dans les antérieurs
et intermédiaires, allongé dans les postérieurs : le troisième plus ou moins
oblong, obconique.

♀. *Corps* ovalaire ou ovalaire-suboblong. *Yeux* médiocres et peu saillants. *Tête*, compris ceux-ci, à peine aussi large que la partie antérieure
du prothorax. *Front* à peine ou indistinctement canaliculé sur sa ligne
médiane, à pubescence blanchâtre et très-serrée. *Antennes* sensiblement
moins longues que le corps, atteignant à peine les trois quarts de la longueur de celui-ci, assez épaisses, subfiliformes ; à premier article sensiblement épaissi en massue ovale-oblongue : le deuxième aussi long sur sa
tranche externe que le suivant : les troisième à dixième oblongs, obconiques, subégaux avec les derniers cependant un peu plus oblongs que les
précédents : le dernier allongé, subelliptique. *Prothorax* uniformément et

rugueusement granulé sur toute sa surface ; à peine plus long que large ; un peu moins étroit que chez le ♂, à sillon médian simple et non relevé postérieurement en carène lisse. *Elytres* ovalaires, presque trois fois aussi longues que le prothorax, sensiblement arrondies sur leurs côtés, rétrécies en arrière et assez étroitement arrondies au sommet ; assez convexes sur le dos ; avec des rangées striales de points enfoncés, assez gros, subcarrés, assez profonds et médiocrement serrés. *Intervalles* sensiblement plus larges que les points, presque plans, ornés chacun d'une série régulière de soies pâles, assez longues, redressées et peu serrées, avec celles des intervalles impairs ou alternes beaucoup plus longues et plus redressées. *Epaules* effacées. *Métasternum* court, subdéprimé, un peu plus long dans son milieu que le premier arceau ventral, incisé ou brièvement canaliculé à l'extrémité de sa ligne médiane. *Premier arceau ventral* avancé entre les hanches postérieures en forme d'angle très-large, subtronqué ou très-largement arrondi en avant. *Intervalle* compris entre les insertions des pieds postérieurs, presque deux fois aussi grand que celui compris entre celles-ci et les côtés. *Cuisses* assez grêles à leur base, graduellement renflées vers leur extrémité. *Tibias* médiocrement grêles, graduellement et sensiblement élargis de la base à leur sommet. *Tarses* passablement grêles, sensiblement moins longs que les tibias, à peine subatténués vers leur extrémité : *les antérieurs et intermédiaires* à premier article oblong ou suballongé, à peine aussi long que les deux suivants réunis, le deuxième suboblong ou oblong, obconique, le troisième assez court, subtriangulaire : *les postérieurs* à premier article allongé, un peu moins long que les trois suivants réunis, le deuxième suballongé : le troisième oblong, obconique.

♂ ♀. *Corps* allongé (♂) ou ovalaire (♀), testacé ou d'un roux-testacé plus ou moins foncé et assez brillant. *Tête* infléchie, finement ruguleuse, d'un roux peu brillant, revêtue d'une pubescence couchée, plus ou moins serrée ou blanchâtre ; avec la région de l'épistome subdénudée ou légèrement ciliée. *Front* large, subdéprimé. *Labre* finement chagriné, d'un roux-testacé parfois plus ou moins obscur, densement et brièvement cilié en avant. *Mandibules* plus ou moins ferrugineuses, ruguleuses et légèrement ciliées à leur base ; d'un noir de poix brillant ; lisses et glabres à leur extrémité. *Palpes* testacés.

Yeux subarrondis, noirs.

Antennes très-finement chagrinées, testacées ; revêtues d'un léger duvet cendré et en outre fortement ciliées ou fasciculées en dessus en en dessous mais plus obsolètement dans les derniers articles (1) ; à premier article plus ou moins épaissi : le deuxième oblong, obconique mais plus ou moins arrondi sur sa tranche interne : les suivants plus (♂) ou moins (♀) allongés, avec le troisième souvent moins que les autres : le dernier beaucoup plus long que le pénultième, obtusément acuminé au sommet.

Prothorax plus étroit que les élytres, suboblong ; fortement étranglé et transversalement déprimé au-devant de sa base, avec l'étranglement indiqué par un sillon plus ou moins profond et situé environ vers le quart postérieur ; paraissant, vu de dessus, plus ou moins obtusément et arcuément dilaté un peu en arrière sur les côtés de sa partie globuleuse ; largement arrondi à son bord antérieur qui est distinctement rebordé en forme de bourrelet assez étroit ; légèrement arrondi à sa base qui est étroitement rebordée, avec le rebord comme doublé en devant, sur tout son développement, d'un bourrelet assez large, plus ou moins prononcé, qui est l'effet du sillon profond de l'étranglement et qui rappelle la partie antérieure de sa partie déprimée ; plus ou moins fortement granulé ; testacé ou d'un roux-testacé plus ou moins ferrugineux et peu brillant ; revêtu d'une pubescence blonde et soyeuse assez courte, couchée en travers sur le bourrelet antérieur et sur le rebord postérieur et sur une seule rangée sur ce dernier, couchée en divers sens sur la partie déprimée, plus ou moins redressée sur le reste de la surface ; offrant sur le dos quatre légères éminences obtuses, disposées sur une ligne transversale et sur lesquelles les poils se redressent davantage en convergeant de manière à former des fascicules dentiformes assez prononcés : les deux latéraux un peu moins élevés, aigus, séparés des intermédiaires par un très-court sillon obsolète : ceux-ci un peu plus obtus, subangulaires, situés à peine plus en avant, séparés entre eux par un sillon canaliculé, assez étroit, à fond subdénudé, plus ou moins prolongé mais peu profond.

Ecusson subsemi-circulaire, voilé par un épais duvet blanchâtre.

Elytres plus ou moins arrondies au sommet, testacées ou d'un roux-testacé plus ou moins foncé ; parées chacune de deux bandes tranversales obsolètes, raccourcies intérieurement, formées de deux ou trois taches ponctiformes de poils blancs, déprimés, écailleux ou subécailleux (2) : la première

---

(1) Souvent, principalement chez les ♂, chaque article des antennes offre en dessous, surtout vers son sommet, quelques rares poils plus longs et plus redressés.

(2) Quelquefois, chez les ♂ surtout, les écailles, plus ou moins courtes chez les ♀, s'allongent de manière à se transformer en une simple pubescence blanche.

subhumérale, la deuxième située vers la tiers postérieur ; plus ou moin
fortement ponctuées-striées, avec les rangées striales au nombre de dix e
le commencement d'une onzième vers l'écusson, longitudinalement tra
versées dans leur milieu par une chaînette plus ou moins distincte de soie
fines, pâles et couchées. *Intervalles* lisses ; *le marginal* plus large, très
finement chagriné et à peine relevé dans sa partie postérieure, distincte
ment cilié à son bord apical.

Dessous du corps distinctement mais peu densement ponctué, avec le
points assez profonds, plus ou moins circulaires sur la poitrine, plus ou
moins allongés sur le ventre ; d'un roux-testacé plus ou moins foncé e
assez brillant ; revêtu d'une pubescence blonde, couchée et assez serrée

Hanches intérieures et intermédiaires légèrement écartées, *les postérieures* plus ou moins largement distantes l'une de l'autre.

Ventre plus ou moins convexe à sa base, avec les derniers arceaux
plus ou moins déprimés ; les deux premiers assez régulièrement arqués à
leur bord postérieur : le premier sensiblement resserré de chaque côté
par la partie interne des hanches postérieures; un peu moins long dans
son milieu que le deuxième : celui-ci grand : les troisième et quatrième
légèrement sinués ou un peu recourbés en arrière vers les côtés de leur
bord apical : le troisième un peu moins grand que le précédent : le quatrième très-court : le dernier grand, semi-circulaire, très-finement chagriné,
très-obsolètement ponctué et beaucoup moins pubescent que les autres.

Pieds plus ou moins allongés et plus ou moins grêles, finement chagrinés, plus ou moins testacés ; revêtus d'une pubescence blonde, couchée
et assez serrée. *Cuisses* plus ou moins grêles à leur base, assez fortement
renflées après leur milieu, un peu recourbées en dessous avant leur sommet, plus ou moins ciliées sur leur tranche inférieure. *Tibias* un peu plus
longs que les cuisses, plus ou moins grêles, très-finement ciliés vers l'extrémité de leur tranche inférieure, plus grossièrement et moins densement
ciliés sur leur tranche supérieure de soies arquées et un peu couchées: *les
antérieurs et intermédiaires* droits ou presque droits : *les postérieurs* plus
ou moins légèrement cambrés en dedans vers le milieu de leur face
interne, vus de dessus leur tranche supérieure ; *éperons* petits et égaux.
Tarses plus ou moins développés et plus ou moins grêles ; à premier article
plus ou moins allongé : les deuxième à quatrième graduellement plus
courts : le quatrième assez court, obcordiforme : le dernier étroit, grêle,
aussi long que les deux précédents réunis, sublinéaire vu de dessus, subarqué vu de côté. *Ongles* assez petits, grêles, arqués.

PATRIE. Cette espèce se rencontre assez communément dans toute la France : les environs de Paris et de Lyon, le Beaujolais, le mont Pilat, etc. Elle se plaît parmi les lichens des vieux arbres et parmi les vieux fagots où souvent elle passe l'hiver.

OBS. Elle ressemble beaucoup au *Ptinus testaceus* dont elle a le port et la couleur. Mais elle est un peu plus grande. Elle a les élytres un peu plus fortement ponctuées-striées et presque toujours parées de bandes de points blancs écailleux. En outre les intervalles des rangées striales des ♀ sont beaucoup plus longuement sétosellés.

La couleur testacée, surtout chez les ♀, passe souvent au roux-ferrugineux plus ou moins foncé. Quelquefois les élytres, surtout chez les ♂, sont sans aucun vestige de taches blanches écailleuses.

DEUXIÈME DIVISION.

CARACTÈRES. *Prothorax* à dents médianes très-élevées en forme de bosses arrondies, séparées entre elles par un sillon très-profond, ordinairement étendu du bord antérieur jusqu'à la partie déprimée de la base ; avec des *oreillettes* sensibles. (*Sous-genre Cyphoderes* de χύφος, bosse, et δέρη, cou.)

S.-G. CYPHODERES. M. et R.

Ce sous-genre renferme seulement deux espèces françaises dont voici les principales différences :

o *Antennes* légèrement ciliées, à deuxième article moins long que le troisième dans les deux sexes. *Prothorax* à fascicules médians petits et rejetés en arrière (♂ ♀), à dents latérales obtuses ou obsolètes. *Élytres* ovale-oblongues et assez courtement sétosellées chez les ♀. *Éperons des tibias* tous égaux.   RAPTOR.

oo *Antennes* fortement ciliées, à deuxième article à peine moins long que le troisième sur sa tranche externe chez les ♀. *Prothorax* à fascicules médians petits et situés vers le milieu du dos chez le ♂, très-grands, arrondis et occupant la majeure partie du disque chez la ♀, avec les dents latérales en forme d'*oreillettes* assez sensibles mais droites (1). *Élytres* ovalaires et longuement sétosellées chez les ♀. *Éperons des tibias postérieurs* subinégaux chez les ♂.   BIDENS.

(1) Les insectes du *s.-g. Cyphoderes* rappellent un peu par la sculpture de leur prothorax ceux du premier groupe *Eudaphrus*; mais ils s'en distinguent par ce segment sans saillies sublongitudinales sur la partie déprimée de sa base, avec celle-ci ni fovéolée ni longitudinalement ridée. Il y a encore cette différence entre le *s.-g. Cyphoderes* et le *s.-g. Eudaphrus*, que chez ce dernier

26. Ptinus (*Cyphoderes*) **raptor**. STURM.

Très-allongé (♂) ou ovalaire-oblong (♀), d'un brun de poix ou d'un brun châtain plus ou moins brillant, avec les palpes testacés, les antenne et les pieds d'un roux-ferrugineux. Front flave, canaliculé sur son milieu Antennes légèrement ciliées, à deuxième article oblong, sensiblement moin long que le troisième dans les deux sexes. Prothorax oblong, fortement sil lonné sur sa ligne médiane, avec deux éminences latérales fasciculées e deux bosses intermédiaires blondes, oblongues, formées de poils couché très-condensés et reculées en arrière contre l'étranglement postérieur. Écus son blanchâtre. Élytres allongées (♂) ou ovalaire-oblongues (♀), médiocre ment ponctuées-striées, assez courtement sétosellées chez les deux sexes, parées chacune de deux bandes transversales écailleuses blanches. Pieds plus ou moins grêles. Tarses allongés. Éperons des tibias tous égaux.

Ptinus raptor. STURM, Deuts. Faun., t. XII, p. 53, 4, pl. 250; — *Ptinus bidens.* BOIELDIEU (ex-parte), Mon. Ptin., Ann. Soc. Ent. Fr., 1856, t. IV, 657, 51.

♂. Long. 0^m,0039 (1 l. 3/4) ; — larg. 0^m,0014 (2/3 l.).
♀. Long. 0^m,0036 (1 l. 1/3) ; — larg. 0^m,0020 (5/6 l.).

♂. *Corps* très-allongé, ordinairement d'un brun-châtain assez brillant. *Yeux* très-gros et très-saillants. *Tête,* compris ceux-ci, sensiblement plus large que le prothorax. *Antennes* un peu plus longues que le corps, grêles, filiformes ; à deuxième article égalant environ la moitié du suivant ; les troisième à onzième subcylindriques : le troisième allongé, le quatrième encore plus allongé, les cinquième à dixième très-allongés, le dernier encore plus allongé, linéaire. *Élytres* allongées ou même très-allongées, presque cinq fois aussi longues que le prothorax, parallèles sur leurs côtés jusque presque aux trois quarts de leur longueur, rétrécies en arrière et largement arrondies au sommet ; peu convexes sur le dos ou même subéprimées à leur base derrière l'écusson ; avec des rangées striales d'assez gros points,

les oreillettes, au lieu d'être droites, offrent en arrière une dent recourbée en dedans pour se rapprocher des cornes latérales de la saillie médiane recourbées elles-mêmes dans le sens contraire, de manière à représenter dans leur intervalle une échancrure circulaire mais non complétement fermée.

peu profonds, en forme de carré subtransverse, serrés. *Intervalles* étroits, moins larges que les points, subconvexes, ornés chacun d'une série régulière de soies blondes, courtes et presque couchées. *Epaules* saillantes, arrondies en dehors, limitées intérieurement par une impression oblongue, assez forte. *Métasternum* grand, subconvexe, presque trois fois aussi long dans son milieu que le premier arceau ventral, légèrement sillonné-canaliculé sur la deuxième moitié de sa ligne médiane. *Intervalle* compris entre les insertions des pieds postérieurs subégal à celui compris entre celles-ci et les côtés. *Premier arceau ventral* avancé entre les hanches postérieures en forme d'angle assez étroitement arrondi en avant. *Cuisses* grêles à leur base où elles sont sensiblement plus étroites que les trochanters, brusquement renflées après leur premier tiers. *Tibias* grêles, sensiblement plus longs (sauf les intermédiaires) que les cuisses, faiblement élargis vers leur extrémité. *Tarses* grêles, linéaires, à peine moins longs que les tibias, à premier article très-allongé, aussi long que les trois suivants réunis : le deuxième plus ou moins oblong, obconique.

♀. *Corps* ovalaire-oblong, ordinairement d'un brun de poix brillant sur les élytres. *Yeux* médiocres et peu saillants. *Tête*, compris ceux-ci, à peine aussi large que la partie antérieure du prothorax. *Antennes* sensiblement moins longues que le corps, atteignant environ les trois quarts de la longueur de celui-ci, assez grêles, subfiliformes ; à deuxième article égalant environ les deux tiers de la longueur du suivant : les troisième à dixième suballongés, mais sensiblement rétrécis vers leur base, avec les huitième à onzième graduellement un peu plus épais : le dernier assez allongé, subelliptique. *Elytres* ovalaire-oblongues, presque trois fois et demie aussi longues que le prothorax, assez sensiblement arrondies sur les côtés, rétrécies en arrière et assez largement arrondies au sommet ; subconvexes sur le dos ; avec des rangées striales de points médiocres, peu profonds, subcarrés, moins serrés que chez les ♂. *Intervalles* sensiblement plus larges que les points, presque plans ou à peine subconvexes, ornés chacun d'une série régulière de soies blondes, plus longues et plus redressées que chez les ♂, légèrement inclinées en arrière. *Epaules* effacées. *Métasternum* subdéprimé, assez court, à peine une fois et demie aussi long que le premier arceau ventral dans son milieu, obsolètement canaliculé vers l'extrémité de sa ligne médiane. *Intervalle* compris entre les insertions des pieds postérieurs presque deux fois aussi grand que celui compris entre celles-ci et les côtés. *Premier arceau ventral* avancé entre les hanches postérieures en forme de lame trapéziforme, fortement transverse, très-largement et obtusément tronquée en avant. *Cuisses* assez épaisses à leur base où elles sont un peu plus ou à peine plus étroites que les trochanters, peu brusquement renflées dès leur premier tiers. *Tibias* assez robustes, à peine plus longs que les cuisses, graduellement et sensiblement élargis de la base à l'extrémité. *Tarses* assez grêles, sublinéaires ou à peine subatténués vers leur extrémité, un peu moins longs que les tibias, à premier article plus ou moins allongé, un peu moins long que les trois suivants réunis dans les antérieurs et intermédiaires, aussi long que les trois mêmes réunis dans les postérieurs : le deuxième oblong ou suballongé ; le troisième oblong obconique.

♂ ♀ . *Corps* très-allongé (♂) ou ovalaire-oblong (♀), d'un brun de poix ou d'un brun-châtain assez brillant.

Tête verticale ou infléchie, finement rugueuse, d'un brun de poix plus ou moins ferrugineux et peu brillant ; revêtue d'une pubescence flave, couchée, assez serrée mais ne voilant pas la couleur foncière ; avec la région de l'épistome dénudée mais légèrement ciliée. *Front* plus (♀) ou moins (♂) large (1), subdéprimé, creusé sur sa ligne médiane d'un sillon fin qui s'élargit en avant, au-dessus de la tranche interantennaire, en une sorte d'impression en forme de losange. *Labre* obscur, finement ruguleux, brièvement et densement cilié en avant. *Mandibules* plus ou moins obscures, ruguleuses et ciliées à leur base ; d'un noir de poix, lisses et glabres à leur extrémité.

Palpes testacés ou d'un roux-testacé.

Yeux subarrondis, noirs.

Antennes très-finement chagrinées, d'un roux-ferrugineux, revêtues d'un léger duvet grisâtre, et en outre finement et légèrement ciliées, plus obsolètement dans les derniers articles : le premier sensiblement épaissi en massue ovale-oblongue et subtronquée au bout : le deuxième oblong, obconique mais plus ou moins arrondi sur sa tranche interne, sensiblement plus court que le troisième dans les deux sexes : celui-ci et les suivants plus ou moins allongés : le dernier beaucoup plus long que le pénultième, subacuminé au sommet.

Prothorax plus étroit que les élytres, oblong ou un peu plus long que

(1) Bien entendu, le front est toujours un peu moins large chez les ♂ dont les yeux sont plus grands que ceux des ♀ .

large ; assez fortement étranglé et transversalement déprimé au-devant de sa base, avec l'étranglement situé vers le dernier quart ; paraissant, vu de dessus, arcuément et obtusément dilaté vers le milieu des côtés de sa partie globuleuse ; largement arrondi à son bord antérieur qui est distinctement rebordé en forme de bourrelet assez étroit ; subtronqué ou faiblement arrondi à sa base qui offre un rebord étroit et finement chagriné, comme doublé sur les côtés d'un bourrelet épais, un peu aplati et également chagriné ; assez fortement granulé ; creusé sur sa ligne médiane d'un sillon assez large, profond, lisse et dénudé, prolongé depuis la partie déprimée jusque sur le bourrelet antérieur qui paraît alors plus ou moins interrompu dans son milieu ; d'un brun de poix ou d'un brun châtain peu brillant ; revêtu d'une pubescence blonde, couchée en travers sur le bourrelet antérieur, peu serrée, plus fine, moins distincte et couchée en divers sens sur la partie déprimée, plus ou moins couchée sur le reste du disque ; offrant sur le dos quatre éminences obtuses mais sensibles et disposées sur une ligne transversale : les deux latérales en forme d'oreillettes obtuses et surmontées d'un fascicule aigu de soies redressées, séparées des deux intermédiaires par un léger sillon court et lisse : celles-ci prononcées, beaucoup plus élevées, arrondies, formant comme deux bosses oblongues, subparallèles, séparées entre elles par le sillon médian, et sur lesquelles les poils sont renversés en arrière et très-condensés de manière à simuler deux houppes épaisses, déprimées, d'un flave pâle, formant taches, oblongues et situées en arrière contre la partie déprimée.

Ecusson subogival, subconvexe, voilé par un épais duvet soyeux, d'un gris blanchâtre.

Elytres plus ou moins arrondies au sommet, avec l'angle apical droit et à peine émoussé ; d'un brun de poix ou d'un brun châtain assez brillant ; parées chacune de deux bandes transversales blanches, formées d'écailles déprimées, ne touchant ni aux côtés ni à la suture, souvent plus ou moins obsolètes ou à écailles plus éparses chez le ♂ : la première subhumérale, assez large, subtriangulaire ou irrégulière : la deuxième située environ vers le tiers postérieur, un peu plus étroite, oblique, composée de deux ou trois taches plus ou moins liées ou souvent isolées ; médiocrement ponctuées-striées, avec les rangées striales au nombre de dix et le commencement d'une onzième vers l'écusson, longitudinalement traversées dans leur milieu par une chaînette assez distincte de petites soies pâles tout à fait couchées. *Intervalles* lisses : *le marginal* plus large et très-finement chagriné postérieurement, un peu relevé et finement cilié vers son extrémité.

Dessous du corps obsolètement et peu densement ponctué, d'un brun plus ou moins châtain, mais revêtu d'une fine pubescence soyeuse, couchée et d'un flave cendré.

Hanches antérieures et intermédiaires légèrement écartées, *les postérieures* plus ou moins largement distantes.

Ventre plus ou moins convexe à sa base, plus ou moins déprimé sur le milieu des deux ou trois derniers arceaux : les deux premiers assez régulièrement arqués à leur bord postérieur : le premier sensiblement resserré de chaque côté par la partie interne des hanches postérieures, un peu moins long dans son milieu que le deuxième : les troisième et quatrième sensiblement sinués ou recourbés en arrière vers les côtés de leur bord apical : le troisième aussi grand dans son milieu que le précédent : le quatrième très-court : le dernier grand, semi-lunaire, moins pubescent que les autres, parfois subimpressionné vers le milieu de sa base chez le ♂.

Pieds plus ou moins allongés et plus ou moins grêles, finement et obsolètement chagrinés, d'un roux-ferrugineux plus ou moins clair, revêtus d'une pubescence flave, couchée et assez serrée. *Cuisses* sensiblement et plus ou moins brusquement renflées dès leur premier tiers. *Tibias* un peu plus longs que les cuisses, plus ou moins grêles, plus ou moins élargis vers leur extrémité. *Eperons* petits, grêles, égaux. *Tarses* plus ou moins développés et plus ou moins grêles ; à premier article plus ou moins allongé : les deuxième à quatrième graduellement plus courts : le quatrième assez court ou à peine oblong, subtriangulaire ; le dernier grêle, sublinéaire, aussi long que les deux précédents réunis. *Ongles* petits, grêles, arqués.

Patrie. Cette espèce, particulière à Allemagne et à l'Autriche, est très-rare en France. Elle a été trouvée aux environs de Saint-Etienne (Loire) par M. Champbeauvais. Nous en avons nous-mêmes pris un exemplaire aux environs de Lyon.

Obs. Elle ressemble beaucoup au *Ptinus bidens* dont quelques catalogues la font synonyme. Mais elle est bien distincte par les houppes de soies condensées du prothorax situées plus en arrière par la raison qu'elles occupent les parties culminantes situées elles-mêmes plus en arrière ; par ces mêmes houppes à peine plus développées chez la ♀ que chez le ♂, tandis que chez la ♀ du *bidens*, elles envahissent souvent la majeure partie du dos du prothorax ; par les fascicules latéraux, chez ce même sexe, plus grêles, moins denses et moins saillants ; par les élytres des ♀ plus oblongues et moins fortement ponctuées-striées, et à soies beaucoup moins longues et moins redressées. En outre, les antennes sont moins densement et plus finement ciliées, avec celles des ♀ à deuxième article plus court et les autres plus grêles et plus allongés que chez la ♀ du *Ptinus bidens* ; le prothorax est plus oblong et moins profondément sillonné ; enfin les tarses des ♀ sont plus étroits et proportionnellement plus développés, et les éperons des tibias postérieurs des ♂ sont égaux, etc.

27. Ptinus (*Cyphoderes*) bidens. OLIVIER.

Très-allongé (♂) ou ovalaire (♀), d'un noir de poix ou d'un brun plus ou moins châtain et plus ou moins brillant, avec les palpes, les antennes et les pieds d'un roux-testacé plus ou moins clair. Front d'un flave cendré, finement canaliculé sur son milieu. Antennes densement ciliées, à deuxième article à peine moins long que le troisième chez les ♀. Prothorax un peu plus long que large (♂) ou subtransverse (♀), très-fortement sillonné sur sa ligne médiane, avec deux éminences latérales fasciculées et deux bosses intermédiaires blondes, formées de poils couchés et très-condensés, non rejetées en arrière mais à point culminant situé sur le milieu de la région dorsale. Écusson blanchâtre. Elytres allongées (♂) ou subovulaires (♀), fortement ponctuées-striées, longuement sétosellées chez les ♀, parées chacune de deux bandes transversales écailleuses blanches. Pieds plus ou moins grêles. Tarses peu allongés chez les ♀. Eperons des tibias postérieurs subinégaux chez les ♂.

Ptinus bidens. OLIVIER, Ent., t. II, n° 17, 8, 6, pl. 2, fig. 10 (♀) ; — REDTENBACHER, Faun., 2ᵉ édit., p. 555 ; — BOIELDIEU, Mon. Ptin., Ann. Soc. Ent. Fr., 1856, t. IV, p. 657, 51.

Variété a. Taille beaucoup moindre. *Elytres* d'un brun-roussâtre ou souvent testacé, à bandes transversales blanches obsolètes et quelquefois nulles.

♂. Long. 0ᵐ,0028 à 0ᵐ,0037 (1 l. 1/4 à 1 l. 2/3) ; — larg. 0ᵐ,0007 à 0ᵐ,0012 (1/3 l. à 1/2).

♀. Long. 0ᵐ,0022 à 0ᵐ,0033 (1 l. à 1 l. 1/2) ; — larg. 0ᵐ,0012 à 0ᵐ,0016 (1/2 l. à 3/4 l.)

♂. *Corps* très-allongé, d'un brun plus ou moins châtain et assez brillant. *Yeux* très-gros et très-saillants. *Tête*, compris ceux-ci, sensiblement plus large que le prothorax. *Front* à pubescence médiocrement serrée et ne

voilant pas complétement la couleur foncière. *Antennes* un peu plus longues que le corps, grêles, filiformes ; à premier article légèrement épaissi
en massue allongée et arquée : le deuxième à peine plus long que la moitié
du suivant : les troisième à dixième subcylindriques : le troisième allongé :
le quatrième encore plus allongé : les cinquième à dixième très-allongés :
le dernier encore plus allongé, linéaire. *Prothorax* un peu ou à peine plus
long que large ; légèrement étranglé au-devant de sa base, avec l'étranglement situé vers le dernier tiers ; paraissant, vu de dessus, à peine obtusément et arcuément dilaté vers le milieu des côtés de sa partie globuleuse ;
fortement sillonné sur sa ligne médiane ; à éminences latérales obtuses et
peu saillantes, légèrement fasciculées de soies redressées, assez raides et
ordinairement blondes ; avec deux bosses intermédiaires, médiocrement
élevées, recouvertes d'une houppe de soies brillantes, couchées et condensées,
assez restreinte, oblongue mais subélargie en avant. *Élytres* allongées,
quatre fois et demie aussi longues que le prothorax, parallèles sur leurs côtés sur au moins les deux tiers de leur longueur, puis rétrécies en arrière
et assez largement arrondies au sommet ; peu convexes sur le dos ou même
subdéprimées derrière l'écusson ; avec des rangées striales de gros points,
assez profonds, en forme de carré subtransverse, serrés. *Intervalles* subconvexes, plus étroits que les points, ornés chacun d'une série régulière
de soies blondes et brillantes, médiocrement longues, subredressées ou légèrement inclinées en arrière. *Épaules* saillantes, fortement arrondies en
dehors, limitées intérieurement par une impression sensible. *Dessous du
corps* obsolètement ponctué avec les points du ventre oblongs ; médiocrement pubescent et assez brillant. *Métasternum* subconvexe, grand, presque
trois fois aussi long dans son milieu que le premier arceau ventral, fortement sillonné-canaliculé dans la deuxième moitié de sa ligne médiane,
presque glabre et presque lisse en arrière sur son milieu. *Intervalle* compris entre les insertions des pieds postérieurs subégal à celui compris entre
celles-ci et les côtés. *Premier arceau ventral* avancé entre les hanches
postérieures en forme d'angle étroitement arrondi en avant ; subsinué sur
le milieu de son bord postérieur : le deuxième régulièrement arqué en arrière. *Pieds* allongés, assez grêles. *Cuisses* grêles à leur base où elles sont
sensiblement plus étroites que les trochanters, assez brusquement renflées
dès leur premier tiers. *Tibias* grêles, sensiblement plus longs (sauf les intermédiaires) que les cuisses, faiblement élargis vers leur extrémité. *Éperons des postérieurs* subinégaux : l'interne un peu plus long et un peu plus
robuste. *Tarses* assez grêles, sublinéaires, un peu moins longs que les ti-

bias, à premier article plus ou moins allongé, un peu moins long que les trois suivants réunis : le deuxième suballongé : le troisième oblong, obconique.

♀ . *Corps* subovalaire, d'un noir ou d'un brun de poix brillant sur les élytres. *Yeux* médiocres et assez saillants. *Tête*, compris ceux-ci, aussi large que le bord antérieur du prothorax. *Front* à pubescence serrée et voilant complétement la couleur foncière. *Antennes* assez fortes, subfiliformes ou un peu plus épaisses vers leur base, atteignant à peine les trois quarts de la longueur du corps ; à premier article sensiblement épaissi en massue oblongue et subarquée : le deuxième un peu ou à peine moins long sur sa tranche externe que le troisième : les troisième à dixième oblongs, obconiques, avec les extérieurs un peu plus oblongs : le dernier suballongé, elliptique. *Prothorax* subtransverse ou un peu moins long que large ; fortement étranglé au-devant de sa base, avec l'étranglement situé vers le dernier quart ou vers le dernier cinquième ; paraissant, vu de dessus, par l'effet des saillies latérales très-prononcées, assez fortement et subangulairement dilaté en arrière sur les côtés de sa partie globuleuse ; profondément sillonné sur sa ligne médiane ; à éminences latérales bien prononcées, presque en forme d'oreillettes, densement fasciculées de soies redressées, raides, tantôt blondes, tantôt fauves ou parfois plus ou moins obscures ; avec les bosses intermédiaires très-élevées, recouvertes d'une houppe de soies brillantes, couchées et condensées, plus ou moins dilatée, souvent étendue latéralement jusque vers les fascicules des côtés, et en arrière jusqu'à la partie déprimée sur laquelle elle empiète un peu et au-devant de laquelle ces bosses intermédiaires, postérieurement prolongées en forme de faîte obtus en s'abaissant, paraissent souvent se relever un peu comme pour simuler une deuxième paire de bosses obsolètes, plus petites que les antérieures et plus ou moins englobées par celles-ci : ces houppes formant comme deux grandes taches dorsales pâles, subélargies en avant, séparées entre elles par le sillon médian et occupant souvent à elles deux la majeure partie du disque. *Elytres* subovalaires, légèrement arrondies sur les côtés, rétrécies en arrière et assez étroitement arrondies au sommet ; subconvexes sur le dos ; avec des rangées striales de gros points profonds, carrés, un peu moins serrés que chez le ♂. *Intervalles* plans, un peu plus larges que les points, ornés chacun d'une série régulière de soies pâles, assez longues et subdressées, avec les soies des séries impaires ou alternes très-longues et tout à fait redressées. *Epaules* très-légèrement saillantes

en dehors des angles postérieurs du prothorax, étroitement arrondies extérieurement, sans impression sensible intérieurement. *Dessous du corps*
distinctement ponctué avec les points profonds et tous circulaires ; densement pubescent et peu brillant. *Métasternum* subdéprimé, assez court, un
peu plus long dans son milieu que le premier arceau ventral, non ou obsolètement et brièvement canaliculé en arrière sur sa ligne médiane, *Intervalle* compris entre les insertions des pieds postérieurs presque deux fois
aussi grand que celui compris entre celles-ci et les côtés. *Premier arceau
ventral* avancé entre les hanches postérieures en forme de lame transverse,
très-largement tronquée en avant ; souvent subrectiligne sur le milieu de
son bord postérieur ainsi que le deuxième, et alors un peu recourbé en
arrière vers les côtés. *Pieds* médiocrement allongés, assez robustes. *Cuisses*
assez épaisses à leur base où elles sont à peine ou un peu plus étroites que
les trochanters, graduellement renflées dès leur premier tiers. *Tibias* assez
forts, à peine plus longs que les cuisses, graduellement et sensiblement élargis de la base à leur extrémité. *Eperons* très-petits, tous
égaux. *Tarses* assez épais, sensiblement moins longs que les tibias, sensiblement subatténués vers leur extrémité ; à premier article oblong ou suballongé, aussi long ou à peine plus long que les deux suivants réunis : le
deuxième oblong, obconique : le troisième pas plus long que large, triangulaire.

♂ ♀ . *Corps* très-allongé (♂) ou ovalaire (♀), d'un noir ou d'un brun
de poix parfois châtain, assez brillant.

Tête infléchie, finement rugueuse, peu brillante, d'un brun plus ou moins
roussâtre, mais revêtue d'une pubescence d'un flave cendré, couchée et
plus ou moins serrée ; avec la région de l'épistome dénudée et légèrement
ciliée. *Front* plus ou moins large, finement canaliculé sur sa ligne médiane
et souvent d'une manière obsolète. *Labre* d'un brun parfois ferrugineux,
finement rugueux, brièvement et densement cilié en avant de soies pâles
et brillantes. *Mandibules* d'un brun plus ou moins ferrugineux, ruguleuses
et ciliées à leur base ; d'un noir de poix, lisses et glabres à leur extrémité.

Palpes d'un roux-testacé.

Yeux subarrondis, noirs.

Antennes très-finement chagrinées, d'un roux-testacé plus ou moins clair,
revêtues d'un léger duvet grisâtre, et en outre distinctement et densement
ciliées en dessus et en dessous, mais obsolètement dans les derniers articles :
le premier plus ou moins épaissi : le deuxième oblong, à peine arrondi sur

sa tranche interne : les troisième à dixième plus ou moins développés : le dernier sensiblement plus grand que le pénultième, subacuminé au sommet.

Prothorax plus étroit que les élytres, subtransverse (♀) ou à peine plus long que large (♂), plus ou moins fortement étranglé et transversalement déprimé au-devant de sa base ; paraissant, vu de dessus, plus ou moins dilaté sur les côtés de sa partie globuleuse ; largement arrondi à son bord antérieur qui est distinctement rebordé en forme d'étroit bourrelet ; subtronqué ou à peine arqué à sa base, avec celle-ci étroitement rebordée et le rebord paraissant surtout chez le ♂ , comme doublé en avant par un bourrelet assez sensible par le fait du sillon transversal assez profond qui indique l'étranglement ; assez fortement et rugueusement granulé, quoique moins densement et plus obsolètement chez le ♂ , surtout sur la partie déprimée ; creusé sur sa ligne médiane d'un sillon profond, prolongé depuis l'étranglement jusqu'au bourrelet antérieur ; d'un noir de poix ou d'un brun châtain ou roussâtre assez brillant ; revêtu d'une pubescence blonde, redressée et arquée en arrière le long du bord antérieur en forme de frange verticale et parfois subinterrompue au milieu, droite, raide et redressée sur la partie déprimée en forme de frange verticale suivant deux séries transversales (1), plus ou moins couchée sur le reste du disque ; offrant sur le dos quatre éminences plus ou moins prononcées et disposées sur une ligne transversale : les deux latérales subauriculées, surmontées d'un fascicule de soies raides et redressées, plus ou moins saillant et plus ou moins dense, moins élevées que les intermédiaires dont elles sont séparées par un sillon assez prononcé, court, à fond parfois brillant et subdénudé : celles-ci très-élevées, recouvertes chacune d'une houppe de poils flaves, soyeux, très-serrés, condensés, couchés en arrière, formant comme deux taches pâles plus (♀) ou moins (♂) étendues et séparées entre elles par le sillon médian qui paraît parfois plus lisse et dénudé à sa partie antérieure.

Ecusson en ogive transverse, voilé par un très-court et dense duvet d'un blanc argenté.

Elytres plus ou moins arrondies au sommet avec l'angle apical droit et non émoussé ; d'un noir de poix (♀) ou d'un brun-châtain brillant ; parées

---

(1) Les soies qui composent ces deux séries sont plus (♀) ou moins (♂) rigides, souvent pâles, d'autrefois (♀) plus obscures. Ces séries, situées l'une sur le rebord basilaire même, l'autre sur le bourrelet qui est au-devant de celui-ci, sont assez écartées chez le ♂ , rapprochées et plus ou moins refoulées l'une contre l'autre ou souvent comme confondues chez la ♀ .

chacune de deux bandes transversales blanches, formées de poils couchés et à peine subécailleux, assez larges, touchant aux côtés, plus ou moins rapprochées de la suture intérieurement, plus obsolètes chez les ♂ : la première subhumérale, émettant souvent de son milieu une traînée vers le calus huméral : la deuxième située vers le tiers postérieur, oblique, émettant souvent en arrière une traînée le long du bord externe et une autre le long de la suture ; fortement ponctuées-striées, avec les rangées striales au nombre de dix et le commencement d'une onzième vers l'écusson, longitudinalement traversées dans leur milieu par une chaînette plus (♂) ou moins (♀) distincte de petites soies pâles et tout à fait couchées. *Intervalles* lisses : *le marginal* plus large, très-finement cilié vers son extrémité.

Dessous du corps plus ou moins distinctement mais peu densement ponctué ; d'un brun plus ou moins roussâtre et plus (♂) ou moins (♀) brillant ; revêtu d'une pubescence flave, assez courte ; plus (♂) ou moins (♀) fine et plus (♀) ou moins (♂) serrée.

Hanches antérieures et intermédiaires légèrement écartées, *les postérieures* plus ou moins largement distantes.

Ventre plus ou moins convexe à sa base, plus ou moins déprimé sur le milieu des deux ou trois derniers arceaux : le premier sensiblement resserré de chaque côté par la partie interne des hanches postérieures, à peine moins long dans son milieu que le deuxième : les troisième et quatrième sensiblement sinués et recourbés en arrière vers les côtés de leur bord postérieur : le deuxième assez grand : le troisième aussi long dans son milieu que le précédent : le quatrième très-court : le dernier grand, semi-lunaire, plus obsolètement ponctué et un peu moins densement pubescent que les autres, parfois subimpressionné sur le milieu de sa base chez les ♂.

Pieds plus ou moins allongés, finement chagrinés, d'un roux-testacé souvent assez clair, revêtus d'une pubescence flave, couchée et plus ou moins serrée. *Cuisses* assez sensiblement et plus ou moins brusquement renflées dès leur premier tiers. *Tibias* plus ou moins forts, plus ou moins élargis vers leur extrémité, un peu plus longs que les cuisses. *Tarses* moins longs que les tibias, plus ou moins développés, sensiblement comprimés, à premier article plus ou moins allongé : les deuxième à quatrième graduellement plus courts : le quatrième assez court, triangulaire ou subobcordiforme : le dernier grêle, sublinéaire, aussi long que les deux précédents réunis, subarqué vu de côté. *Ongles* petits, grêles, à peine arqués.

PATRIE. Cette espèce est assez commune dans toute la France : les environs de Paris et de Lyon, le Beaujolais, la Provence, le Languedoc, etc. Elle habite parmi les vieux fagots, les vieux lierres, les mousses et les haies touffues.

Elle varie beaucoup pour la taille et pour la couleur. Les plus petits individus ont quelquefois les élytres d'un roux-testacé et sans bandes transversales blanches. Ces bandes sont toujours plus obsolètes chez les ♂.

Le Ptinus minutus de Laporte de Castelnau doit s'appliquer aux sujets de petite taille. On doit aussi rapporter au *Ptinus bidens* le *Ptinus quercûs*. Perroud, inédit, et peut-être le *Ptinus sulcicollis*, Dejean. (Catal. 1837, p. 130.)

Pour la forme, la figure d'Olivier se rapporterait plutôt à la ♀ du *raptor* ?

On peut ajouter aux différences que nous avons déjà établies entre les *Ptinus raptor* et *bidens*, que chez cette dernière espèce, les bandes des élytres sont formées de poils blancs, allongés, ordinairement simples ou à peine écailleux, tandis que chez le *raptor* elles sont composées de véritables écailles courtes et déprimées. En outre les épaules des ♀ sont beaucoup moins effacées ou même légèrement saillantes chez le *Ptinus bidens* (1).

Genre *Eurostus*, EUROSTE. Mulsant et Rey.

Étymologie : εὐρωϛτος, robuste.

CARACTÈRES. *Corps* épais, subovalaire, aptère dans les deux sexes.

Tête subinfléchie, non visible en dessus, assez grande, un peu moins large que le prothorax, fortement engagée dans celui-ci. *Front* large supérieurement. *Joues* assez développées, subtriangulaires. *Labre* court, transverse, largement tronqué en avant. *Mandibules* robustes, densément ciliées

____

(1) Dans le *Ptinus pulchellus*, espèce d'Espagne (Boieldieu, Mon. Ptin. Ann. Soc. Ent. Fr., 1856, t. IV, p. 635, 33, pl. 18, fig. 21. ♂), le deuxième article des antennes est très-court chez les ♂ ; les houppes du prothorax sont presque aussi étendues dans les ♂ que dans les ♀, avec les oreillettes de celles-ci encore plus prononcées que chez le *bidens*. Les antennes paraissent un peu plus épaisses que dans cette dernière espèce, les élytres sont aussi plus grossièrement ponctuées-striées, et les tarses proportionnellement un peu moins développés dans les deux sexes.

sur le dos, arcuément coudées, terminées en pointe, avec une dent vers le milieu de leur tranche interne. *Palpes maxillaires* à dernier article presque aussi long que les trois précédents réunis, ovalaire-oblong, subacuminé au sommet. *Palpes labiaux* à dernier article assez grand, ovalaire-oblong, subacuminé au sommet.

Yeux médiocres ou même assez petits, courtement ovalaires, assez saillants, à facettes grossières (1).

Antennes relativement peu développées, plus ou moins épaisses ; très-rapprochées à leur base où elles sont séparées entre elles par un intervalle latéralement comprimé en forme de carène ou de crête, ou réduit à une lame tranchante et partant beaucoup moins large que l'espace qui sépare chacune d'elles de l'œil ; insérées sur le milieu du front entre les yeux, dans une large et profonde fossette un peu prolongée latéralement et obliquement au-devant des yeux en forme de sillon destiné à loger le premier article à l'état d'inflexion : celui-ci ovalaire, sensiblement plus épais que les suivants : le deuxième obliquement implanté, obconique, un peu plus court que le troisième : celui-ci oblong, subobconique : les quatrième à dixième suboblongs ou assez courts : le dernier beaucoup plus long et un peu plus épais que le pénultième.

Prothorax beaucoup moins large que les élytres ; à peine ou non relevé à son bord antérieur en forme de capuchon au-dessus du niveau du vertex ; avec la partie réfléchie en dessous peu rétrécie et obtusément arrondie ; transversalement élevé sur son disque, avec celui-ci à saillies à peine sensibles ; très-obliquement coupé en avant, subtronqué à la base, fortement étranglé et transversalement sillonné au-devant de celle-ci.

Ecusson petit mais bien distinct, en hémicycle fortement transverse.

Elytres plus ou moins ovalaires, très-convexes sur leur disque et arrondies sur les côtés dans les deux sexes, sensiblement réfléchies en-dessous latéralement. *Epaules* peu saillantes ou effacées mais à calus parfois prolongé en arrière en forme de carène obsolète ou de côte sublatérale jusqu'au tiers environ de la longueur des étuis (2).

Prosternum court, déprimé, à lame médiane enfouie, étroite, subparallèle. *Lame médiane du mésosternum* un peu enfouie, assez large, en cône large-

<hr>

(1) Ici les yeux sont séparés du bord antérieur du prothorax par un léger intervalle.
(2) Cette côte ou carène se réduit souvent à une arête obtuse et en forme de faîte.

)ment tronqué au sommet. *Episternums du médipectus* assez grands, subtriangulaires, avec *les épimères* étroites, transversalement obliques, étrécies en dedans en forme d'onglet. *Métasternum* très-court, à peine aussi développé que le premier arceau ventral, largement et circulairement échancré entre les hanches postérieures. *Episternums du postpectus* étroits, en partie masqués par la partie réfléchie des élytres ; avec *les épimères* nulles.

Hanches antérieures et intermédiaires assez saillantes, subglobuleuses, assez rapprochées l'une de l'autre : *les postérieures* également subglobuleuses, courtes, refoulées près des côtés du corps ou situées tout près du bord latéral des élytres, très-largement distantes l'une de l'autre.

Ventre avec les intersections de tous les arceaux plus ou moins recourbées en arrière sur les côtés : le premier court : la deuxième le plus grand de tous : le troisième sensiblement plus court que le deuxième, et le quatrième beaucoup plus que le troisième : le dernier grand semi-lunaire.

Pieds allongés, plus ou moins robustes. *Trochanters* assez épais, obconico-subovalaires. *Cuisses* épaisses, débordant notablement les côtés du corps, un peu renflées après le milieu, sensiblement arquées sur leur tranche supérieure, un peu recourbées vers le sommet de leur tranche inférieure, fortement mais brièvement rainurées en-dessous vers leur extrémité : *les intermédiaires*, vues de dessus, à peine, *les postérieures* légèrement recourbées en dedans vers le premier tiers de leur face interne. *Tibias* plus ou moins épais, graduellement subélargis vers leur extrémité, aussi longs que les cuisses, obliquement coupés au sommet de leur tranche externe, avec celui-ci subéchancré pour faciliter le jeu du premier article des tarses quand il se redresse ; munis au sommet de leur tranche interne de deux petits *éperons* à peine distincts. *Tarses* plus ou moins épais, sensiblement plus courts que les tibias ; à premier article obconique, plus long que le deuxième : celui-ci et les deux suivants courts, parfois subtransverses : le quatrième subéchancré à son sommet ou obcordiforme : le dernier assez grêle, beaucoup plus étroit que le quatrième, presque aussi long que les deux précédents réunis, graduellement élargi vers son extrémité. *Ongles* petits.

Obs. Ce genre ne renferme que deux espèces de moyenne taille, différant de toute autre par la couleur parfois brillante et submétallique de ses élytres, et par l'épaisseur souvent notable des antennes et des pieds. Ce genre se distingue en outre du genre *Ptinus* par la structure des tarses ; par la

forme des élytres ovalaire et semblable dans les deux sexes ; par les autre
parties du corps également peu différentes d'un sexe à l'autre ; par l'absenc
des ailes ; par les arceaux du ventre tous un peu recourbés en arrière ver
les côtés ; par les hanches postérieures non transversales mais courtes
subglobuleuses et situées tout près des côtés du corps. Ce dernier caractèr
le rapproche du genre *Niptus* dont il diffère par la forme tranchante d
l'intervalle interantennaire, par la conformation des antennes et par cell
des diverses parties des pieds.

Les deux espèces du genre *Eurostus* peuvent être caractérisées ainsi :

a *Antennes et pieds* robustes : celles-là submoniliformes, à articles assez
    courts. *Écusson* petit. *Élytres* courtement ovalaires, avec une *côte*
    subhumérale, à intervalles alternes seuls sétosellés.   SUBMETALLICUS

aa *Antennes et pieds* peu robustes : celles-là à articles suboblongs.
    Écusson très-petit. *Élytres* ovale-oblongues, sans *côte* subhumérale,
    à intervalles tous sétosellés.   FRIGIDUS.

1. **Eurostus submetallicus.** FAIRMAIRE.

*Subovalaire, très-convexe, d'un noir brillant et submétallique sur les
élytres, avec les palpes d'un roux-testacé, les antennes et les pieds d'un
roux-ferrugineux foncé et subécailleusement pubescents. Antennes épaisses,
submoniliformes. Tête et prothorax rugueux, à pubescence déprimée et
dorée : celui-ci subglobuleux, fortement étranglé vers sa base, paré de quatre linéoles de poils plus condensés. Écusson petit. Élytres ovoïdes, lisses,
avec quatre linéoles de poils à la base, des rangées striales d'assez gros
points, et une série de soies sur les quatre intervalles alternes. Pieds robustes. Éperons des tibias obsolètes.*

Ptinus submetallicus. FAIRMAIRE, Ann. Soc. Ent. Fr., 1861, p. 583.

Long. 0ᵐ,0027 (1 l. 1/4) ; — larg. 0ᵐ,0018 (3/4 l.).

Corps subovalaire, très-convexe, aptère dans les deux sexes, d'un noir
assez brillant.

Tête subinfléchie, un peu moins large (♀) ou aussi large (♂), les yeux
compris, que la partie antérieure du prothorax ; très-finement et dense-

ment granulée ; d'un noir mat ; revêtue d'une fine pubescence blonde ou dorée, assez serrée, couchée et dirigée en avant. *Front* large, subdéprimé. *Labre* obscur, densement et finement cilié en avant. *Mandibules* obscures, rugueuses et ciliées en dessus à leur base ; brusquement d'un noir de poix brillant, lisses et glabres à leur extrémité. *Palpes* d'un roux-testacé.

Yeux médiocres ou même assez petits, plus(♂) ou moins (♀) saillants, noirs.

Antennes un peu plus longues que la moitié du corps, robustes, sub-moniliformes ; densement pubescentes, avec la pubescence dorée et subé-cailleuse sur les premiers articles, mais devenant plus fine et normale sur les derniers ; finement chagrinées ; d'un ferrugineux obscur avec le premier article un peu plus foncé : celui-ci ovalaire, sensiblement plus épais que les suivants : le deuxième obconique, un peu plus court que le troisième : celui-ci oblong, obconique : les quatrième à dixième submoniliformes, obconico-subovalaires, à peine ou un peu plus longs que larges : le dernier beaucoup plus long et un peu plus épais que le pénultième, presque droit sur sa tranche inférieure, voûté ou coudé sur la supérieure, subacuminé au sommet.

Prothorax plus étroit que les élytres, subglobuleux à sa partie antérieure ; fortement étranglé et fortement et transversalement sillonné au-devant de sa base, avec la partie globuleuse convexe, paraissant, vue de dessus, ar-rondie en arrière sur les côtés, souvent un peu plus large antérieurement mais à peine subétranglée latéralement avant le sommet ; très-largement et obtusément arrondi à son bord antérieur avec celui-ci non ou à peine élevé au-dessus du vertex ; subtronqué à la base, avec celle-ci parfois obsolète-ment rebordée ; couvert d'une granulation serrée, assez grossière, aplatie et ombiliquée ; d'un noir peu brillant ; parsemé de poils déprimés, brillants et dorés, condensés sur le dos suivant quatre fascicules disposés sur une ligne transversale : les deux intermédiaires peu distincts, séparés entre eux par un sillon très-obsolète ou plutôt par un espace longitudinal dénudé : les deux extérieurs bien marqués, situés sur une très-légère éminence ar-rondie, prolongés en forme de linéole ou d'étroite bande argentée ou dorée de chaque côté du disque, et séparés des précédents par un petit sillon obsolète et subdénudé.

Ecusson transverse, semi-circulaire, d'un noir peu brillant, glabre.

Elytres plus ou moins courtement ovoïdes, deux fois aussi longues que le prothorax ; fortement arrondies sur les côtés ; plus ou moins subrétrécies en arrière et obtusément arrondies au sommet ; très-convexes ; d'un noir

brillant parfois submétallique ; offrant une dizaine de rangées striales d
points enfoncés, plus ou moins forts, un peu oblongs, et le rudiment d'un
rangée semblable vers l'écusson, avec les points peu serrés et les rangée
paraissant réunies par paire à la base vers laquelle ils deviennent plus gro
et plus enfoncés. *Intervalles* larges, lisses et plans, mais ceux du dos alter
nativement subélevés, au nombre de quatre, en forme d'arêtes densemen
pubescentes, prolongées depuis la base environ jusqu'au cinquième de l
longueur, formant comme des linéoles blondes et dorées et donnant nais
sance, sur chaque étui, à quatre séries régulières de soies écartées, de mêm
couleur et un peu inclinées en arrière : présentant aussi, dans la parti
réfléchie des côtés, des séries obsolètes de soies de même nature. *Epaule*
effacées, peu saillantes, débordant à peine les angles postérieurs du pro
thorax, à calus prolongé en arrière en forme de côte obtuse, assez prononcé
jusqu'au quart de la longueur des élytres (1).

Dessous du corps assez densement ponctué, avec les points circulaires e
à fond plat ; d'un noir assez brillant ; revêtu d'une pubescence dorée, cou
chée et assez serrée. *Métasternum* très-court, transversalement subexcavé
sur son milieu, creusé en arrière d'une fossette ovale-oblongue, profond
et occupant la dernière moitié de la ligne médiane.

Hanches antérieures et intermédiaires plus ou moins rapprochées, *les
postérieures* très-distantes l'une de l'autre.

Ventre subdéprimé, à bord postérieur du premier arceau sensiblement,
ceux des deuxième, troisième et quatrième fortement sinués ou recourbés
en arrière sur les côtés : le dernier subimpressionné vers son extrémité.

Pieds robustes, rugueux, d'un ferrugineux plus ou moins obscur ; entièrement recouverts d'une pubescence déprimée, subécailleuse, d'un blond
doré ou grisâtre. *Cuisses* sensiblement renflées vers leur milieu, sensiblement arquées sur leur tranche supérieure. *Tibias* épais, aussi longs ou même
(les postérieurs) un peu plus longs que les cuisses, graduellement subélargis vers leur extrémité, presque droits : *les postérieurs* un peu recourbés en arrière et en dedans. *Tarses* épais, sensiblement ou même beaucoup
plus courts que les tibias ; à premier article plus long que le deuxième, évidemment moins long dans les antérieurs et intermédiaires, seulement un

(1) Cette côte représente l'arête externe des quatre arêtes dorsales dont nous avons
parlé plus haut, mais elle est plus marquée et un peu plus prolongée que les autres.
Néanmoins, elle est plus ou moins obsolète dans les sujets épilés, chez lesquels elle est
réduite à une espèce de faîte.

peu moins long dans les postérieurs, que les deux suivants réunis : les deuxième et troisième plus ou moins courts ; triangulaires, subtransverses dans les antérieurs et intermédiaires : le quatrième subtransverse, sub-échancré au sommet ou obcordiforme : le dernier beaucoup plus étroit que le quatrième, à peine moins long que les deux précédents réunis, subparallèle ou faiblement et arcuément renflé avant son extrémité. *Ongles* petits mais bien distincts, grêles, arqués.

PATRIE. Cette espèce, différente de toute autre des genres voisins par l'épaisseur de ses antennes et de ses pieds, se rencontre à Costa-Bonna, dans les Pyrénées-Orientales. Elle nous a été généreusement communiquée par MM. Henri de Bonvouloir et Ch. Brisout de Barneville, qui ont exploré avec tant de soin les régions pyrénéennes.

OBS. Les ♂ nous ont paru, outre une taille un peu moindre, avoir les antennes à peine moins épaisses, et les élytres moins arrondies et un peu plus ovalaires.

Les points des élytres varient beaucoup de grosseur et de profondeur, et quand ils sont plus faibles, ils deviennent plus oblongs.

La pubescence est très-caduque, au point que souvent tout le dessus du corps paraît noir et glabre.

2. **Eurostus frigidus.** BOIELDIEU.

Subovalaire-oblong, convexe, d'un noir de poix assez brillant, avec les palpes, les antennes et les pieds d'un roux-testacé. Antennes peu épaisses, à articles suboblongs. Tête et prothorax rugueux, à pubescence couchée et semidorée : celui-ci avec trois linéoles longitudinales plus obscures ou subdénudées. Écusson très-petit. Elytres ovalaire-oblongues, pubescentes avec des rangées striales de gros points et une série de soies sur chaque intervalle. Pieds peu robustes. Éperons des tibias obsolètes.

Ptinus frigidus. BOIELDIEU, Mon. Ptin., Ann. Soc. Ent. Fr., 1856, t. IV, p. 650,45, pl. 19, fig. 25.

Long. 0^m,0028 (1 l. 1/3) — larg. 0^m,0018 (3/4 l.)

PATRIE. Cette espèce a été prise au mont Saint-Bernard et aux environs de Strasbourg, suivant M. Boieldieu. Plus récemment elle a été capturée sous les mousses, en Suisse, dans l'Oberland et dans la vallée de Saas, par MM. Ch. Brisout de Barneville et Henri de Bonvouloir. Ce dernier nous en a généreusement communiqué un exemplaire.

Obs. Elle a beaucoup d'affinité avec l'*Eurostus submetallicus* dont quelques catalogues la font synonyme, et dont, à première inspection, elle semble être un des sexes ou un échantillon bien frais.

Toutefois, jusqu'à nouvel examen, nous la considérerons comme une espèce distincte dont voici les principales différences : elle est plus oblongue et proportionnellement un peu plus étroite et un peu moins convexe que l'*Eurostus submetallicus ;* les antennes, moins obscures et beaucoup moins robustes, ont leurs articles moins courts et plus oblongs, avec les trois derniers graduellement un peu plus épais ; la tête et le prothorax sont plus densement pubescents, avec celui-ci à granulation moins grossière et moins aplatie et à sillon dorsal un peu moins obsolète ; l'écusson, également glabre, est beaucoup moindre ; les élytres moins courtement ovalaires, n'offrent point de côte subhumérale ; les points des rangées striales sont plus forts, et leurs intervalles, moins lisses, sont distinctement pubescents et ils présentent en outre tout une série de soies subredressées qui n'existent que sur les intervalles alternes de l'*Eurostus submetallicus ;* les pieds, bien moins robustes, sont d'une couleur plus claire, avec leur pubescence plus fine et moins écailleuse ; enfin, les tarses sont moins épais, moins déprimés, avec leurs articles intermédiaires (deux à quatre) beaucoup moins courts et moins larges.

Cette espèce ressemble un peu à notre *Epauloecus crenatus* (variété *lutósus*), mais elle est un peu plus oblongue, un peu plus convexe et un peu moins fortement pubescente, avec les élytres moins grossièrement ponctuées, à intervalles moins étroits et moins convexes. D'ailleurs, elle ne saurait entrer dans ce genre, à cause de son intervalle interantennaire tranchant et de son écusson bien distinct quoique très-petit.

Genre *Niptus*, Nipte. Boieldieu.

Boieldieu, Ann. Soc. Ent. Fr., 1856, t. IV, p. 662.

Étymologie: *Niptus*, anagramme de *Ptinus*.

Caractères. *Corps* subovalaire, aptère dans les deux sexes. *Tête* verticale ou subinfléchie, non visible vue de dessus, assez grande, un peu moins large que le prothorax, fortement engagée dans celui-ci. *Front* large supérieurement. *Joues* assez développées, presque carrées. *Labre* assez grand, court, transverse, subsinué ou obtusément tronqué à son bord antérieur. *Mandibules* robustes, régulièrement arquées en dehors, terminées en pointe, avec une dent vers le milieu de leur tranche interne. *Palpes maxillaires* à dernier article presque aussi long que les trois précédents réunis, ovalaire-oblong, atténué et acuminé au sommet : les deuxième et troisième courts, subégaux : le premier peu distinct. *Palpes labiaux* courts, à dernier article plus grand que les deux précédents réunis, ovalaire-acuminé.

Yeux petits, non saillants, ovalaire-oblongs, transversalement obliques, séparés du bord antérieur du prothorax par un intervalle sensible.

Antennes assez développées, grêles, subfiliformes, séparées entre elles à leur base par un intervalle plan très-sensible mais, en tout cas, jamais plus large que l'espace compris entre le bord interne de la fossette antennaire et l'œil ; insérées vers le milieu du front, entre les yeux, dans une cavité profonde, obliquement prolongée au-devant de ceux-ci jusqu'aux joues en forme de large sillon peu profond et destiné à recevoir le premier article à l'état d'inflexion : celui-ci ovalaire ou en massue oblongue, sensiblement plus épais que les suivants : le deuxième oblong, beaucoup plus court que le troisième : celui-ci et les suivants allongés : le dernier beaucoup plus long que le pénultième.

Prothorax notablement moins large que les élytres, à peine ou non relevé en capuchon à son bord antérieur au-dessus du niveau du vertex ; transversalement élevé sur son disque, avec celui-ci à saillies pilifères peu marquées ; très-obliquement coupé en avant, subtronqué à la base, fortement étranglé et transversalement sillonné au-devant de celle-ci.

Écusson petit, bien distinct, ordinairement subarrondi.

Elytres courtement ovalaires, très-convexes sur leur disque, plus ou moins arrondies latéralement, finement et obsolètement ponctuées-striées sur leur surface (1), sensiblement réfléchies en dessous sur leurs côtés sur presque toute leur longueur (2).

Epaules plus ou moins effacées.

(1) Ce caractère, quoique faible, le différencie bien du genre suivant. Il existe du reste dans une espèce africaine. En outre, dans notre espece française, les élytres, ainsi que le prothorax, sont écailleuses.

(2) Ce caractère, existant aussi dans le genre précédent, est plus faible chez les *Ptinus* où il ne s'étend jamais comme ici jusque près du sommet

Prosternum déprimé, peu développé au-devant des hanches antérieures, à ·*lame médiane* plus ou moins enfouie entre celles-ci, étroite, sublinéaire. *Lame médiane du mésosternum* assez enfouie, assez large, subparallèle ou en cône largement tronqué. *Épisternums du médipectus* assez grands, subtriangulaires, avec *les épimères* étroites, rétrécies intérieurement en forme d'onglet. *Métasternum* très-court, à peine aussi développé que le premier arceau ventral, un peu avancé en angle mousse entre les hanches intermédiaires, très-faiblement échancré en arrière entre les hanches postérieures. *Episternums du postpectus* assez étroits, en partie recouverts par la partie réfléchie des élytres, rétrécis en arrière en onglet un peu arqué ; avec *les épimères* nulles.

Hanches antérieures et intermédiaires assez saillantes, subglobuleuses, plus ou moins rapprochées : *les postérieures* courtes, obconico-ovalaires, très-distantes l'une de l'autre, situées tout près du bord latéral des élytres.

Ventre à intersections recourbées en arrière sur les côtés, surtout au bord postérieur des troisième et quatrième arceaux : les trois premiers assez grands, le quatrième court, le dernier grand, semi-lunaire.

Pieds allongés, grêles, *Trochanters antérieurs et intermédiaires* obconiques ou obconico-ovalaires : *les postérieurs* un peu plus développés, subovalaires. *Cuisses* grêles à leur base, brusquement renflées en massue après leur milieu, à peine recourbées en dessous vers le sommet de leur tranche inférieure, plus ou moins fortement rainurées en dessous vers leur extrémité. *Tibias* médiocres, sensiblement et graduellement élargis vers leur extrémité surtout dès leur milieu, un peu obliquement coupés au bout, subtriangulairement entaillés au sommet de leur tranche supérieure pour recevoir le premier article des tarses à l'état de retrait, terminés en dessous par *deux éperons* bien saillants et bien visibles : *tibias antérieurs et intermédiaires* droits : *les postérieurs* plus grêles, sensiblement recourbés en arrière et un peu en dedans. *Tarses* étroits, subcomprimés, sublinéaires ou graduellement à peine rétrécis vers leur extrémité ; avec les premier à quatrième articles obconiques, graduellement un peu plus courts : le dernier assez grêle, aussi long que les deux précédents réunis, graduellement subélargi de la base à l'extrémité. *Ongles* assez grands, grêles, arqués, bien distincts.

Obs. La seule espèce française de ce genre est assez grande. Elle vit dans les habitations.

1. Niptus hololeucus. Falderman.

Subovalaire, très-convexe, d'un roux-ferrugineux mais voilé par un épais duvet écailleux et jaunâtre, assez densement hérissé de soies dorées et brillantes. Antennes plus obscures, grêles, à articles allongés. Front sillonné sur son milieu. Prothorax globuleux, fortement étranglé au-devant de sa base, avec quatre éminences dorsales obsolètes. Écusson brunâtre. Élytres ovoïdes ou subglobuleuses, très-finement et obsolètement ponctuées-striées. Cuisses grêles à leur base, brusquement renflées en massue après leur milieu. Éperons des tibias bien distincts.

Ptinus hololeucus. Falderman, Faun. Ent. Transc., I, 214, 197.
Niptus hololeucus. Boieldieu, Mon. Ptin., Ann. Soc. Ent. Fr., 1856, t. IV, p. 664, 1; — Jacquelin du Val., Gen. Col. Eur., t. III, pl. 52, fig. 257.

Long. 0^m,0038 (1 l. 3|4); — larg. 0^m,0030 (1 l. 1|3).

Corps subovalaire, très-convexe, aptère dans les deux sexes, d'un roux-testacé peu brillant, écailleux et entièrement hérissé de soies brillantes.

Tête subinfléchie, un peu moins large que le prothorax, chagrinée ou finement rugueuse, d'un roux-ferrugineux ou testacé mat; revêtue en arrière d'une pubescence jaunâtre, serrée et tomenteuse; ciliée en avant de longs poils dorés et brillants. *Front* large, subdéprimé; creusé sur sa ligne médiane d'un sillon plus (♂) ou moins(♀) fort, parfois (♀) naissant dès la base du vertex, d'autres fois partant d'une fossette assez profonde située à égale distance du bord apical du prothorax et du niveau antérieur des antennes, prolongé en avant sur l'intervalle interantennaire mais non au delà, avec cet intervalle sensiblement moins large que l'espace compris entre l'œil et le bord interne des fossettes antennaires. *Labre* assez grand, d'un brun-ferrugineux mat, densement cilié à son bord antérieur, paraissant subsinué sur le milieu de celui-ci. *Mandibules* d'un noir de poix brillant, rugueuses et ciliées en dessus à leur base. *Palpes* d'un roux-testacé.

Yeux petits, ovalaire-oblongs, très-peu saillants, brunâtres.

Antennes grêles, à peine plus longues que la moitié du corps, subfiliformes, finement pubescentes avec un ou deux poils plus longs en dessus
au sommet de chaque article et des fascicules de cils plus longs en dessous
des sept ou huit premiers articles ; très-finement chagrinées ; brunes ou
d'un brun-ferrugineux paraissant, à un certain jour, un peu plus clair par
l'effet de la pubescence qui est jaunâtre et un peu brillante ; à premier
article en massue oblongue et subtronquée au sommet, sensiblement plus
épais que les suivants : le deuxième oblong, obconique, sensiblement
moins long que le troisième : les troisième à dixième allongés, subcylin-
drico-obconiques, subégaux ou à peine graduellement moins longs ; le
dernier beaucoup plus long que le pénultième, fusiforme, acuminé au
sommet.

Prothorax beaucoup plus étroit que les élytres ; globuleux à sa partie
antérieure, fortement étranglé et transversalement sillonné au-devant de
sa base ; avec la partie globuleuse paraissant, vue de dessus, un peu plus
large en avant ; très-largement et obtusément arrondi à son bord antérieur,
avec celui-ci à peine relevé en capuchon au-dessus du niveau du vertex ;
subtronqué à la base avec celle-ci non ou indistinctement rebordée ;
très-finement chagriné : d'un roux-ferrugineux, parfois plus ou moins
obscur et mat, mais enduit d'un épais duvet déprimé, écailleux et jaunâtre ;
hérissé en outre de soies subredessées, un peu frisées, d'un jaune doré,
dirigées celles de la base en avant, celles de la partie antérieure en arrière ; offrant, vue de face, quatre faibles éminences obsolètes, hérissées
de soies plus fournies, souvent à peine apparentes, situées un peu
en arrière du milieu, disposées sur une ligne transversale, et dont
les deux intermédiaires sont séparées par un sillon plus ou moins
distinct.

Écusson petit, subarrondi, finement rugueux, brunâtre et mat.

Élytres courtement ovalaires ou subglobuleuses, plus de deux fois aussi
longues que le prothorax : fortement arrondies sur les côtés, subacuminément rétrécies en arrière ; très-convexes ; très-finement et obsolètement
chagrinées ; d'un roux-ferrugineux peu brillant, et paraissant plus ou
moins d'un roux-testacé par l'effet d'un dense et très-court duvet déprimé,
écailleux et jaunâtre dont elles sont recouvertes comme d'un enduit argi-
leux ; offrant de nombreuses rangées striales, très-fines, très-obsolètes et
formées de petits points enfoncés souvent peu distincts ; ornées en outre
de séries longitudinales de soies d'un jaune doré, assez longues : les unes,
plus courtes, un peu couchées, paraissant naître des rangées striales : les

autres plus longues, semi-redressées, inclinées en arrière et paraissant insérées sur les intervalles : toutes ces soies assez fournies.

Epaules tout à fait effacées.

Dessous du corps finement et obsolètement chagriné, d'un ferrugineux plus ou moins foncé et peu brillant, finement subécailleux et recouvert en outre d'une pubescence blonde, couchée, assez longue et assez serrée ; *métasternum* très-déprimé, très-court, moins développé que le premier arceau ventral.

Hanches antérieures et intermédiaires assez rapprochées, *les postérieures* courtes, très-distantes l'une de l'autre.

Ventre à premier et deuxième arceaux subsinués et souvent comme soudés sur le milieu de leur bord postérieur : le deuxième légèrement, les troisième et quatrième brusquement recourbés en arrière sur les côtés de leur bord apical ; le premier assez grand : les deuxième et troisième subégaux, à peine plus longs que le premier dans son milieu : le quatrième court : le dernier grand, assez étroitement arrondi au sommet.

Pieds grêles, finement chagrinés, d'un roux-ferrugineux plus ou moins obscur, revêtus d'une pubescence jaunâtre assez serrée. *Cuisses* grêles à leur base, brusquement renflées en massue après leur milieu. *Tibias* aussi longs que les cuisses, sublinéaires à leur base, sensiblement élargis depuis leur milieu jusqu'à l'extrémité : *les antérieurs et intermédiaires* droits, *les postérieurs* plus grêles, sensiblement recourbés en arrière et en dedans avec *les éperons* bien distincts et même assez longs. *Tarses* sensiblement plus courts que les tibias, avec les premier à quatrième articles graduellement plus courts : *les antérieurs et intermédiaires* avec les deuxième à quatrième articles à peine aussi ou à peine plus longs que larges, obconiques ; *les postérieurs* beaucoup plus développés, à premier article allongé, un peu moins long que les deux suivants réunis ; les deuxième à quatrième oblongs, obconiques, sensiblement plus longs que larges : le dernier aussi long ou presque aussi long que les deux précédents réunis dans tous les tarses, un peu ou à peine moins grêle que les précédents, faiblement et graduellement subélargi vers son extrémité. *Ongles* assez grands, grêles, arqués, bien saillants.

PATRIE. Cette espèce se trouve en Angleterre dans les habitations, et nous a été rapportée de Londres par feu M. A. Millon. Suivant M. Reiche, elle se retrouve dans le nord de la France.

OBS. Les élytres moins courtement ovalaires, un peu moins fortement arrondies sur les côtés, le sillon frontal moins prolongé en arrière où il forme comme une espèce de fossette, tels sont les caractères que nous regardons comme particuliers au sexe masculin (1).

Genre *Epauloecus*, Epaulèque. Mulsant et Rey.

Étymologie: ἔπαυλος, étable; οἰκέω j'habite.

Caractères. *Corps* subovalaire, pubescent, aptère dans les deux sexes.

Tête verticale ou infléchie, non visible vue de dessus, assez grande, un peu moins large que le prothorax, assez fortement engagée dans celui-ci. *Front* large supérieurement. *Joues* assez développées, subtriangulaires. *Labre* assez petit, court, fortement transverse, subsinué ou obtusément tronqué en avant. *Mandibules* robustes, assez brusquement coudées sur leurs côtés vers leur premier tiers, terminées en pointe aiguë ; offrant en dessus, vers leur tiers antérieur, une arête sensible ou ligne élevée un peu oblique (2). *Palpes maxillaires* à dernier article aussi long que les précédents réunis, ovalaire-oblong, atténué et subacuminé au sommet : les deuxième et troisième courts, subégaux : le premier peu distinct. *Palpes labiaux* à dernier article grand, ovalaire-acuminé.

Yeux petits, non saillants, subovalaires, transversalement obliques.

Antennes médiocrement développées, subfiliformes, assez grêles, séparées à leur base par un intervalle plan sensible mais en tous cas jamais plus large que l'espace compris entre le bord interne de la fossette antennaire et l'œil ; insérées vers le milieu du front dans une large cavité prolongée d'une profondeur égale jusque vers le bord antéro-interne des yeux

---

(1) A cette coupe générique appartiendraient encore les *Niptus elongatus*. Boieldieu (Mon. Ptin., Ann. Soc. Ent. Fr., 1856, t. IV, p. 666, 3, pl. 19, fig. 27), et *globulus, Illiger* (Mag., VI, 26, 7 ; — Boieldieu, Mon. Ptin., Ann. Soc. Ent. Fr., 1856, t. IV, p. 665, 2). Mais ces deux espèces, la première d'Afrique, la deuxième de Sicile, nous sembleraient devoir être placées dans un autre groupe que le *Niptus hololeucus.* Nous n'avons pas vu le *N. elongatus :* mais chez le *N. globulus*, les articles des antennes sont moins allongés, l'intervalle interantennaire est très-étroit sans être tranchant, le corps est dépourvu de pubescence écailleuse.

(2) Cette arête sert en quelque sorte de limite au jeu des mandibules dans leur croisement.

après lequel elle laisse une faible trace au-devant des joues (1) ; à premier article beaucoup plus épais que les autres : le deuxième subégal aux suivants au moins sur sa tranche externe : ceux-ci oblongs, subégaux : le dernier sensiblement plus long et un peu plus épais que le pénultième.

Prothorax notablement moins large que les élytres, à peine ou non relevé à son bord antérieur en capuchon au-dessus du niveau du vertex ; transversalement élevé sur son disque, avec celui-ci à saillies peu marquées ; très-obliquement coupé en avant, subtronqué à la base, fortement étranglé et transversalement sillonné au-devant de celle-ci.

Écusson très-petit, ponctiforme, à peine distinct, un peu enfoncé, paraissant subarrondi.

Élytres subovalaires, assez convexes sur le dos, légèrement arrondies latéralement, fortement et profondément ponctuées-striées sur leur surface, sensiblement réfléchies en dessous sur leurs côtés sur presque toute leur longueur. *Épaules* effacées.

Prosternum déprimé, très-peu développé au-devant des hanches antérieures, à *lame médiane* un peu enfouie entre celles-ci, étroite, sublinéaire. *Lame médiane du mésosternum* un peu enfouie, assez large, subparallèle ou en cône largement tronqué. *Episternums du médipectus* assez grands, subtriangulaires, avec les *épimères* étroites, rétrécies intérieurement en forme d'onglet. *Métasternum* court, pas plus développé que le premier arceau ventral, un peu avancé entre les hanches intermédiaires en angle mousse, très-faiblement échancré en arrière entre les hanches postérieures. *Episternums du postpectus* assez étroits, rétrécis en arrière en forme d'onglet.

Hanches antérieures et intermédiaires légèrement saillantes, subarrondies, plus ou moins rapprochées l'une de l'autre : *les postérieures* courtes, obconico-subglobuleuses, largement distantes et situées près du bord latéral des élytres.

Ventre à intersections recourbées en arrière sur les côtés, surtout au bord postérieur des troisième et quatrième arceaux : les premiers assez grands ; le quatrième très-court ; le dernier grand, semi-lunaire.

Pieds allongés, assez grêles. *Trochanters antérieurs et intermédiaires* obconico-ovalaires : *les postérieurs* un peu plus développés, subovalaires.

(1) Cette cavité profonde s'arrête donc brusquement vers le niveau du bord antéro-interne des yeux, au lieu que, dans le genre *Niptus*, depuis l'insertion des antennes elle se prolonge en mourant jusqu'au-devant de ceux-là.

Cuisses graduellement et légèrement renflées vers leur milieu, assez sensiblement recourbées en dessous avant le sommet de leur tranche inférieure, légèrement rainurées en dessous vers leur extrémité. *Tibias* médiocres, graduellement élargis de la base au sommet, un peu obliquement coupés au bout, faiblement ou obsolètement subentaillés à l'extrémité de leur tranche supérieure pour recevoir le premier article des tarses à l'état de retrait, terminés en dessous par deux très-petits *éperons* à peine distincts : *tibias antérieurs et intermédiaires* droits, *les postérieurs* sensiblement recourbés en arrière et un peu en dedans. *Tarses* assez étroits, sub-comprimés, graduellement un peu subatténués vers leur extrémité ; avec les premier à quatrième articles graduellement un peu plus courts : le dernier assez grêle, presque aussi long que les deux précédents réunis, à peine subélargi de la base à l'extrémité. *Ongles* petits, grêles, arqués, bien distincts.

Obs. Ce genre a beaucoup d'affinité avec le genre *Niptus*. Outre la structure des antennes qui sont beaucoup moins grêles, à articles moins allongés avec le deuxième subégal aux suivants, il s'en distingue encore par l'arête dorsale des mandibules ; par les élytres moins convexes, moins globuleuses et moins arrondies sur les côtés ; par l'écusson beaucoup moindre et peu visible ; par les pieds moins développés et un peu moins grêles, avec les cuisses non brusquement renflées, et les tarses moins étroits, proportionnellement moins allongés, avec leurs articles plus courts et leurs ongles plus petits, et les éperons des tibias beaucoup moindres et à peine distincts. Ajoutez à cela que le dernier article des antennes est toujours un peu plus épais que le pénultième ; que la fossette antennaire, moins prolongée latéralement mais plus profonde, se termine d'une manière beaucoup plus brusque, etc. D'ailleurs sa ponctuation et sa pubescence tout autres lui donnent un aspect particulier.

Par ses antennes plus courtes, à dernier article un peu plus épais que le précédent, et par l'exiguité de l'écusson, il conduit naturellement au genre *Tipnus*.

1. Epauloecus crenatus. Fabricius.

Subovalaire, convexe, densement tomenteux, d'un roux-canelle peu brillant. Antennes médiocrement grêles, à articles oblongs. Prothorax globu-

*leux, fortement étranglé au-devant de sa base, sillonné sur sa ligne mé-
diane, avec quatre éminences obtuses sur son disque. Ecusson ponctiforme.
Elytres courtement ovalaires, fortement ponctuées-striées. Cuisses graduellement renflées vers leur milieu. Eperons des tibias peu visibles*

Ptinus crenatus. FABRICIUS, Syst. El., t. I, p. 326, 8 ; — id., Ent. Syst.,t. I, 240 ; —
PAYKULL, Faun. Suec., t. I, p. 314, 4 ; — GYLLENHAL, Ins. Suec., t. I, p. 309, 6 ; —
STURM, Deuts. Faun., t. XII, p. 84, 16, pl. 258, fig. e. E; — REDTENBACHER, Faun.
Austr., 2e édit., p. 557; — BOIELDIEU, Mon. Ptin., Ann. Soc. Ent. Fr., 1856, t. IV,
p. 656, 50.

Ptinus minutus. ILLIGER, Kaf. Preuss., t. I, p. 347, 6 ; — KUGELLAN, in Schn. Mag.,
t. IV, p. 501, 5.

Ptinus ovatus. MARSHAM, Ent. Brit., t. I, p. 90, 28.

Long. 0^m,0022 (1 l.); — larg. 0^m,0015 (2/3 l.).

Corps subovalaire, convexe, aptère dans les deux sexes, d'un roux-
canelle, recouvert d'une pubescence tomenteuse et jaunâtre, plus dense sur
la tête et le prothorax.

Tête verticale ou subinfléchie, un peu moins large que le prothorax,
finement rugueuse, d'un roux-canelle peu brillant, revêtue d'une fine et
dense pubescence déprimée et d'un jaune fauve. *Front* large, avec l'intervalle interantennaire un peu ou à peine moins large que la distance com-
prise entre l'œil et le bord interne des fossettes antennaires. *Labre* brunâtre,
mat, densement cilié à son bord antérieur, paraissant parfois subsinué sur
le milieu de celui-ci. *Mandibules* ciliées, ruguleuses, rousses ou d'un rouge-
brun mat à leur base; glabres et d'un noir de poix presque lisse et brillant
à leur extrémité, avec la partie lisse brusquement séparée de la partie
rugueuse par une arête dorsale oblique.

Palpes testacés ou d'un roux-testacé.

Yeux petits, subovalaires, très-peu ou non saillants, d'un brun-noi-
râtre.

Antennes médiocrement grêles, de la longueur environ de la moitié du
corps, subfiliformes, très-finement pubescentes ou subtomenteuses avec
quelques cils un peu ou à peine plus longs vers le sommet de chaque
article, mais un peu plus distincts en dessous; finement chagrinées ; d'un
ferrugineux mat ; à premier article en massue ovalaire, beaucoup plus
épais que les suivants : le deuxième obconique, subégal au troisième : les
troisième à dixième oblongs, obconiques, subégaux : le dernier beaucoup

plus long et un peu plus épais que le pénultième, elliptique, acuminé au sommet.

Prothorax beaucoup plus étroit que les élytres ; globuleux à sa partie antérieure, fortement étranglé et fortement et transversalement sillonné au-devant de sa base, avec la partie globuleuse paraissant, vue de dessus, à peine plus large en avant : très-largement et obtusément arrondi à son bord antérieur, avec celui-ci à peine relevé en capuchon au-dessus du niveau du vertex ; subtronqué à la base avec celle-ci ne paraissant pas rebordée (1) ; aspèrement rugueux ; d'un roux-canelle peu brillant ; revêtu d'une dense pubescence déprimée, tomenteuse, d'un fauve-jaunâtre ; offrant, en arrière de sa partie gibbeuse, quatre éminences obtuses ou obsolètes, mais hérissées de poils un peu plus redressés, dont les intermédiaires sont séparées entre elles par un sillon longitudinal bien distinct, prolongé en avant jusqu'au bord antérieur qu'il entaille parfois un peu par sa rencontre : les deux latérales séparées des précédentes par une faible dépression ou très-court sillon.

Ecusson très-petit, ponctiforme, à peine distinct, paraissant subarrondi, plus ou moins enfoncé, brunâtre, subtomenteux.

Élytres subovalaires (♂) ou courtement ovalaires (♀), plus de deux fois aussi longues que le prothorax, légèrement arrondies sur les côtés, arcuément et subacuminément rétrécies en arrière ; convexes mais un peu platement sur le milieu du dos ; d'un roux-ferrugineux ou canelle ; recouvertes d'une fine pubescence déprimée, fauve, subtomenteuse et beaucoup moins serrée que celle de la tête et du prothorax ; offrant chacune dix rangées striales et le rudiment d'une onzième vers l'écusson, formées de gros points, profonds, subarrondis ou subcarrés, traversés chacun en long dans leur milieu par une petite soie pâle et couchée ; avec ces rangées ordinairement plus profondes et comme enfoncées à la base et réunies deux à deux vers celle-ci, et plus faibles dans la partie déclive postérieure. *Intervalles* presque lisses, un peu brillants, un peu ou à peine plus larges que les points, subconvexes, ornés chacun, outre la pubescence déprimée, d'une série régulière de soies d'un blond brillant, courtes, subarquées et un peu inclinées en arrière. *Épaules* effacées .

Dessous du corps peu brillant, brunâtre ou roussâtre ; couvert de points assez grossiers, assez serrés, circulaires et peu profonds, mais à peine visi-

---

(1) Cette base, vue de dessus, semble subtronquée, mais, vue d'un peu en avant, elle paraît un peu arquée en arrière.

…es par l'effet d'une dense et très-courte pubescence tomenteuse d'un jaune …oré qui recouvre surtout le ventre en lui imprimant une teinte plus claire. *Métasternum* déprimé sur son milieu, court, pas plus développé que le premier arceau ventral.

Hanches antérieures et intermédiaires assez rapprochées, *les postérieures* largement distantes l'une de l'autre.

Ventre avec le bord postérieur des premier et deuxième arceaux sensiblement, celui des troisième et quatrième brusquement recourbés en arrière et sinués sur leurs côtés : les trois premiers assez grands, subégaux dans leur milieu ; le quatrième très-court ; le dernier chagriné, grand, semi-lunaire.

Pieds assez grêles, finement chagrinés, ferrugineux, revêtus d'une très-fine pubescence blonde. *Cuisses* assez étroites à leur base, graduellement et médiocrement renflées dès leur premier tiers. *Tibias* médiocres, terminés en dessous par deux petits *éperons* peu distincts ; *tibias antérieurs et intermédiaires* droits, aussi longs que les cuisses, sensiblement élargis de la base à l'extrémité ; *les postérieurs* plus longs que les cuisses, assez grêles à leur base, graduellement élargis dans leur deuxième moitié, sensiblement recourbés en arrière et dedans. *Tarses* sensiblement plus courts que les tibias ; avec les premier à quatrième articles graduellement un peu plus courts et un peu plus étroits : le premier des antérieurs et intermédiaires un peu plus long que le suivant, triangulaire ; le premier des postérieurs oblong, obconique, presque aussi long que les deux suivants réunis ; ceux-ci et le quatrième assez courts, triangulaires ; le dernier plus étroit que le pénultième, allongé, presque aussi long que les deux précédents réunis, sublinéaire ou à peine élargi vers son extrémité. *Ongles* petits, grêles, arqués, bien distincts.

PATRIE. Cette espèce habite les celliers, les granges, les étables, surtout dans les endroits élevés : les Alpes, le mont Dore, le mont Pilat, le Bugey, etc.

Quelquefois les élytres sont un peu plus oblongues et un peu moins arrondies sur les côtés. Peut-être est-ce là une différence sexuelle ?

Nous possédons deux exemplaires un peu plus grands, plus densement tomenteux ou parfois comme subargileux, ayant les points des élytres un peu plus carrés, plus enfoncés surtout à la base où les intervalles paraissent ou tous ou alternativement subélevés (*Epauloecus lutosus*, nobis). Nous les avons reçus de feu M. Maurel qui les avait capturés dans une des grottes crayeuses des falaises des environs de Dieppe.

DEUXIÈME RAMEAU

TIPNATES

CARACTÈRES. *Corps* globoso-ovalaire, aptère dans les deux sexes. *An
tennes* terminées par deux ou trois articles graduellement un peu plu
épais. *Prothorax* ni étranglé ni transversalement sillonné ou déprimé ver
sa base, non gibbeux ni tuberculeux sur le dos. *Métasternum* plus déve
loppé dans son milieu que le premier arceau ventral. *Tarses* avec le
deuxième à quatrième articles presque subégaux (1).

Genre *Tipnus*, TIPNE. Jacquelin Du Val.

Jacquelin du Val, Glan. Ent. t. 1, p. 137 ; — Gen. Col. Eur. t. III, p. 210.

Etymologie : *Tipnus*, anagramme de *Ptinus*.

CARACTÈRES. *Corps* globoso-ovalaire, aptère dans les deux sexes.

Tête verticale ou infléchie, non visible, vue de dessus, assez grande, ur
peu moins large que le prothorax, assez fortement engagée dans celui-ci.

(1) Dans ce rameau se place l'espèce des îles Canaries qui n'offre que neuf article
aux antennes dans les deux sexes, et que quatre aux tarses postérieurs de l'un des sexes.
Jacquelin Du Val a cru devoir, avec raison, la détacher du genre *Tipnus*, sous le
nom générique de *Nitpus* (*Nitpus Gonospermi, Jacquelin Du Val*), Glan. Ent., 2ᵉ cahier, p. 138 : — îles Canaries (*M. Pradier*).

Nous donnons ici le tableau des *Tipnates* qui nous ont passé sous les yeux :

<table>
<tr><td rowspan="3" style="writing-mode:vertical-lr">Antennes de 11 articles. Intervalle interantennaire.</td><td>de 9 articles</td><td>Genre. NITPUS. J. Du V.
(gonospermi J. Du V.)</td></tr>
<tr><td>très-étroit, à peine sensible mais non tranchant. Antennes avec les deux derniers articles graduellement plus épais. Prothorax sensiblement rétréci à sa base, à côtés subarrondis. Élytres ponctuées-striées. Dessus du corps écailleux par plaques.</td><td>TIPNUS. J. Du V.
(exiguus. Boield.)
(albopictus. Wol.)</td></tr>
<tr><td>assez sensible et plan. Antennes avec les trois derniers articles graduellement plus épais. Prothorax à peine rétréci à sa base, à côtés presque droits. Élytres simplement ruguleuses. Dessus du corps entièrement écailleux.</td><td>S.-G. SPHAERICUS. Wol.
(gibboïdes. Boield.)</td></tr>
</table>

Front large supérieurement. *Joues* très-développées, presque en carré long, subverticalement disposées. *Labre* petit, court, fortement transverse, plus ou moins largement tronqué en avant. *Mandibules* robustes, brusquement coudées, terminées en angle ou pointe peu aiguë. *Palpes* à dernier article grand, aussi long que les précédents réunis, en ovale acuminé au sommet.

Yeux petits, peu saillants, subarrondis ou ovalaires, séparés du bord antérieur du prothorax par un intervalle sensible.

Antennes assez développées, plus ou moins grêles, terminées par deux ou trois articles graduellement un peu plus épais (1) ; assez rapprochées à leur base où elles sont séparées entre elles par un intervalle plan, parfois très-étroit ou linéaire, mais jamais tranchant ; insérées vers le milieu du front, entre les yeux, dans une cavité un peu prolongée obliquement au-devant de ceux-ci pour faciliter le jeu du premier article à l'état d'inflexion : celui-ci ovalaire ou ovalaire-oblong, sensiblement plus épais que les suivants : le deuxième subglobuleux ou obconique, à peine épaissi, souvent un peu plus court que le troisième : les troisième à dixième obconiques, plus ou moins oblongs : les neuvième à onzième ou au moins les dixième et onzième graduellement plus épais : le dernier beaucoup plus grand que le pénultième.

Prothorax notablement moins large que les élytres, non ou à peine relevé à son bord antérieur en capuchon au-dessus du niveau du vertex ; convexe mais sans apparence d'éminences ou de saillies pilifères ; très-obliquement coupé en avant, obtusément tronqué ou très-largement subarrondi à sa base, non étranglé ni transversalement sillonné au-devant de celle-ci.

Écusson nul ou indistinct.

Élytres subglobuleuses ou courtement ovalaires, très-convexes sur leur disque, plus ou moins arrondies latéralement, assez fortement réfléchies en dessous sur leurs côtés sur toute leur longueur. *Épaules* assez marquées mais largement arrondies.

Prosternum court, déprimé, à *lame médiane* étroite, sublinéaire. *Lame médiane du mésosternum* assez large, subtrapéziforme, largement tronquée au bout. *Episternums du médipectus* grands, subtriangulaires, avec *les épimères* médiocres, transversalement obliques, rétrécies en dedans en forme d'onglet. *Métasternum* assez court, sensiblement plus développé dans son

(1) Dans le *Tipnus exiguus*, seule espèce française, ce sont les deux derniers seulement.

milieu que le premier arceau ventral, non ou à peine plus que le deuxièm
avancé entre les hanches intermédiaires en angle sensible mais mouss
très-largement échancré en arrière entre les hanches postérieures. *Épiste
nums du postpectus* étroits, en partie recouverts par les côtés réfléchis d
élytres, subparallèles ou à peine rétrécis en arrière, avec *les épimèr*
nulles.

Hanches peu saillantes : *les antérieures et intermédiaires* subovalaire
les antérieures rapprochées, *les intermédiaires* légèrement écartées : *l
postérieures* petites, globoso-subobconiques, très-largement distantes l'ui
de l'autre, reculées tout à fait sur les côtés contre le bord des élytres.

Ventre à troisième et quatrième intersections recourbées en arrière si
les côtés ; à premier arceau court, les deuxième et troisième assez grand
subégaux : le quatrième très-court : le dernier assez grand, en hémicycl

Pieds assez allongés, peu grêles. *Trochanters antérieurs et interm
diaires* obconico-subovalaires, *les postérieurs* un peu plus grands, globu
leux ou subovalaires. *Cuisses* plus ou moins rétrécies à leur base, plus o
moins renflées après leur milieu, subrectilignes sur leur tranche inférieui
ou un peu recourbées en dessous avant le sommet de celle-ci, plus o
moins voûtées sur leur tranche supérieure, brièvement rainurées e
dessous vers leur extrémité. *Tibias* médiocres, plus ou moins graduellemer
élargis vers leur sommet, un peu obliquement coupés au bout, terminés e
dessus par deux très-petits *éperons*, très-peu distincts : *tibias antérieurs e
intermédiaires* droits, *les postérieurs* un peu recourbés en arrière. *Tarse
assez courts, subcomprimés, sublinéaires ou à peine graduellement atté
nués vers leur extrémité ; à premier article obconique, un peu plus lon;
que le suivant. Les deuxième à quatrième transverses, subégaux ou à pein
graduellement un peu plus courts : le dernier assez grêle, aussi long .qu
les deux précédents réunis, subélargi vers son extrémité. *Ongles* très-petit
mais bien distincts, grêles, arqués.

Obs. Le genre *Tipnus*, par son prothorax ni gibbeux ni tuberculeux sui
son disque, ni étranglé ou sillonné, ou déprimé, vers sa base, par les deu
derniers articles des antennes un peu plus épais que les autres, ne peut être
confondu avec aucun des précédents (1).

Il renferme un petit nombre d'espèces de taille inférieure et propres aux

(1) Ce genre, par ses élytres assez fortement réfléchies en dessous, au point de réduire
sensiblement la page inférieure du corps et surtout la largeur du ventre, semble conduire naturellement à la famille des *Gibbiens*.

contrées méridionales de l'Europe et au nord de l'Afrique. Une seule se retrouve aussi dans la France continentale.

I. **Tipnus exiguus**. Boieldieu.

Globoso-subovalaire, très-convexe, d'un noir brunâtre assez brillant, avec la tête, le prothorax, les côtés et le tiers postérieur des élytres garnis d'une pubescence écailleuse plus ou moins dense et d'un gris blanchâtre. Antennes assez grêles, à deuxième article sensiblement moins long que le troisième. Tête et prothorax rugueux : celui-ci presque carré, arcuément subdilaté vers le milieu de ses côtés, finement et brièvement canaliculé sur sa ligne médiane. Élytres courtement ovalaires, assez renflées, grossièrement et subsérialement ponctuées. Tarses assez étroits avec les deuxième à quatrième articles subégaux.

Tipnus exiguus, Boieldieu, Mon. Ptin., Ann. Soc. Ent. Fr., 1856, t. IV, p. 672, 6.

Long. 0ᵐ,0018 (3|4 l.); — larg. 0,ᵐ0011 (1|2 l.).

Corps subovalaire ou globoso-ovalaire, très-convexe, d'un noir brunâtre assez brillant, plus ou moins écailleux et blanchâtre sur la tête, le prothorax, les côtés et la partie postérieure des élytres.

Tête subinfléchie, un peu moins large que le prothorax, ruguleuse, d'un noir assez brillant ; recouverte d'une pubescence déprimée, assez dense, subécailleuse et d'un gris blanchâtre. *Front* large, avec l'intervalle interantennaire très-étroit, linéaire mais non tranchant. *Labre* brunâtre, finement cilié en avant. *Mandibules* brunâtres, chagrinées à leur base, presque lisses à leur extrémité. *Palpes* d'un roux-testacé.

Yeux petits, peu saillants, courtement ovalaires, noirs.

Antennes assez grêles, presque aussi longues que les deux tiers ou les trois quarts du corps ; très-finement ciliées de poils blanchâtres ; d'un noir brun assez brillant et presque lisse ; à premier article ovalaire, sensiblement plus épais que le suivant : le deuxième subglobuleux, un peu renflé, sensiblement moins long que le troisième : celui-ci et les suivants assez grêles, oblongs, obconiques, subégaux : le pénultième évidemment un peu plus épais que le précédent : le dernier encore plus épais, subelliptique ou subovalaire, très-obtusément acuminé au sommet.

Prothorax beaucoup plus étroit que les élytres, en forme de carré à peine plus long que large ; paraissant, vu de dessus, légèrement arrondi ou arcuément subdilaté vers le milieu des côtés ; obtusément arrondi à son bord antérieur qui est légèrement cilié, avec les cils subécailleux, d'un gris blanchâtre, couchés en travers et convergeant au milieu ; subtronqué ou très-largement arrondi à la base, avec les angles postérieurs très-obtus et arrondis ; sensiblement et rugueusement granulé ; finement et obsolètement canaliculé sur le milieu de sa ligne médiane ; transversalement convexe un peu en arrière sur son disque ; d'un noir brunâtre assez brillant : recouvert à la base et sur les côtés, et souvent sur toute sa surface, d'une pubesceuce d'un gris blanchâtre, plus ou moins fournie, déprimée et visiblement écailleuse.

Ecusson indistinct.

Élytres subglobuleuses ou courtement ovalaires, à peine plus de deux fois aussi longues que le prothorax ; légèrement arrondies sur les côtés ; fortement arrondies et fortement déclives postérieurement vues de dessus, et obtusément acuminées à leur sommet vues de derrière ; très-convexes sur le dos ; couvertes d'une ponctuation grossière, assez profonde, presque en séries régulières, un peu plus affaiblie en arrière, avec les points subarrondis ou parfois un peu oblongs et les intervalles presque lisses ; d'un noir brunâtre assez brillant et quelquefois un peu roussâtre surtout vers la base ; parées chacune sur les côtés d'une large ceinture de poils d'un gris blanchâtre, déprimés, tout à fait écailleux, embrassant aussi l'extrémité, plus ou moins irrégulière ou çà et là dilatée intérieurement sur le disque ; ornées en outre sur leur tiers postérieur d'un arc transversalement oblique, plus ou moins large, formé d'écailles semblables, dont l'ouverture est en arrière, et dont la corne interne se prolonge parfois postérieurement sur la suture jusqu'à la rencontre de la ceinture posticale ; avec toutes ces taches ou bandes souvent peu limitées et plus ou moins confuses sur leurs bords : revêtues en outre sur toute leur surface d'une pubescence couchée d'un gris blanchâtre, beaucoup moins serrée et surtout beaucoup moins écailleuse, presque sétiforme et ne faisant pas tache. *Epaules* très-largement arrondies.

Dessous du corps obsolètement et assez densement ponctué, légèrement et finement pubescent. *Métasternum* plus fortement ponctué, déprimé, sensiblement plus développé que le premier arceau ventral dans son milieu, seulement un peu plus que le deuxième.

Hanches antérieures et intermédiaires assez rapprochées, *les posté-*

rieures très-largement distantes l'une de l'autre, reculées contre le bord inféro-latéral des élytres.

Ventre à bord postérieur des deux premiers arceaux légèrement arqué, celui des troisième et quatrième assez brusquement recourbé en arrière sur les côtés : le dernier assez étroitement arrondi au sommet.

Pieds peu grêles, ruguleux, d'un noir brunâtre, revêtus d'une pubescence couchée, assez dense, subécailleuse et d'un gris blanchâtre. *Cuisses* assez épaisses, sensiblement renflées après leur milieu. *Tibias* aussi longs que les cuisses, graduellement et sensiblement élargis de la base à l'extrémité, à *éperons* obsolètes : *tibias antérieurs et intermédiaires* presque droits, *les postérieurs* un peu plus grêles à leur base, un peu et arcuément recourbés en arrière avant leur extrémité. *Tarses* petits, sensiblement moins longs que les tibias, assez étroits, sublinéaires ou à peine atténués vers leur extrémité ; à premier article triangulaire ou obconique, un peu plus long que le suivant : les deuxième à quatrième transverses, subtriangulaires ou subcordiformes, subégaux ou à peine graduellement un peu plus courts : le dernier aussi long que les deux précédents réunis, un peu plus étroit, arcuément subélargi vers son extrémité. *Ongles* petits, grêles, arqués, bien distincts.

PATRIE. Cette petite et intéressante espèce, particulière aux contrées les plus méridionales de l'Europe, la Corse, la Sardaigne, le Portugal, etc., a été capturée à La Nouvelle (Pyrénées-Orientales) par M. Henri de Bonvouloir qui a doté la Faune française de nombreuses découvertes.

Le *Tipnus gibboïdes* n'ayant pas encore été rencontré en France, nous n'en donnerons qu'une description sommaire.

2. Tipnus (*Sphæricus*) gibboïdes. BOIELDIEU.

Globoso-subovalaire, assez convexe, ruguleux, d'un brun-châtain mais entièrement recouvert d'une pubescence déprimée, écailleuse, très-serrée et qui lui imprime une teinte argileuse. Antennes assez épaisses à leur base, à deuxième article à peine moins long que le troisième. Prothorax en carré long, subélevé sur sa ligne médiane en forme de faîte. Élytres subgloboso-ovalaires, platement convexes sur le dos. Cuisses assez renflées. Tarses assez épais, avec les deuxième à quatrième articles subégaux.

Tipnus gibboïdes, BOIELDIEU, Mon. Ptin., Ann. Soc. Ent. Fr., 1856, t. IV, p. 669, 3 ; — JACQUELIN DU VAL, Gen. Col. Eur., t. III, pl. 52, fig. 258.

Long. 0^m,0020 (7⁄8 l.) ; — larg. 0^m,0012 (1⁄2 l.).

Patrie. La Lombardie, la Sicile, l'Algérie.

Obs. Cette espèce, outre la structure des antennes, outre la forme du prothorax, outre ses élytres dépourvues de séries de points enfoncés, présente encore son intervalle interantennaire sensiblement plus large que chez les *Tipnus exiguus et albopictus*. Par toutes ces considérations, elle mérite de constituer un sous-genre distinct, auquel nous conserverons le nom de *Sphoericus* (Motschoulsky, inédit) déjà indiqué par M. Wollaston (*Ins. Mad.*, 1854, p. 263, § II). Le *Ptinus pinguis* du même auteur (p. 264, 201) se placerait dans le même sous-genre que le *gibboïdes*. Quant aux autres *Sphoericus* de l'illustre auteur du bel ouvrage sur les Insectes de Madère, ils nous semblent rentrer pour la plupart dans nos *Tipnus* vrais.

DEUXIÈME FAMILLE

GIBBIENS

CARACTÈRES. *Corps* gibbeux, très-convexe. *Antennes* subatténuées à leur extrémité, rapprochées à leur base, insérées sur le milieu du front bien au-dessous du niveau antérieur des *yeux.* Ceux-ci très-petits. *Écusson* toujours nul. *Élytres* lisses sur leur surface, renflées en forme d'ampoule, latéralement comprimées, fortement réfléchies en dessous (1) où elles refoulent la plupart des parties de la page inférieure du corps, avec celle-ci alors réduite à une faible surface oblongue. *Pieds* très-allongés, araniformes. *Tibias* frangés.

Cette famille ne comprend que deux genres que nous essayerons de caractériser ainsi :

Yeux

très-écartés, situés sur les côtés de la tête, bien en dehors des insertions des antennes. *Prothorax* assez grand, tomenteux, avec des carènes longitudinales. *Élytres* avec un bourrelet écailleux à leur extrème base. *Ventre* à dernier arceau aussi grand que tous les précédents réunis. *Trochanters postérieurs* égalant à peine le tiers des cuisses. *Tibias* à frange supérieure entière et simple.   *genre* MEZIUM.

assez rapprochés, situés sur le milieu du front au-dessus des insertions des antennes. *Prothorax* très-court, glabre et lisse. *Élytres* sans bourrelet écailleux à leur base. *Ventre* à dernier arceau moins grand que tous les précédents réunis. *Trochanters postérieurs* presque aussi longs que les cuisses. *Tibias* à frange supérieure partagée, vers son extrémité, en deux séries par un sillon creusé dans son épaisseur.   *genre* GIBBIUM.

Genre *Mezium*, MÉZIE. Curtis.

Curtis, Brit. Ent., t. V, p. 232.

Étymologie : μέζεα, bourses.

CARACTÈRES. *Corps* fortement gibbeux, subovalaire, aptère dans les deux sexes.

---

(1) De cette disposition il résulte que les côtés des élytres sont en grande partie visibles dans la page inférieure du corps.

Tête infléchie, assez grande, un peu moins large que le prothorax, fortement engagée dans celui-ci. *Front* large supérieurement, avec la région de l'épistome plane, relevée en forme de demi-disque très-largement échancré en avant. *Joues* très-développées, en forme d'ellipse verticalement disposée. *Labre* court, fortement transverse, largement échancré (1) en avant. *Mandibules* robustes, subtrigones, arcuément arrondies en dehors, terminées en pointe émoussée, obtusément unidentées ou simplement subangulaires vers le milieu de leur tranche interne. *Palpes maxillaires* à dernier article oblong, subacuminé au sommet : les précédents courts. *Palpes labiaux* petits, à dernier article ovale-oblong, subacuminé au bout.

Yeux très-petits, courtement ovalaires ou subarrondis, très-peu saillants, très-largement distants, situés sur les côtés de la tête près du bord antérieur du prothorax.

Antennes longues, subcomprimées, épaisses à leur base et graduellement subatténuées vers leur extrémité ; rapprochées à leur insertion où elles sont séparées entre elles par un intervalle étroit, linéaire mais non tranchant; insérées sur le milieu du front bien en avant du niveau du bord antérieur des yeux, et bien en dedans de ceux-ci, dans une petite cavité arrondie (2) ; à premier article plus grand et plus épais que les suivants : ceux-ci subégaux, graduellement plus étroits : le deuxième obliquement implanté, plus court sur sa tranche interne, mais presque aussi long sur l'externe que le troisième : le dernier à peine plus long que le pénultième.

Prothorax moins large que les élytres dans leur milieu, presque en carré transverse; non relevé en capuchon à son bord antérieur au-dessus du niveau du vertex ; densément tomenteux et offrant sur son disque quatre carènes ou côtes longitudinales; très-obliquement coupé en avant et bissinué à sa base; avec la partie réfléchie des côtés graduellement rétrécie mais largement tronquée au sommet.

Écusson nul.

Élytres pas plus larges à leur base que la base du prothorax, subovalaires, fortement gibbeuses ou renflées en forme d'ampoule ; lisses sur leur

---

(1) La ciliation terminale, parfois partagée en deux dans son milieu, le fait paraître plus fortement échancré.

(2) Cette cavité a son bord antérieur en partie voilé par la saillie du disque de l'épistome, de manière à empêcher les antennes de s'incliner en avant; mais, par contre, la région, qui entoure en dessus cette cavité, est plus ou moins déprimée, pour faciliter supérieurement le jeu de ces mêmes organes qui sont toujours plus ou moins redressés en arrière.

surface, mais offrant tout le long de leur base un bourrelet saillant et écailleux (1); latéralement comprimées; très-fortement réfléchies en dessous sur les côtés et postérieurement de manière à refouler la plupart des parties de la page inférieure du corps réduite alors à une faible surface oblongue. *Epaules* tout à fait effacées.

Prosternum très-court ou presque nul au-devant des hanches antérieures, à *lame médiane* assez enfouie entre celles-ci et rétrécie en pointe aciculée. *Lame médiane du mésosternum* saillante, élevée jusqu'au niveau des hanches, subcarrée ou subscutiforme. *Episternums du médipectus* assez développés, subtriangulaires, avec les *épimères* longitudinales (2), étroites, rétrécies postérieurement en onglet allongé. *Métasternum* assez grand, avancé entre les hanches intermédiaires en lame conique largement et obtusément subtronquée en avant; très-largement et subangulairement échancré en arrière entre les hanches postérieures (3).

Hanches antérieures assez saillantes, de forme irrégulière, assez rapprochées : *les intermédiaires* petites, un peu plus écartées; *les postérieures* courtes, largement distantes, situées tout à fait sur les côtés du métasternum, joignant le bord réfléchi des élytres qu'elles débordent même un peu en dehors.

Ventre déprimé, assez étroit, à premier arceau en forme de large triangle transverse, assez grand dans son milieu, mais graduellement rétréci sur les côtés où il devient presque nul ; les deuxième à quatrième très-courts : le dernier subogival, très-grand, aussi long que tous les précédents réunis.

Pieds allongés et assez robustes. *Trochanters antérieurs et intermédiaires* médiocres, obconico-subovalaires : *les postérieurs* plus grands, oblongs, égalant à peine le tiers de la longueur des *cuisses.* Celles-ci débordant de beaucoup les côtés du corps, latéralement comprimées, gra-

(1) On a souvent pris pour un sillon transversal du prothorax la réunion des élytres avec celui-ci. Mais, par la désarticulation, il nous a été donné de vérifier que le bourrelet qui semble un rebord postérieur du prothorax, est en réalité une partie intégrante de la base des élytres.

(2) Les côtés des élytres, en se réfléchissant en dessous, semblent avoir forcé cette pièce à affecter une position presque longitudinale, au point qu'on la prendrait volontiers pour l'épisternum du postpectus, tandis qu'elle nous semble plutôt appartenir au médipectus.

(3) Les parties latérales du postpectus, ayant été refoulées par la partie réfléchie des élytres, deviennent inappréciables.

duellement élargies vers leur extrémité en massue comprimée et tronquée au bout, un peu recourbées vers le sommet de leur tranche inférieure, assez fortement rainurées en dessous sur au moins la moitié de leur longueur (1) : *les antérieures* presque droites, vues de dessus leur tranche supérieure : *les intermédiaires* légèrement, *les postérieures* sensiblement cambrées en dedans. *Tibias* sublinéaires, subparallèles, latéralement comprimés ; paraissant assez robustes par l'effet de la longue et épaisse frange qui garnit leur tranche supérieure, avec ladite frange entière, non sillonnée ni divisée en deux dans sa dernière moitié ; armés au bout de leur tranche inférieure de deux petits *éperons* obsolètes peu distincts dont l'interne paraît un peu plus fort : *tibias antérieurs* sensiblement plus courts, *les intermédiaires* un peu plus courts, *les postérieurs* aussi longs que les cuisses ; *les antérieurs*, vus de dessus, paraissant droits, *les intermédiaires* à peine, *les postérieurs* sensiblement recourbés en dedans après leur milieu. *Tarses* courts, latéralement comprimés, paraissant vus de dessus leur tranche supérieure assez étroits et sublinéaires, et vus par côté assez larges et graduellement atténués de la base à l'extrémité ; avec les quatre premiers articles graduellement plus courts : le dernier oblong, pas plus long que le précédent. *Ongles* grêles, faiblement arqués, bien distincts.

Obs. Les *Mezium* sont des insectes de moyenne taille, appartenant à l'Europe méridionale. Ils ont les élytres des *Gibbium* et à peu près le prothorax des *Ptinus*.

Le genre *Mezium* renferme deux espèces européennes dont voici la principale différence :

a *Prothorax* à carènes latérales raccourcies et interrompues en avant.   AFFINE.
aa *Prothorax* à carènes réunies par paires en avant.   SULCATUM.

1. Mezium affine. BOIELDIEU.

Ovale-oblong, très-convexe. Antennes subatténuées à leur extrémité, à premier article grand. Prothorax densement tomenteux et d'un flave-jaunâtre, avec quatre carènes longitudinales, dont les extérieures raccourcies et interrompues en avant par une impression transversale. Élytres

(1) Les antérieures et intermédiaires sur presque toute leur longueur.

gibbeuses, avec un bourrelet tomenteux à leur extrême base; d'un brun ou d'un roux de poix, lisses et parsemées de soies pâles, squamiformes et redressées. Antennes et pieds densement écailleux et jaunâtres. Pieds très-allongés. Tarses courts.

Mezium affine. BOIELDIEU, Mon. Ptin., Ann. Soc. Ent. Fr., 1856, t. IV, p. 674;— JACQUELIN DU VAL, Gen. Col. Eur., t. III, pl. 52, fig. 259.
Mezium sulcatum. STURM, Deut. Faun., t. XII, p. 37, 1, pl. 248.

Long. 0^m,0027 (1 l. 1/4); — larg. 0^m,0015 (2/3 l.).

Corps ovale-oblong, très-convexe.

Tête infléchie, un peu moins large que le prothorax, entièrement encroûtée d'une pubescence déprimée, grossière, écailleuse et qui lui donne une teinte d'un jaunâtre-argileux, avec les écailles souvent arrondies et subombiliquées. *Front* large entre les yeux, très-finement canaliculé sur sa ligne médiane, avec le canal étendu depuis la partie rétrécie par les cavités antennaires jusque près du vertex; avec la région de l'épistome saillante, relevée en forme de demi-lune échancrée en avant. *Joues* déprimées ou faiblement subimpressionnées. *Labre* court, ruguleux, brunâtre, dénudé, densement et fortement cilié en avant de poils jaunâtres. *Mandibules* d'un noir de poix, rugueuses et ciliées à leur base; lisses et brillantes à leur extrémité. *Palpes* testacés.

Yeux très-petits, courtement ovalaires ou subarrondis, enchâssés dans une cavité pratiquée dans l'épaisseur de la pubescence, non saillants au-dessus de celle-ci, brillants et brunâtres, à facettes obsolètes.

Antennes presque aussi longues que le corps ou dépassant les trois quarts de sa longueur; latéralement subcomprimées, épaisses à leur base, graduellement subatténuées vers leur extrémité surtout quand on les regarde de côté; entièrement encroûtées d'une pubescence déprimée, très-dense, écailleuse et d'un jaune d'argile; à premier article grand, obconique, plus épais et plus long que le suivant, à angle interne sensiblement prolongé en avant et émoussé, ce qui le fait paraître obliquement tronqué-subéchancré extérieurement à son extrémité : le deuxième oblong, obconique, inséré dans l'échancrure du précédent, à peine moins long et parfois paraissant même aussi long sur sa tranche externe que le troisième, sensiblement moins long sur l'interne que celui-ci, parfois subarrondi ou subtronqué sur celle-ci : le troisième à peine plus long que le suivant : les quatrième à dixième oblongs, subparallèles, obconiques (1) : le dernier ovalaire, à peine plus long que le pénultième, aigument acuminé au sommet.

Prothorax presque en carré transverse, évidemment moins long que large et à peine plus étroit en arrière ; paraissant, vu de dessus, presque droit ou à peine arqué sur les côtés ; largement et obtusément arrondi à son bord antérieur ; bissinué à la base avec le lobe médian large, à peine aussi prolongé que les angles postérieurs qui sont assez marqués vus de dessus, mais un peu obtus et émoussés ; entièrement encroûté d'une pubescence tomenteuse, embrouillée, subdéprimée, subécailleuse, très-dense et qui lui imprime une teinte mate d'un jaune d'argile, avec çà et là quelques soies squamiformes plus longues, couchées, un peu plus pâles et plus distinctes ; assez convexe ; offrant sur son disque quatre carènes ou côtes longitudinales, subparallèles, hérissées de soies subécailleuses, plus ou moins frisées ou redressées, de même couleur que la pubescence foncière : les deux intermédiaires entières, antérieurement réunies suivant une ligne arquée, séparées entre elles par un large sillon plus ou moins profond, relevées derrière leur milieu en une saillie ou dent fasciculée assez sensible : les deux latérales également relevées en bosse, raccourcies ou subinterrompues en avant par un sillon ou impression transversale qui redescend parallèlement au bord antérieur, avec celui-ci formant alors de chaque côté comme un large bourrelet peu saillant, parfois subinterrompu dans son milieu par une arête oblique qu'émet de son sommet, sur les côtés, chacune desdites carènes externes.

Ecusson indistinct.

Elytres subovalaires, gibbeuses, deux fois aussi longues que le prothorax, pas plus larges à leur base que celui-ci ; paraissant, vues de dessus, légèrement arrondies sur les côtés mais fortement et assez largement en arrière ; latéralement comprimées ; fortement réfléchies en dessous dans tout leur pourtour extérieur, avec les angles apicaux droits, subhorizontalement relevés et formant simultanément comme une espèce de saillie caudale, obscure, rugueuse, semi-lunaire ou subogivale (σ) ; très-convexes, avec la suture un peu enfoncée antérieurement ; d'un brun ou d'un roux de poix très-brillant et lisse, avec l'extrême base garnie d'un épais bourrelet de poils enroulés, subécailleux et jaunâtres ; hérissées sur leur surface de

______

(1) Quelquefois les écailles sont un peu plus saillantes vers le sommet interne des articles intermédiaires, ce qui fait paraître ceux-ci comme subdentés en scie intérieurement.

soies squamiformes, pâles, peu serrées, redressées, disposées en séries confuses, plus ou moins caduques ou obsolètes, un peu plus longues et plus persistantes vers la base.

Dessous du corps réduit à une faible surface, rugueux, revêtu d'une pubescence serrée, déprimée, écailleuse et d'un jaune livide. *Mésosternum* saillant. *Métasternum* assez grand, déprimé ou même faiblement excavé, offrant sur sa ligne médiane une série de soies squamiformes redressées.

Hanches antérieures très-rapprochées, *les intermédiaires* un peu plus écartées : *les postérieures* largement distantes l'une de l'autre, insérées contre le bord inféro-latéral des élytres.

Ventre déprimé, à premier arceau transversalement impressionné ou à base déclive, avec les intersections en ligne droite mais brusquement et brièvement recourbées en arrière sur les côtés ; le dernier arceau très-grand, subogival, subarrondi au sommet, aussi long ou presque aussi long que tous les précédents réunis.

Pieds très-allongés et assez robustes, entièrement encroûtés d'une forte pubescence écailleuse d'un jaune d'argile. *Cuisses* élargies vers leur extrémité en massue comprimée et tronquée au bout. *Tibias* assez épais, garnis sur leur tranche supérieure d'une forte et épaisse frange de soies squamiformes, jaunâtres, à peine frisées, à peine inclinées, agglutinées, avec cette frange simple et entière jusqu'au bout : *les antérieurs et intermédiaires* moins longs, *les postérieurs* au moins aussi longs que les cuisses. *Tarses* beaucoup plus courts que les tibias, latéralement comprimés ; avec les quatre premiers articles graduellement plus courts, assez étroits et obconiques vus de dessus, assez larges et triangulaires vus de côté : le premier des postérieurs néanmoins un peu plus long que large : le dernier oblong, pas plus long que le précédent, à peine plus étroit, comprimé. *Ongles* petits, grêles, faiblement arqués, bien distincts.

Patrie. Cette espèce habite les contrées méridionales de l'Europe, l'Istrie, la Toscane, la Lombardie, la Grèce, l'Illyrie, et même quelquefois les parties les plus chaudes de la Provence.

Obs. Les élytres sont toujours dépourvues de soies sur les côtés et souvent presque complétement sur le dos, excepté toutefois vers leur base qui, derrière le bourrelet, offre généralement un groupe ou au moins une série transversale de soies longues et squamiformes.

Les élytres sont tantôt d'un noir de poix très-brillant, tantôt d'un roux de poix plus ou moins clair. Leur angle apical est tantôt droit ou aigu et sensiblement relevé, tantôt subarrondi et non ou à peine relevé ; et peut-être sont-ce là des différences sexuelles qu'il ne nous a pas été permis jusqu'alors de constater ?

Nous croyons que le *Mezium sulcatum* de Redtenbacher (Faun. **Austr.**, 2ᵉ éd., p. 559) doit se rapporter au *M. affine*.

2. Mezium sulcatum, FABRICIUS.

Ovalaire-allongé, lisse, d'un brun-roux, brillant. Tête, prothorax et pieds recouverts d'une très-dense pubescence laineuse et d'un flave-argenté. Prothorax longitudinalement bicaréné sur son milieu, avec les carènes formant antérieurement une fossette profonde ; muni de chaque côté à la base d'une dent oblique, élevée. Élytres globuleuses, convexes, brillantes, lisses et glabres.

Ptinus sulcatus. FABRICIUS, Syst. Ent., t. I, p. 241 ; — id., Sp. Ins., t. I, p. 37 ;— SCHOENHEN, Syn. Ins., t. I, II, 110, 10.

Long. 0ᵐ,0028 (1 l. 1/4) ; — larg. 0ᵐ,0015 (2/3 l.)

PATRIE. Le Portugal.

OBS. Cette espèce, que nous n'avons pas vue, semble différer de la précédente par les carènes dorsales du prothorax moins parallèles et plus fortement relevées en arrière en forme de dents ; par ses élytres plus allongées et moins dilatées postérieurement.

Comme il est douteux qu'elle se trouve en France, nous nous sommes bornés à traduire la phrase diagnostique qu'en a donnée **M. Boieldieu.**

Jacquelin Du Val, dans son catalogue (p. 165), rapporte au *Mezium sulcatum* le *Gibbium hirticolle* de Laporte de Castelnau, et celui-ci l'indique de Paris ; mais nous ne croyons pas qu'il y ait jamais été rencontré, à moins d'y avoir été importé parmi des denrées commerciales. (Laporte de Castelnau, Hist. Nat. Ins. col., t. I, p. 297, 3.)

Genre *Gibbium*, Gibbie. Scopoli.

Scopoli., Intr. Hist. Nat., 505.

Étymologie : gibba, bosse.

Caractères. *Corps* fortement gibbeux, obovalaire, aptère dans les deux sexes.

Tête verticale ou subverticale, un peu moins large que la partie antérieure du prothorax, assez fortement engagée dans celui-ci. *Front* assez étroit supérieurement, avec la région de l'épistome peu saillante. *Les joues et les tempes* ne faisant qu'une seule pièce très-développée en dehors des yeux et des antennes. *Labre* grand, en trapèze fortement transverse, largement tronqué ou parfois à peine échancré en avant. *Mandibules* courtes, robustes, subtrigones, arquées en dehors, terminées en pointe, munies d'une dent obtuse vers le milieu de leur tranche interne. *Palpes maxillaires* à dernier article au moins aussi long que les deux précédents réunis, fusiforme-acuminé : les deuxième et troisième courts, obconiques, subégaux : le premier grêle, peu visible. *Palpes labiaux* à troisième article grand, en ovale subacuminé : les deux précédents courts.

Yeux très-petits, déprimés, subovalaires, un peu obliques, peu distants, situés sur le milieu du front au-dessus des insertions des antennes, à une certaine distance du vertex et des côtés de la tête.

Antennes longues, subcomprimées, épaisses à leur base, graduellement subatténuées vers leur extrémité ; rapprochées à leur insertion où elles sont séparées entre elles par un intervalle très-étroit et tranchant ; insérées sur le milieu du front, bien en avant et au-dessous des yeux, dans une cavité profonde et subarrondie ; à premier article subovalaire : le deuxième à peine aussi long mais un peu plus large au sommet que le précédent : le troisième évidemment plus long que ceux entre lesquels il se trouve : les suivants suboblongs, presque subégaux : le dernier visiblement plus long que le pénultième.

Prothorax très-court, en forme de tronçon de cône fortement transverse ; de niveau avec le vertex à son bord antérieur ; obliquement coupé en avant, subangulaire sur le milieu de sa base ; glabre, lisse et uni sur sa surface ; avec la partie réfléchie des côtés rétrécie en forme de lobe subparallèle et arrondi au sommet.

Écusson nul.

Élytres pas plus larges à leur base que la base du prothorax, obovalaires, fortement gibbeuses ou renflées en forme d'ampoule ; entièrement lisses et unies sur leur surface ; latéralement comprimées ; très-fortement réfléchies en dessous sur les côtés et postérieurement de manière à refouler considérablement la plupart des parties de la page inférieure du corps, réduite alors à une très-faible surface. *Épaules* tout à fait effacées.

Prosternum presque nul au-devant des hanches antérieures, à *lame médiane* assez enfouie et rétrécie entre celles-ci en forme d'angle mousse. *Lame médiane du mésosternum* non saillante, un peu enfouie, en forme de triangle un peu rétréci mais paraissant mousse au sommet. *Métasternum* assez petit, mais en tous cas plus développé dans son milieu que le premier arceau ventral, angulairement avancé entre les hanches intermédiaires, presque droit ou à peine échancré en arrière entre les hanches postérieures (1).

Hanches petites, subarrondies, *les antérieures et intermédiaires* assez saillantes et légèrement écartées : *les postérieures* subdéprimées, assez distantes l'une de l'autre, situées tout à fait sur les côtés du métasternum, joignant le bord réfléchi des élytres.

Ventre ramassé, avec les quatre premiers arceaux courts : le dernier grand, en hémicycle, beaucoup moins long que tous les précédents réunis.

Pieds très-allongés, assez robustes. *Trochanters* très-développés, allongés : *les antérieurs et intermédiaires* un peu plus longs que la moitié des cuisses : *les postérieurs* encore plus grands, subcomprimés, presque aussi ou un peu moins longs que les *cuisses*. Celles-ci débordant de beaucoup les côtés du corps, latéralement subcomprimées, graduellement élargies vers leur extrémité en massue subcomprimée et arrondie au bout, sensiblement recourbées avant le sommet de leur tranche inférieure, brièvement rainurées en dessous vers leur extrémité : *les antérieures et intermédiaires*, vues de dessus leur tranche supérieure, paraissant à peine, *les postérieures*

____

(1) Dans ce genre, les élytres étant encore plus fortement réfléchies en dessous, les parties latérales soit du médipectus, soit du postpectus, deviennent insignifiantes ou impossibles à définir. Néanmoins on aperçoit sur les côtés, entre les hanches antérieures et intermédiaires, une petite pièce pubescente, triangulaire et qui semble être l'épisternum du médipectus, et en outre, en dehors de celle-ci, sous les épaules, une autre pièce en onglet sublongitudinal, et qui nous paraît en être l'épimère. En effet, elle en occupe la place ; mais par sa nature lisse et glabre et par sa couleur roux de poix brillant, elle semblerait aussi être un appendice du lobe inférieur du prothorax.

sensiblement cambrées en dedans. *Tibias* graduellement élargis vers leur extrémité, depuis la base dans les antérieurs et intermédiaires, seulement dans leur dernier tiers dans les postérieurs ; paraissant assez robustes par l'effet de la longue et épaisse frange qui garnit leur tranche supérieure, avec ladite frange comme partagée en deux séries dans sa dernière moitié par un sillon pratiqué dans son épaisseur (1) ; armés au bout de leur tranche inférieure de deux petits *éperons* assez distincts, subparallèles : *tibias anté-rieurs et intermédiaires* un peu plus longs que les cuisses, un peu recour-bés en arrière vers leur extrémité : *les postérieurs* plus grêles, beaucoup plus longs que les cuisses, sensiblement recourbés en dedans et en dessous après leur milieu (2). *Tarses* courts, latéralement comprimés, paraissant, vus de dessus leur tranche supérieure, assez étroits et sublinéaires, et vus par côté assez épais et graduellement rétrécis de la base à l'extrémité ; avec les quatre premiers articles graduellement plus courts : le premier des posté-rieurs toujours plus long que large : le dernier oblong, un peu plus long que le précédent. *Ongles* petits, grêles, faiblement arqués, bien dis-tincts.

Obs. Le *gibbium scotias*, sur lequel est fondé ce genre, hante nos habi-tations. Il affecte la forme et la couleur d'une très-grosse puce ou bien en-core celle de certains *Acarides*.

Ce genre diffère du genre *Mezium*, outre la sculpture de son prothorax, par la région de l'épistome moins relevée ; par les proportions relatives des trois premiers articles des antennes ; par la position des yeux ; par ses ély-tres sans bourrelet écailleux à la base, encore plus fortement réfléchies en dessous ; par la page inférieure du corps plus réduite ; par la lame mé-diane du mésosternum moins saillante ; par le dernier arceau ventral moins développé ; par ses pieds encore plus allongés, à trochanters beau-coup plus grands, surtout les postérieurs ; par ses cuisses moins rainurées en dessous ; par ses tibias distinctement sillonnés sur leur tranche supé-rieure, etc.

---

(1) Ces sillons pratiqués dans l'épaisseur des franges, moins prolongés sur les tibias postérieurs, sont situés un peu en dedans de la tranche supérieure, et servent sans doute à loger les tarses quand ceux-ci se redressent en arrière.

(2) C'est le seul genre où les tibias postérieurs se recourbent en dessous ; mais ce caractère est quelquefois moins prononcé chez certains individus.

1. Gibbium scotias. FABRICIUS.

Obovalaire, atténué en avant, très-convexe, d'un roux-brunâtre très-brillant. Antennes subatténuées à leur extrémité, à troisième article plus grand que ceux qui lui sont contigus. Front canaliculé, finement pubescent. Joues finement et longitudinalement ridées. Prothorax glabre et lisse, très-court, en angle très-ouvert à sa base. Elytres gibbeuses, entièrement glabres et lisses. Antennes et pieds densement subécailleux et jaunâtres. Pieds très-allongés. Tarses courts.

Ptinus scotias. FABRICIUS, Syst. El., t. I, p. 327, 14; — ILLIGER, Kœf. Preuss, I, p. 348, 7; — OLIVIER, Ent., t. II, nº 17, p. 9, 9, pl. 1, fig. 2; — PANZER, Faun. Germ., 5, 8.
Gibbium scotias, KUGELANN, in Schn. Mag., p. 502, 1; — STURM, Deuts. Faun., t. XII, p. 32, 1, pl. 247; — REDTENBACHER, Faun. Austr., 2ᵉ édit., p. 559; — BOIELDIEU, Mon. Ptin., Ann. Soc. Fr., 1856, t. IV, p. 678; — JACQUELIN DU VAL, Gen. Col. Eur., t. III, pl. 52, fig. 260.

Long. 0ᵐ,0028 (1 l. 1/3); — larg. 0ᵐ,0020 (7/8 l.).

Corps obovalaire, très-convexe, atténué en avant.

Tête verticale, un peu oblongue, un peu moins large que la partie antérieure du prothorax, d'un noir-brunâtre assez brillant. *Front* plan, pas plus large entre les yeux que l'espace compris entre ceux-ci et les côtés de la tête; presque lisse ou parfois obsolètement rugueux; creusé sur sa ligne médiane d'un canal fin, souvent plus profond et plus large dans son milieu, de manière à former entre les yeux une fossette allongée et lancéolée; revêtu d'une fine pubescence déprimée, courte, assez brillante, jaunâtre, plus dense et plus apparente en avant, étendue sur la tranche interantennaire et sur toute la région de l'épistome. *Joues et tempes* ne formant qu'une seule et grande pièce oblongue, subverticale, finement et sublongitudinalement ridée ou striée, densement et brièvement pubescente à sa partie inférieure. *Labre* rugueux, noir ou brun, densement cilié en avant de soies dorées et brillantes. *Mandibules* d'un noir de poix, ruguleuses et ciliées à léur base; lisses, glabres et brillantes à leur extrémité. *Palpes* testacés.

Yeux petits, déprimés, remontés sur le front au-dessus des insertions des antennes, subovalaires, assez brillants, brunâtres, à facettes peu marquées.

Antennes un peu moins longues que le corps, latéralement subcomprimées ; épaisses à leur base et graduellement subatténuées vers leur extrémité, surtout vues de côté ; revêtues d'une pubescence déprimée, subécailleuse, très-dense, un peu brillante et d'un jaune d'argile ; avec le premier
article à moitié enchâssé dans la cavité antennaire, subovalaire mais subangulairement prolongé à son sommet interne : le deuxième à peine aussi
grand, un peu plus large à son extrémité que le premier, suboblong, obconique ou triangulaire : le troisième oblong, évidemment plus long que
ceux entre lesquels il se trouve, subcylindrico-conique ; les quatrième à
dixième suboblongs, subégaux mais paraissant graduellement plus allongés
par le fait qu'ils deviennent graduellement plus étroits, graduellement plus
parallèles sur leurs tranches ; le dernier allongé, sensiblement plus long
que le pénultième, subcylindrico-fusiforme, fortement rétréci et acuminé au
sommet.

Prothorax très-court, fortement transverse, en forme de tronçon de
cône ; paraissant, vu de dessus, à peine aussi long dans son milieu que la
moitié de sa largeur à la base ; beaucoup plus étroit en avant, avec les côtés
obliques et rectilignes ; à bord antérieur obliquement coupé mais paraissant carrément tronqué vu de dessus ; prolongé en arrière dans son milieu
en angle très-ouvert, avec les angles postérieurs paraissant un peu aigus
vus de dessus ; d'un roux de poix plus ou moins rembruni le long du bord
antérieur ; entièrement lisse, glabre et brillant.

Ecusson nul ou indistinct.

Elytres obovalaires, fortement gibbeuses, subatténuées à leur base où
elles ne sont pas plus larges que le prothorax ; assez fortement arrondies
sur leurs côtés après leur milieu ; fortement renflées et largement arrondies postérieurement ; latéralement comprimées et fortement réfléchies en
dessous dans tout leur pourtour extérieur ; à angle apical faiblement et
étroitement relevé, ou largement tronqué ou légèrement subangulaire ;
très-convexes en dessus ; d'un roux de poix très-brillant ; entièrement
glabres et lisses, avec pourtant la tranche extérieure très-finement et brièvement ciliée en dessous.

Dessous du corps réduit à une très-faible surface ; garni d'une très-dense
pubescence tomenteuse et jaunâtre. *Lame du mésosternum* non saillante, à
pubescence plus longue. *Métasternum* assez petit, déprimé ou même subexcavé, offrant sur son milieu une large houppe de soies plus longues,
un peu plus pâles et assez brillantes.

Hanches antérieures et intermédiaires légèrement écartées l'une de l'autre ; *les postérieures* assez distantes, situées contre le bord inférolatéral des élytres.

Ventre subdéprimé, à intersections rectilignes ; avec les quatre premiers arceaux courts ; le dernier grand, semi-lunaire, un peu moins long que les trois précédents réunis.

Pieds très-allongés, assez robustes, entièrement recouverts d'une pubescence déprimée, subécailleuse, assez brillante et d'un jaune d'argile. *Trochanters postérieurs* presque aussi longs que les cuisses. *Celles-ci* subélargies vers leur extrémité en massue comprimée et subarrondie au sommet. *Tibias* assez épais, garnis sur leur tranche supérieure d'une forte et épaisse frange de soies un peu frisées, un peu inclinées et jaunâtres, laquelle frange est partagée en deux séries, par un sillon à fond brunâtre, sur la seconde moitié et un peu en dedans dans les antérieurs et intermédiaires, et sur le dernier tiers seulement dans les postérieurs ; *les antérieurs et intermédiaires* un peu plus longs, *les postérieurs* beaucoup plus longs que les cuisses ; ceux-ci sensiblement recourbés un peu en dedans et surtout en dessous vers ou après leur milieu. *Tarses* beaucoup plus courts que les tibias, latéralement comprimés ; avec les quatre premiers articles graduellement plus courts, assez étroits et obconiques vus de dessus, assez larges et triangulaires vus de côté ; le premier des postérieurs néanmoins toujours plus long que large ; les premier à quatrième prolongés en dessous à leur sommet en angle aigu et un peu recourbé ; le dernier oblong, un peu plus long que le précédent, comprimé, voûté ou arqué sur sa tranche supérieure. *Ongles* petits, grêles, faiblement arqués, bien distincts.

PATRIE. Cette espèce se rencontre dans presque toute la France, dans les greniers, dans les armoires de nos habitations.

TABLE ALPHABÉTIQUE

ERRATA

Page 179, lig. 7, *bibens*, lisez : *bidens*.

LYON. — IMPRIMERIE PITRAT AÎNÉ, RUE GENTIL, 4.

EXPLICATION DES PLANCHES

Planche I.

GENRE *HEDOBIA*

Fig.   1. Tête et prothorax, vus de face, de l'*Hedobia pubescens*.
—   2. Silhouette grossie de l'*Hedobia pubescens*.
—   3. Ventre de l'*Hedobia pubescens* ♀.
—   4. Mandibule de l'*Hedobia pubescens*.
—   5. Palpe maxillaire de l'*Hedobia pubescens*.
—   6. Tibia et tarse postérieurs de l'*Hedobia pubescens* (ce dernier vu de dessus).
—   7. Tête et prothorax, vus de profil, de l'*Hedobia pubescens*.
—   8. Antenne de l'*Hedobia pubescens* ♂.
—   9. Antenne de l'*Hedobia pubescens* ♀.

G Hedobia

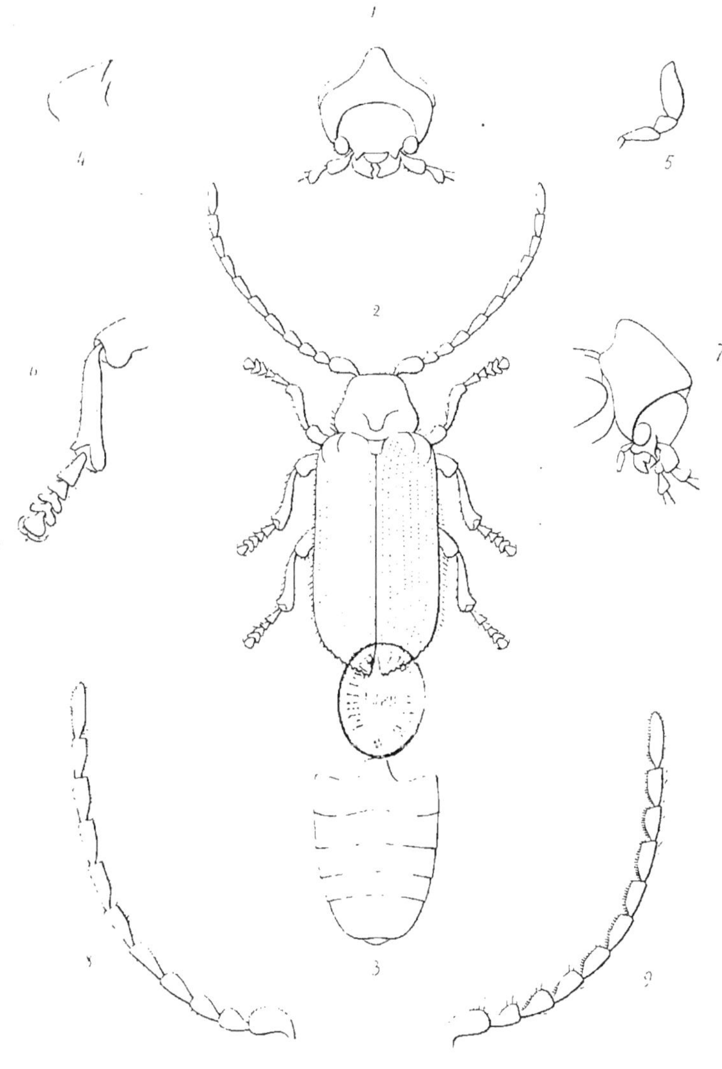

Planche II.

GENRE *PTINOMORPHUS*

Fig. 1. Tête et prothorax, vus de face, du *Ptinomorphus imperialis*.
— 2. Silhouette grossie du *Ptinomorphus regalis*.
— 3. Mandibule du *Ptinomorphus imperialis*.
— 4. Palpe maxillaire des *Ptinomorphus imperialis et regalis*.
— 5. Tibia et tarse postérieurs (ce dernier vu de dessus) du *Ptinomorphus imperialis* (et aussi du *regalis*).
— 6. Tibia et tarse postérieurs (ce dernier vu de dessus) du *Ptinomorphus angustatus*.
— 7. Tête et prothorax, vus de profil, du *Ptinomorphus imperialis*.
— 8. Tête et prothorax, vus de profil, du *Ptinomorphus regalis*.
— 9. Tête et prothorax, vus de profil, du *Ptinomorphus angustatus*.
— 10. Derniers articles des antennes du *Ptinomorphus regalis* ♂.
— 11. Derniers articles des antennes du *Ptinomorphus regalis* ♀.

G. Ptinomorphus.

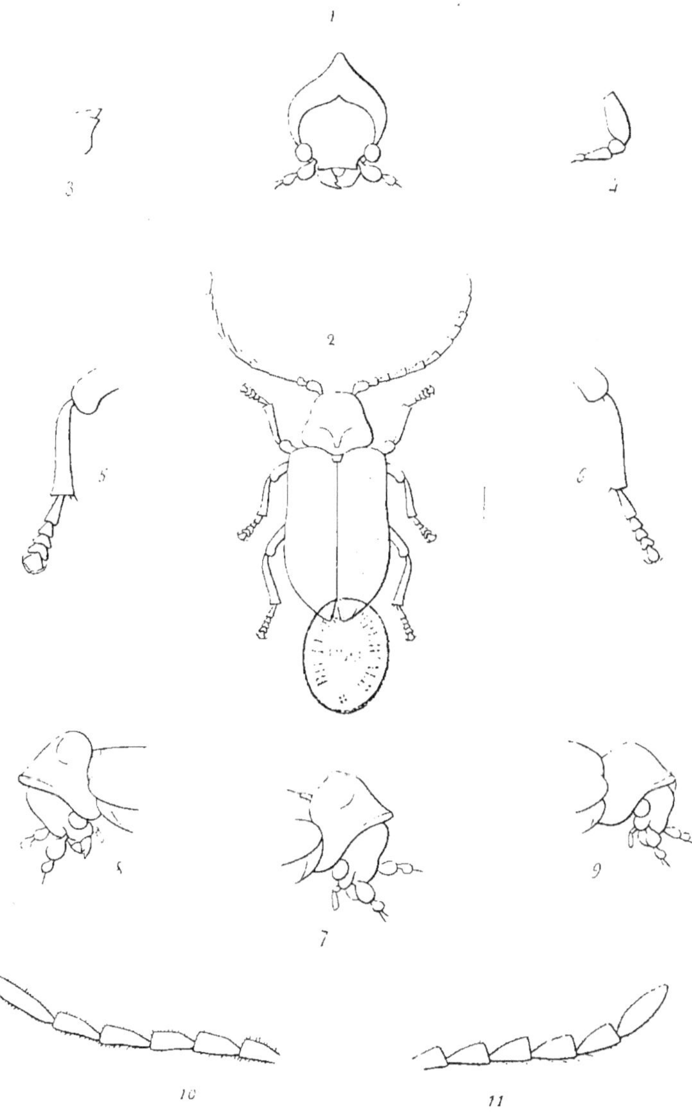

C. Rey del.   Dechaud sc.

Imp. Fugère

Planche III.

SOUS-GENRE *EUTAPHRUS*

Fig.   1. Prothorax, vu de dessus, de l'*Eutaphrus irroratus*.
—   2. Silhouette grossie de l'*Eutaphrus loboderus* ♀.
—   3. Silhouette grossie de l'*Eutaphrus nitidus* ♀.
—   4. Palpe maxillaire dans le sous-genre *Eutaphrus*.
—   5. Lames des prosternum et mesosternum dans le sous-genre *Euta-phrus* (*Eutaphrus irroratus*).
—   6. Prothorax, vu de face, de l'*Eutaphrus loboderus* ♀.
—   7. Tarse postérieur de l'*Eutaphrus irroratus*.
—   8. Tarse postérieur de l'*Eutaphrus loboderus*.
—   9. Prothorax, vu de face, de l'*Eutaphrus Reichei* ♀.
— 10. Prothorax, vu de face, de l'*Eutaphrus nitidus* ♀.
— 11. Tête et prothorax, vus de face, de l'*Eutaphrus irroratus* ♀.
— 12. Ventre des *Eutaphrus* (*Eutaphrus irroratus*).

S. G. Eutaphrus.

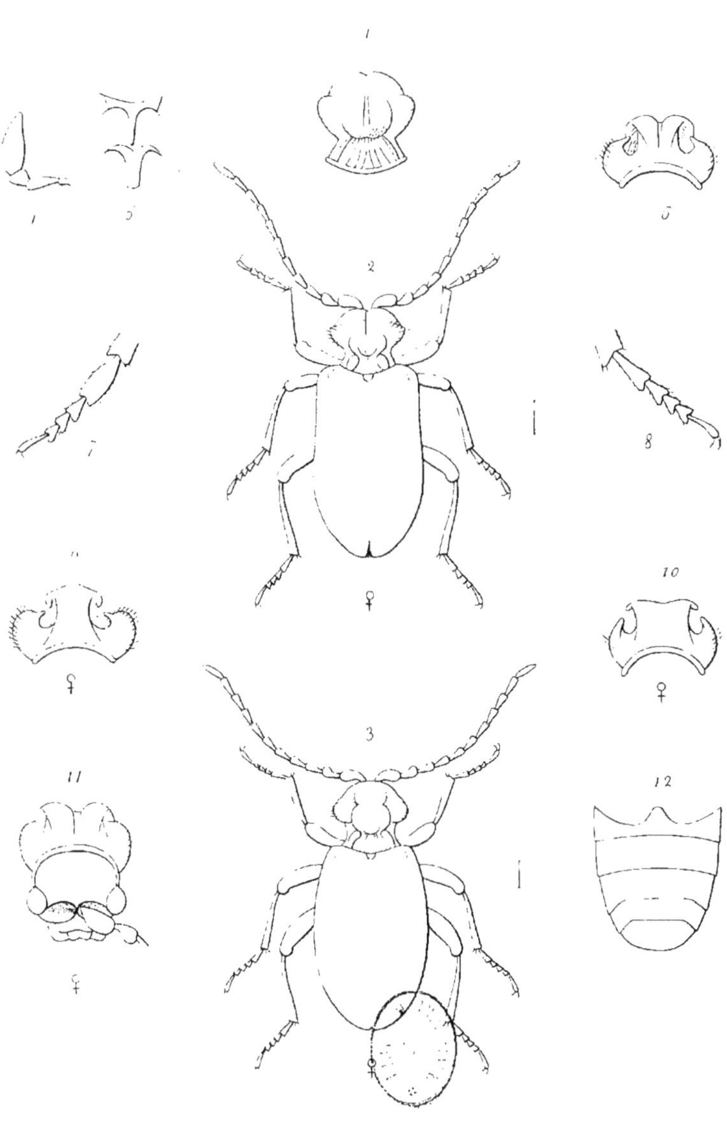

Planche IV.

SOUS-GENRE *GYNOPTERUS*

Fig.   1. Tête et prothorax, vus de face, du *Gynopterus germanus* ♀ .

—   2. Silhouette grossie du *Gynopterus germanus* ♂ .

—   3. Dessous du postpectus et ventre du *Gynopterus germanus* ♀ .

—   4. Palpe maxillaire des *Gynopterus germanus. variegatus et sex-punctatus.*

—   5. Palpe maxillaire du *Gynopterus Aubei.*

—   6. Prothorax, vu de face, du *Gynopterus variegatus.*

—   7. Prothorax, vu de face, du *Gynopterus sexpunctatus.*

—   8. Proportions des trois premiers articles des antennes du *Gynopterus germanus.*

—   9. Proportions des trois premiers articles des antennes des *Gynopterus variegatus, sexpunctatus et Aubei.*

— 10. Tarse et éperons postérieurs chez les ♂ du *Gynopterus variegatus.*

— 11. Tarse et éperons postérieurs chez les ♂ des *Gynopterus sexpunctatus et Aubei.*

— 12. Prothorax, vu de face, du *Gynopterus Aubei.*

— 13. Prothorax, vu de face, du *Gynopterus dubius.*

— 14. Pied postérieur du *Gynopterus germanus* ♂ .

— 15. Pied postérieur du *Gynopterus dubius* ♂ .

— 16. Derniers articles des antennes du *Gynopterus variegatus* ♂ .

— 17. Derniers articles des antennes du *Gynopterus variegatus* ♀ .

— 18. Lames des prosternum et mesosternum du *Gynopterus germanus.*

— 19. Lames des prosternum et mesosternum du *Gynopterus variegatus.*

— 20. Lames des prosternum et mesosternum du *Gynopterus sexpunctatus.*

— 21 Lames des prosternum et mesosternum du *Gynopterus dubius.*

S. G. Gynopterus.

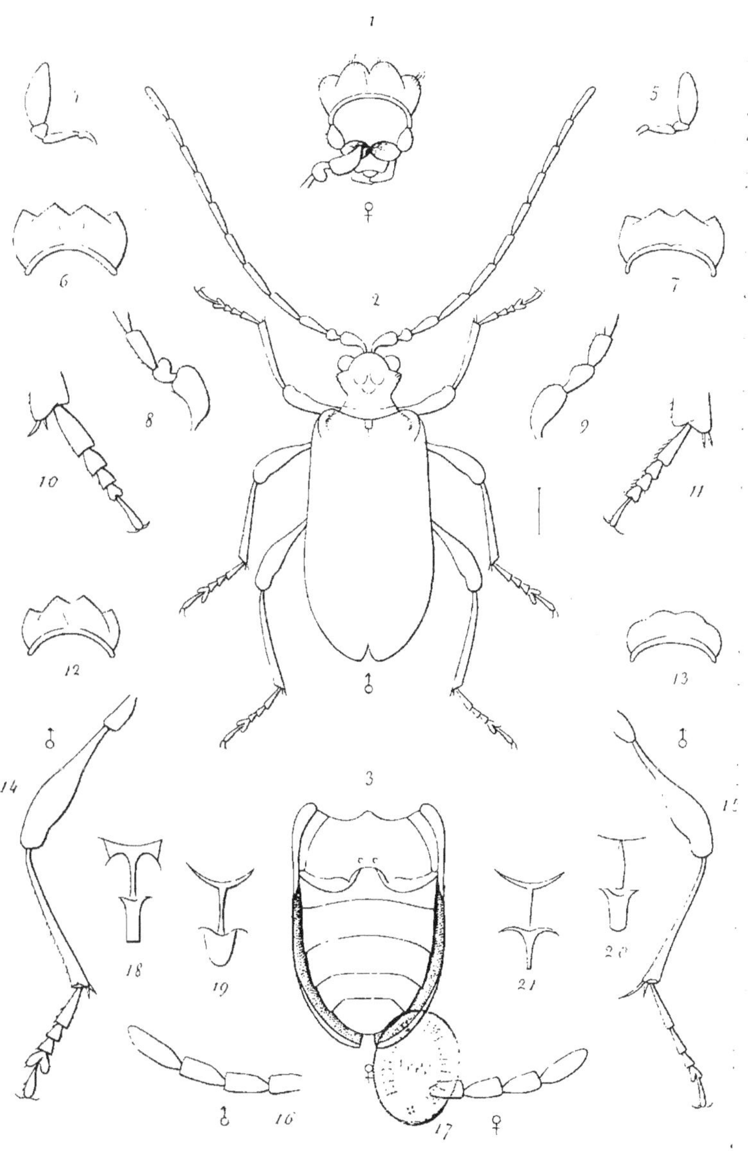

S . G . Heteroplus

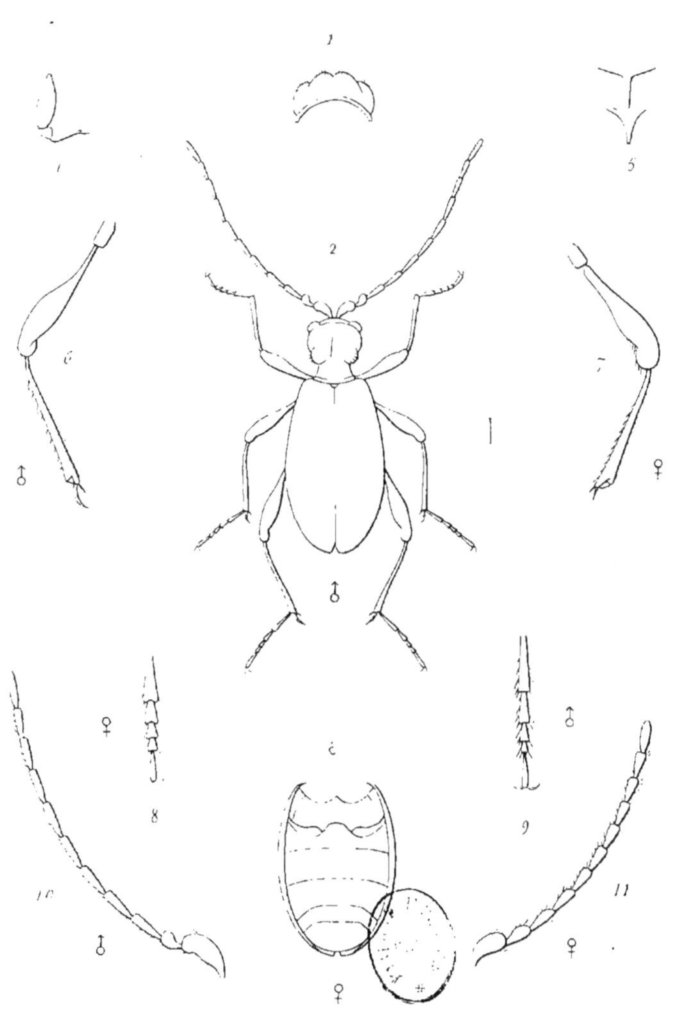

Planche VI.

PTINUS VRAIS. — PREMIÈRE SUBDIVISION

Fig. 1. Tête, vue de face, de la plupart des *Ptinus*.
—   2. Silhouette grossie du *Ptinus italicus* ♂.
—   3. Silhouette grossie du *Ptinus italicus* ♀.
—   4. Palpe maxillaire de la plupart des *Ptinus de la première subdivision*.
—   5. Lames des prosternum et mesosternum des *Ptinus italicus et rufipes* ♂.
—   6. Prothorax, vu de face, du *Ptinus italicus* ♂.
—   7. Prothorax, vu de face, *Ptinus italicus* ♀.
—   8. Premiers articles des antennes du *Ptinus italicus* ♂.
—   9. Premiers articles des antennes du *Ptinus italicus* ♀.
— 10. Pied postérieur du *Ptinus italicus* ♂ (et à peu près aussi du *Ptinus rufipes* ♂).
— 11. Pied postérieur du *Ptinus italicus* ♀ (et à peu près aussi du *Ptinus rufipes* ♀).
— 12. Prothorax, vu de face, du *Ptinus rufipes* ♂.
— 13. Prothorax, vu de face, du *Ptinus rufipes* ♀.
— 14. Antennes du *Ptinus rufipes* ♂.
— 15. Antenne du *Ptinus rufipes* ♀.

G. Ptinus vrsis.

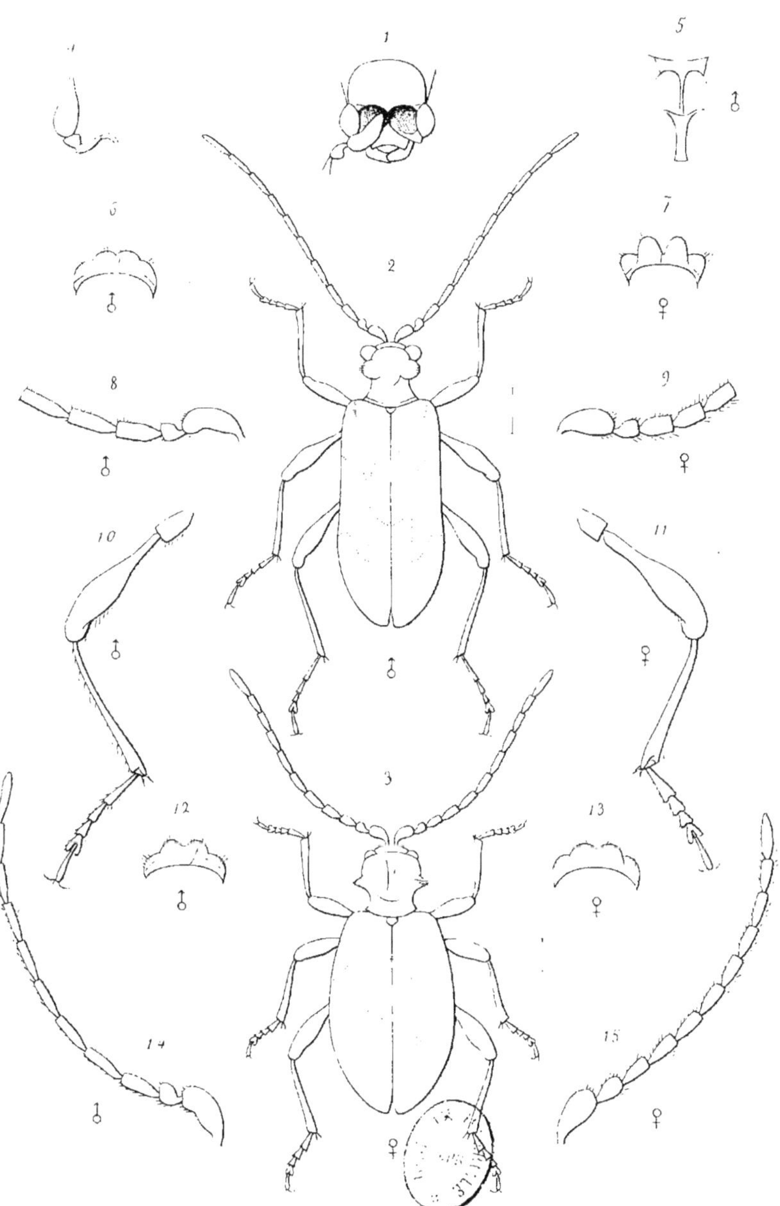

C. Rey del.

Dechaud sc.

Imp. Fugere.

G. Ptinus vrsis.

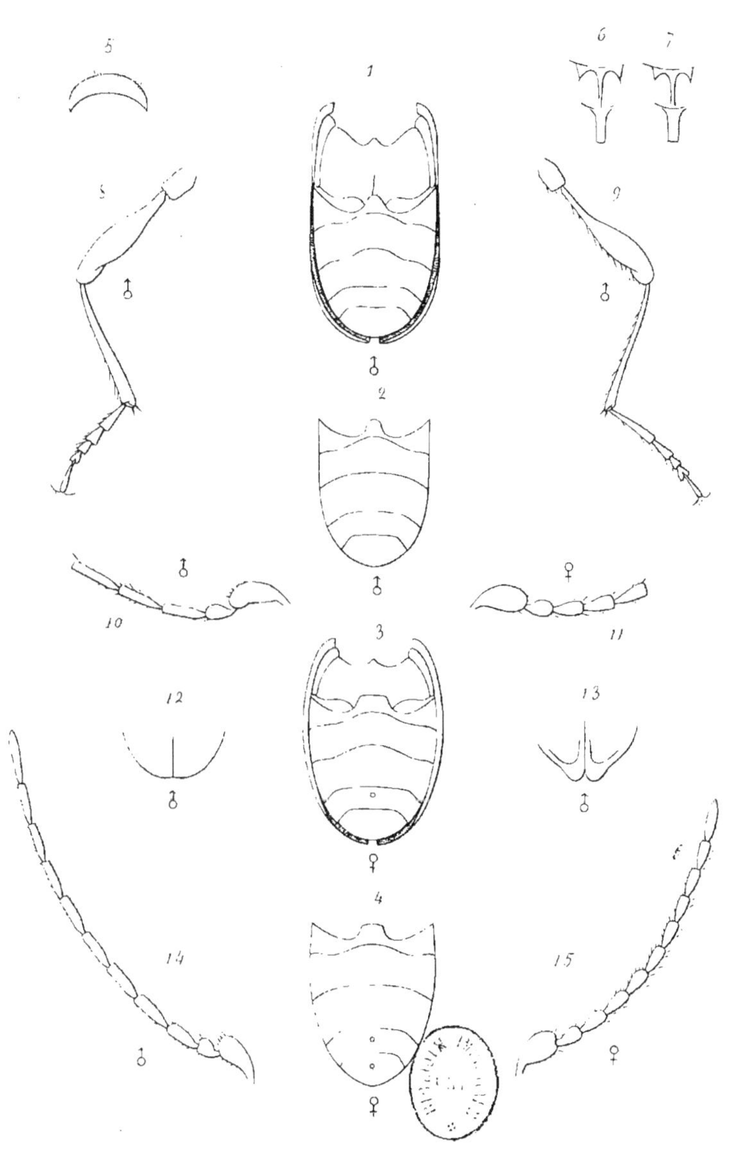

C. Rey del.   Dechaud sc.

Imp. Fugère.

Planche VIII.

PTINUS VRAIS. — DEUXIÈME SUBDIVISION

Fig. 1. Dessous du postpectus et du ventre du *Ptinus fur* ♂.
— 2. Dessous du postpectus et du ventre du *Ptinus brunneus* ♀.
— 3. Dessus du prothorax du *Ptinus fur*.
— 4. Palpe maxillaire de la plupart des *Ptinus de la deuxième subdivision*.
— 5. Mandibule de la plupart des *Ptinus*.
— 6. Prothorax, vu de face, du *Ptinus Spitzyi* ♀.
— 7. Prothorax, vu de face, du *Ptinus fur* ♀.
— 8. Proportions des premiers articles des antennes chez les ♀ des *Ptinus Spitzyi* et *fur*.
— 9. Proportions des premiers articles des antennes chez les ♀ de la plupart des *Ptinus* suivants.
— 10. Épaule du *Ptinus Spitzyi* ♀.
— 11. Épaule du *Ptinus fur* ♀.
— 12. Pied postérieur du *Ptinus Spitzyi* ♂.
— 13. Pied postérieur du *Ptinus fur* ♂.
— 14. Antenne du *Ptinus Spitzyi* ♂.
— 15. Antenne du *Ptinus fur* ♂.
— 16. Pied postérieur du *Ptinus latro* ♀.
— 17. Pied postérieur du *Ptinus bicinctus* ♀.
— 18. Prothorax, vu de face, du *Ptinus latro* ♀.
— 19. Prothorax, vu de face, du *Ptinus brunneus* ♀.
— 20. Prothorax, vu de face, du *Ptinus bicinctus* ♀.
— 21. Effet des soies sur le dos des élytres, vues de profil, chez les ♀ des *Ptinus bicinctus* et *latro*.

G. Ptinus vrais.

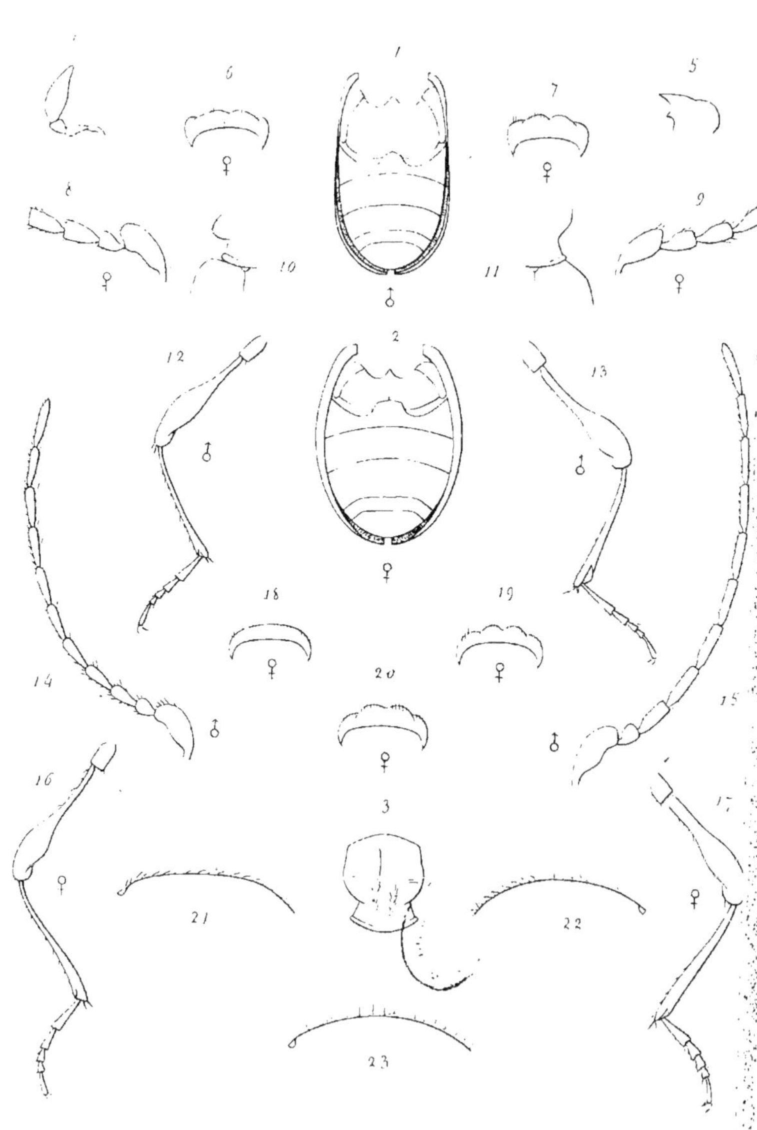

G. Ptinus vrais.

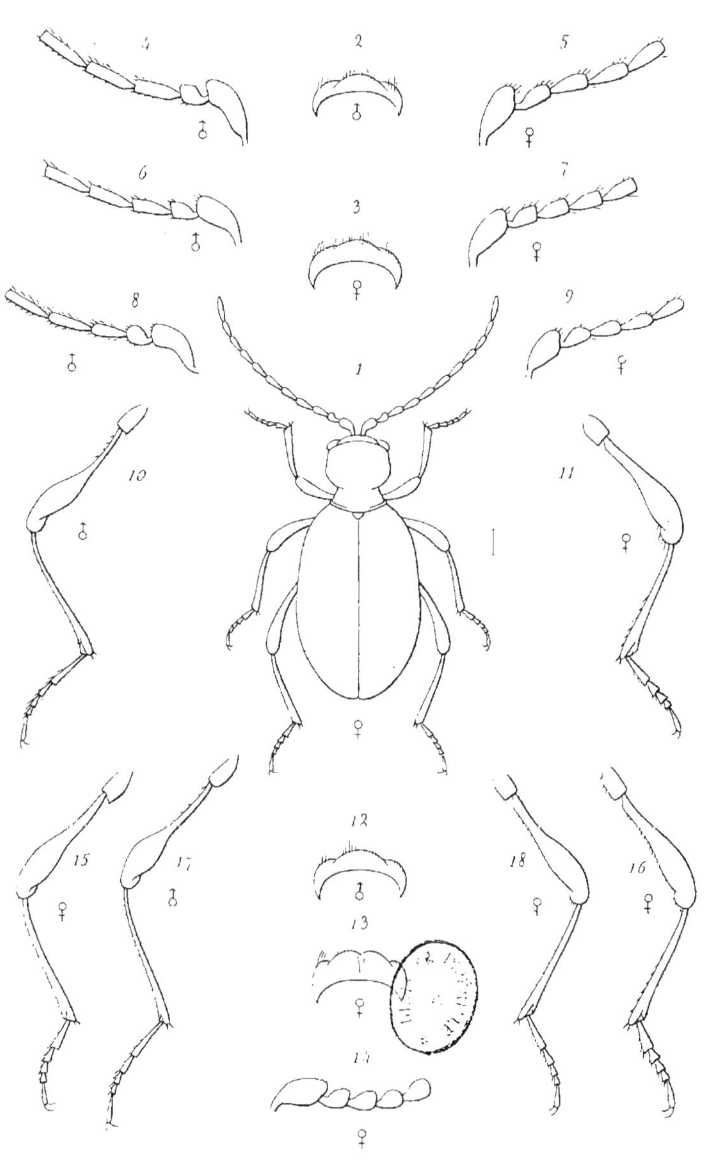

C. Rey del.   Dechaud sc.

Planche X.

SOUS-GENRE *CYPHODERES*

Fig. 1. Prothorax, vu de dessus, du *Cyphoderes raptor*.
— 2. Silhouette grossie du *Cyphoderes bidens* ♂.
— 3. Silhouette grossie du *Cyphoderes bidens* ♀.
— 4. Prothorax, vu de face, du *Cyphoderes raptor* ♂.
— 5. Prothorax, vu de face, du *Cyphoderes raptor* ♀.
— 6. Prothorax, vu de face, du *Cyphoderes bidens* ♂.
— 7. Prothorax, vu de face, du *Cyphoderes bidens* ♀.
— 8. Premiers articles des antennes du *Cyphoderes raptor* ♂.
— 9. Premiers articles des antennes du *Cyphoderes raptor* ♀.
— 10. Pied postérieur du *Cyphoderes raptor* ♂.
— 11. Pied postérieur du *Cyphoderes raptor* ♀.
— 12. Premiers articles des antennes du *Cyphoderes bidens* ♂.
— 13. Premiers articles des antennes du *Cyphoderes bidens* ♀.
— 14. Pied postérieur du *Cyphoderes bidens* ♂.
— 15. Pied postérieur du *Cyphoderes bidens* ♀.

S.G. Cyphoderes.

C. Rey del.

Dechaud sc.

Imp. Fugère.

Planche XI.

GENRES *EUROSTUS, NIPTUS*

Fig.   1. Silhouette grossie de l'*Eurostus submetallicus*.

— 2. Dessous du postpectus et du ventre de l'*Eurostus submetallicus*.

— 3. Tête et prothorax, vus de face, de l'*Eurostus submetallicus*.

— 4. Pied postérieur de l'*Eurostus submetallicus*.

— 5. Pied postérieur de l'*Eurostus frigidus*.

— 6. Antenne de l'*Eurostus submetallicus*.

— 7. Antenne de l'*Eurostus frigidus*,

— 8. Tête et prothorax, vus de face, du *Niptus hololeucus*.

— 9. Palpe maxillaire du *Niptus hololeucus*.

— 10. Mandibule du *Niptus hololeucus*.

— 11. Antenne du *Niptus hololeucus*.

— 12. Pied postérieur du *Niptus hololeucus*.

G. Eurostus, Niptus.

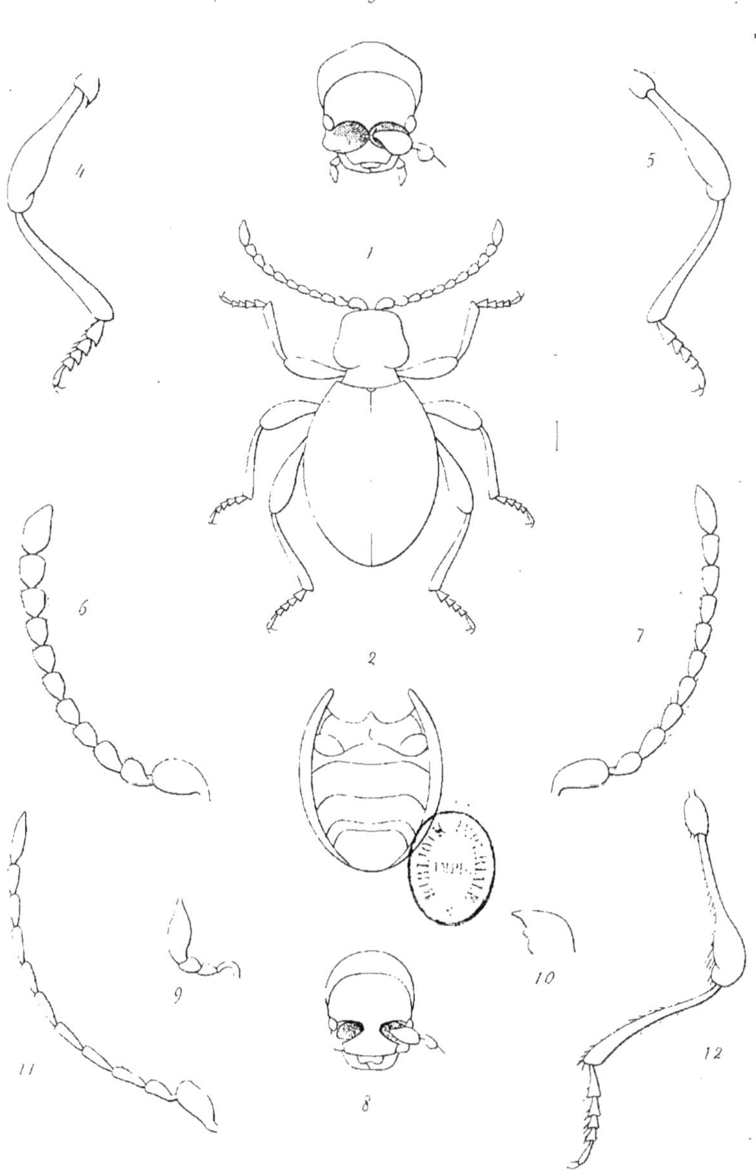

C. Rey del.

Déchaud sc.

Imp. Fugère.

Planche XII.

GENRES *NIPTUS, EPAULOECUS*

Fig.   1. Silhouette grossie du *Niptus hololeucus*.

—   2. Dessous du postpectus et du ventre du *Niptus hololeucus*.

—   3. Dessous du postpectus et du ventre de l'*Epauloecus crenatus*.

—   4. Palpe maxillaire de l'*Epauloecus crenatus*.

—   5. Mandibule de l'*Epauloecus crenatus*.

—   6. Tête et prathorax, vus de face, de l'*Epauloecus crenatus*.

—   7. Silhouette grossie de l'*Epauloecus crenatus*.

—   8. Antenne de l'*Epauloecus crenatus*·

—   9. Pied postérieur de l'*Epauloecus crenatus*.

G. Niptus, Epsuloecus

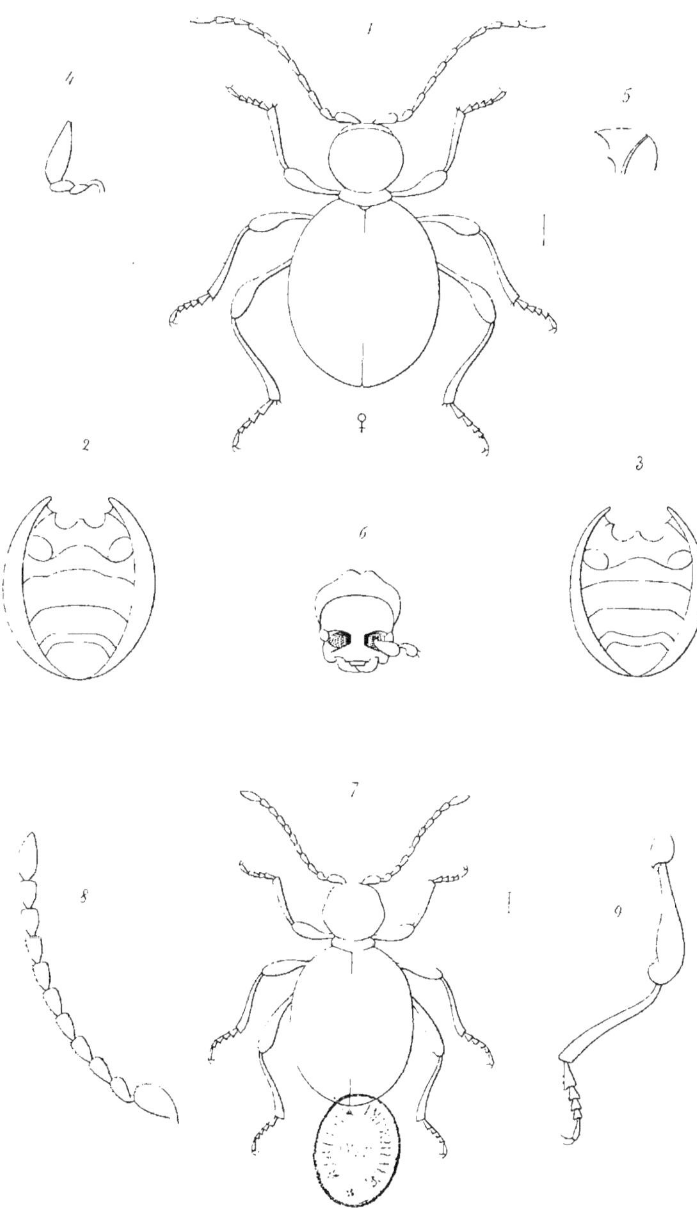

C. Rey del.

Imp. Fugère.

Dechaud sc.

Planche XIII.

GENRES *TIPNUS, MEZIUM*

Fig.   1. Silhouette grossie du *Tipnus exiguus*.
— 2. Dessous du postpectus et du ventre du *Tipnus exiguus*.
— 3. Derniers articles des antennes du *Tipnus exiguus*.
— 4. Derniers articles des antennes du *Sphaericus gibboides*.
— 5. Pied postérieur du *Tipnus exiguus*.
— 6. Pied postérieur du *Sphaericus gibboides*.
— 7. Tête et prothorax, vus de face, du *Tipnus exiguus*.
— 8. Prothorax, vu de face, du *Sphaericus gibboides*.
— 9. Prothorax, vu de dessus, du *Sphaericus gibboides*.
— 10. Silhouette grossie du *Mezium affine*.
— 11. Tête et prothorax, vus de face, du *Mezium affine*.
— 12. Premiers articles des antennes du *Mezium affine*.
— 13. Cuisse et trochanter postérieurs, vus de côté, du *Mezium affine*.
— 14. Tibia et tarse postérieurs, vus de côté, du *Mezium affine*.
— 15. Tibia et tarse postérieurs, vus de dessus, du *Mezium affine*.

G. Tipnus, Mezium.

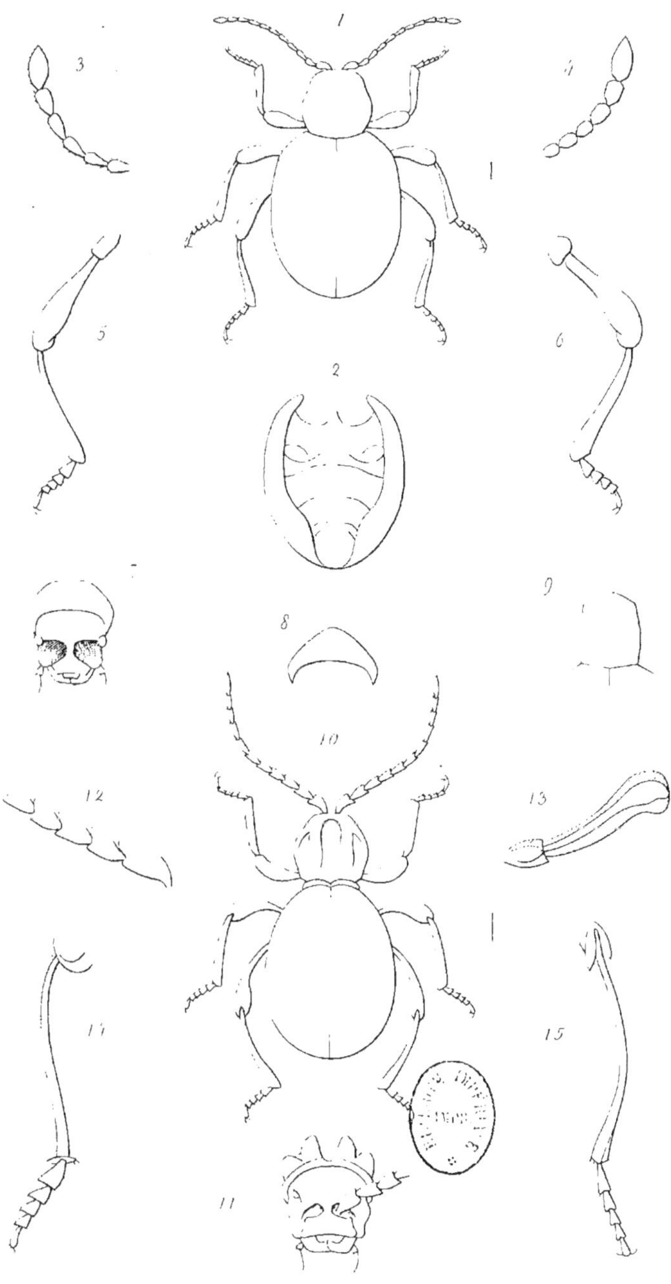

Planche XIV.

GENRES *MEZIUM, GIBBIUM*

Fig. 1. Corps, vu de profil, du *Mezium affine*.
— 2. Médipectus, postpectus, ventre et partie réfléchie des élytres du
Mezium affine.
— 3. Corps, vu de profil, du *Gibbium scotias*.
— 4. Médipectus, postpectus, ventre et partie réfléchie des élytres du
Gibbium scotias.
— 5. Tête et prothorax, vus de face, du *Gibbium scotias*.
— 6. Silhouette grossie du *Gibbium scotias*.
— 7. Premiers articles des antennes du *Gibbium scotias*.
— 8. Cuisse et trochanter postérieurs, vus de côté, du *Gibbium
scotias*.
— 9. Tibia et tarse postérieurs, vus de côté, du *Gibbium scotias*.
— 10. Tibia et tarse postérieurs, vus de dessus, du *Gibbium scotias*.

G. Mezium, Gibbium.

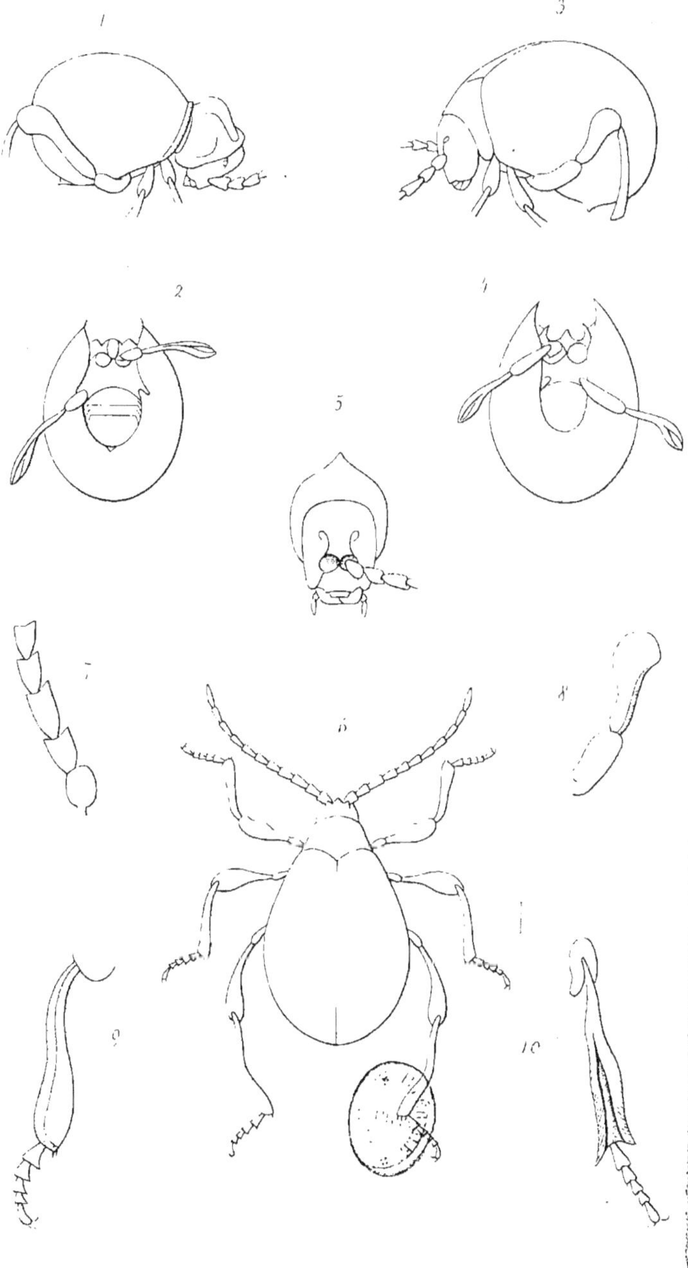

C. Rey del.

Imp. Fugère.

Déchaud s.

OUVRAGES DU MÊME AUTEUR

HISTOIRE NATURELLE DES COLÉOPTÈRES DE FRANCE.

   — LAMELLICORNES. *Paris*, 1842. 1 vol. in-8.
   — PALPICORNES. *Paris*, 1844. 1 vol. in-8.
   — SULCICOLLES. — SÉCURIPALPES. *Paris*, 1846. 1 vol. in-8.
   — LATIGÈNES. *Paris*, 1854. 1 vol. in-8.
   — PECTINIPÈDES. *Paris*, 1855. 1 vol. in-8.
   — BARBIPALES. — LONGIPÈDES. — LATIPENNES. *Paris*, 1856. 1 vol. in-8.
   — VÉSICANTS. *Paris*, 1857. 1 vol. in-8.
   — ANGUSTIPENNIS. *Paris*, 1858. 1 vol. in-8.
   — COLLIGÈRES. 1866. 1 vol. in-8, avec REY.
   — ROSTRIFÈRES. *Paris*, 1859, 1 vol. in-8.
   — ALTISIDES, par C. Foudras. *Paris*, 1859-60. 1 vol. in-8.
   — MOLLIPENNES. *Paris*, 1862. 1 vol. in-8.
   — LONGICORNES. 2ᵉ édit. 1862-1863. 1 vol. in-8.
   — ANGUSTICOLLES. — DIVERSIPALPES. 1 vol. in-8, avec REY.
   — TÉRÉDILES. 1864. 1 vol. in-8, avec REY.
   — FOSSIPÈDES et BRÉVICOLLES. 1865. in-8, avec REY.
   — SCUTICOLLES. 1867, in-8, avec REY.
   — VÉSICULIFÈRES. 1867. 1 vol. in-8, avec REY.
   — FLORICOLES. 1868. In-8, avec REY.

(HÉTÉROMÈRES)

SPÉCIÈS DES COLÉOPTÈRES TRIMÈRES SÉCURIPALPES. *Lyon et Paris*, 1850-1851. 1 vol. en deux parties, grand in-8.

MONOGRAPHIE DES COCCINELLIDES. 1866, in-8.

OPUSCULES ENTOMOLOGIQUES, grand in-8.

   — 1ᵉʳ cahier. 1852 — Mémoires divers.
   — 2ᵐᵉ cahier. 1853. Id.
   — 3ᵐᵉ cahier. 1853. Coccinellides.
   — 4ᵐᵉ cahier. 1853. Parvilabres.
   — 5ᵐᵉ cahier. 1854. Id.
   — 6ᵐᵉ cahier. 1855. Mémoires divers.
   — 7ᵐᵉ cahier. 1856. Id.
   — 8ᵐᵉ cahier. 1858. Id.
   — 9ᵐᵉ cahier. 1859. Parvilabres, etc.
   — 10ᵉ cahier. 1859. Parvilabres.
   — 11ᵐᵉ cahier. 1859-60 Mémoires divers.
   — 12ᵐᵉ cahier. 1861. Id.
   — 13ᵐᵉ cahier. 1863. Id.

COURS D'HISTOIRE NATURELLE. *Paris*, 1856 (Zoologie).
   —   — *Paris*, 1859 (Physiologie).
   —   — *Paris*, 1860 (Géologie).

HISTOIRE NATUR. DES PUNAISES DE FRANCE. — SCUTELLÉRIDES. 1865. In-8.
   — PENTATOMIDES. 1866. In-8.

ESSAI D'UNE CLASSIFICATION DES TROCHILIDÉS. 1866. In-8, av. MM. Verreaux.

LETTRES A JULIE SUR L'ORNITHOLOGIE. *Paris*, 1868. Grand in-8. Fig. col.

SOUS PRESSE

HISTOIRE NATURELLE DES COLÉOPTÈRES DE FRANCE. — BYRRHIDES.

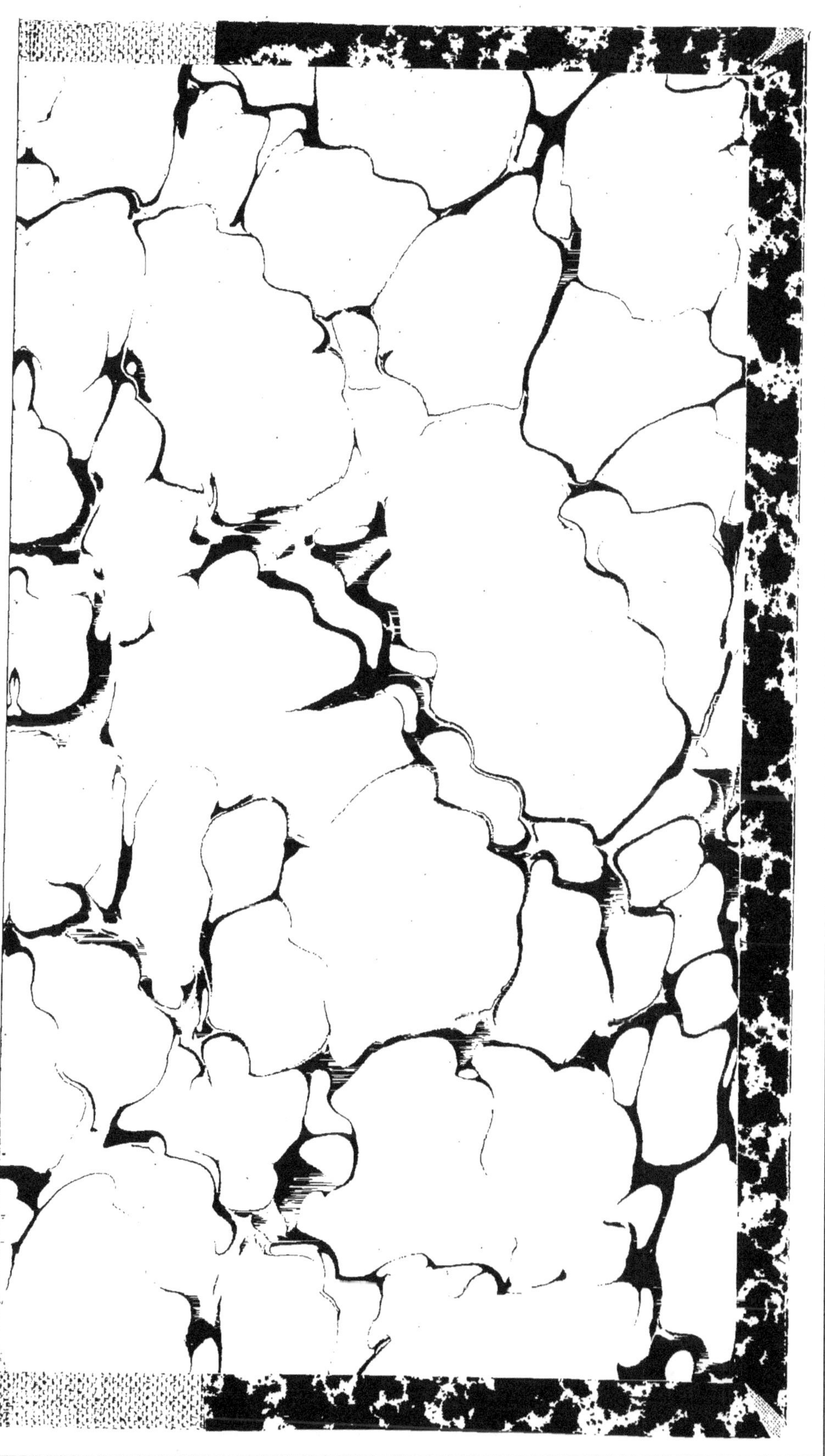

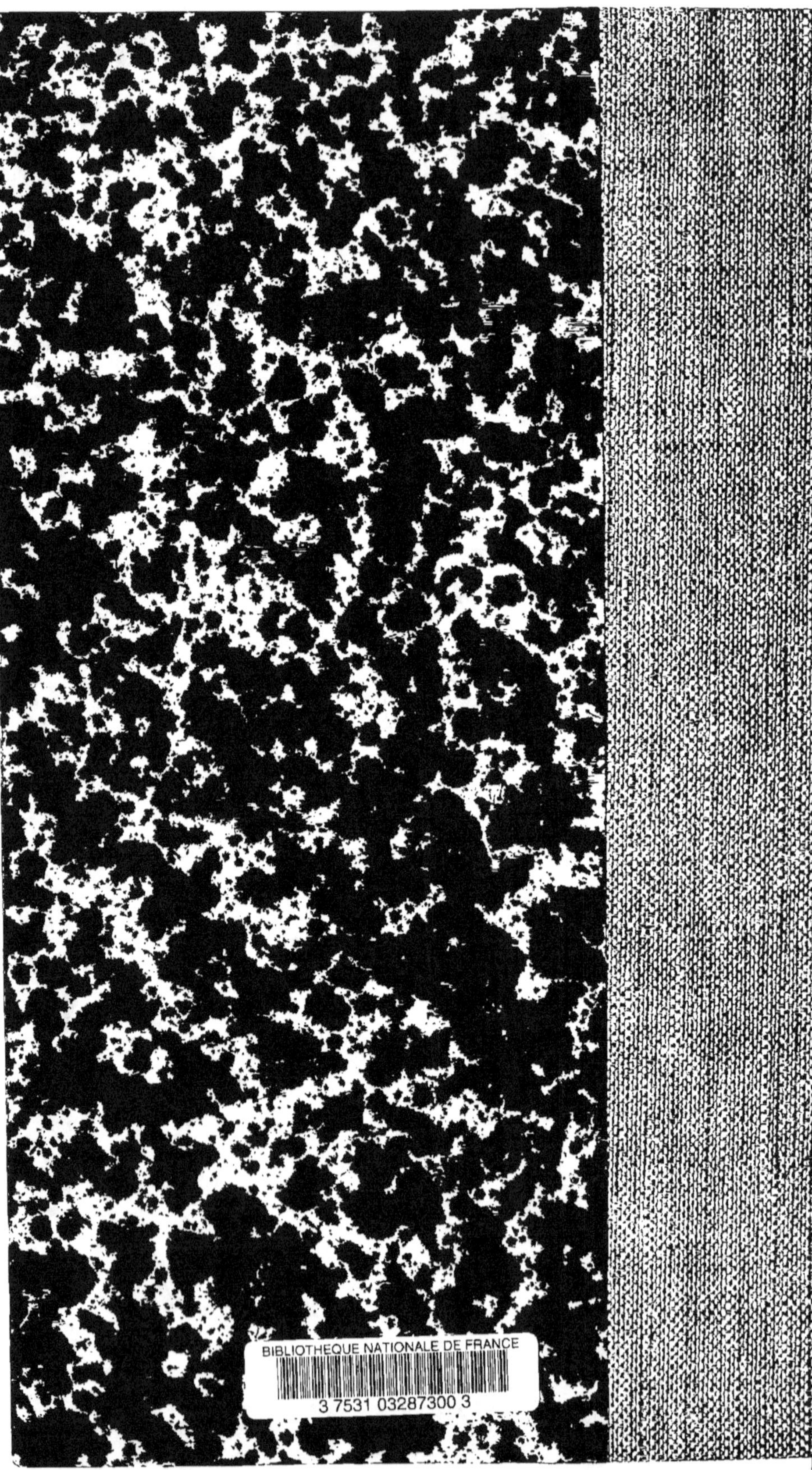

BIBLIOTHEQUE NATIONALE DE FRANCE
3 7531 03287300 3